普通高等教育"十二五"规划教材

发电厂电气运行

林文孚　主编

中国水利水电出版社
www.waterpub.com.cn

内 容 提 要

本书以电气一次系统为主线，介绍了发电厂电气设备，典型机组电气主接线与厂用电的构成特点、运行方式，发电厂继电保护基本原理，发电机变压器组和高、低压厂用电系统的控制与保护，单元机组电气设备的倒闸操作。

本书可作为集控、热动等专业教材，同时，也可作为集控运行培训班教材。

图书在版编目（CIP）数据

发电厂电气运行 / 林文孚主编. -- 北京 : 中国水利水电出版社, 2011.9
普通高等教育“十二五”规划教材
ISBN 978-7-5084-9047-2

Ⅰ. ①发… Ⅱ. ①林… Ⅲ. ①发电厂－电气设备－运行－高等学校－教材 Ⅳ. ①TM621.7

中国版本图书馆CIP数据核字(2011)第201671号

书　　名	普通高等教育“十二五”规划教材 **发电厂电气运行**
作　　者	林文孚　主编
出版发行	中国水利水电出版社 （北京市海淀区玉渊潭南路1号D座　100038） 网址：www.waterpub.com.cn E-mail：sales@waterpub.com.cn 电话：(010) 68367658（发行部）
经　　售	北京科水图书销售中心（零售） 电话：(010) 88383994、63202643、68545874 全国各地新华书店和相关出版物销售网点
排　　版	中国水利水电出版社微机排版中心
印　　刷	北京市北中印刷厂
规　　格	184mm×260mm　16开本　14.25印张　338千字
版　　次	2011年9月第1版　2011年9月第1次印刷
印　　数	0001—3000册
定　　价	**28.00**元

前言

本书以电气一次系统为主线，介绍了发电厂电气设备，典型机组电气主接线与厂用电的构成特点、运行方式，发电厂继电保护基本原理，发电机变压器组和高、低压厂用电系统的控制与保护，单元机组电气设备的倒闸操作。本书具有如下特点：

(1) 以电气一次系统为主线，按设备、系统、保护、控制、倒闸操作的顺序逐步展开，知识的介绍逐层深入。力求内容新颖、实例典型、紧贴运行实际。

(2) 以集控运行岗位的需要为原则，采用方框图介绍继电保护、自动装置的基本原理、功能与使用，以及装置在机组运行中的地位和作用，引导读者弄清一次系统与二次设备之间的联系。

(3) 力求用电工与电机学的基本理论分析、解释电气运行的实际问题，强调物理概念，突出发电机变压器组与厂用电设备的控制，着力提高读者电气设备监控能力与操作能力。

(4) 内容取材于近年新建典型机组的工程资料，具有很强的针对性和适用性。

本书可作为集控、热动等专业教材，同时，也可作为集控运行培训班教材和发电专业学生学习参考书。

为便于读者阅读，下面简要介绍各章的重点和难点。

(1) 发电厂电气设备，重点是各种电气设备的基本结构与作用，断路器的灭弧原理与操作机构。要了解各种操作机构的操作条件与动作特点，熟悉电压互感器与电流互感器的接线与使用。

(2) 电气主接线与厂用电，重点是机组电气主接线与厂用电接线方式、系统特点、运行方式，厂用工作电源与备用电源、保安电源及其切换方式。

(3) 发电厂继电保护基本原理，发电机、变压器、电动机、线路、母线保护的基本原理，重点是理解继电保护基本要求及其应用，电流保护、阻抗（接地）保护和差动保护的动作特点与保护范围，了解自动重合闸的功能与基本要求。

(4) 厂用电系统控制与保护，重点是厂用电系统与启动/备用变压器的保护配置，保护功能、保护压板作用，了解断路器操作机构接线、开关柜接线及其与对外接线的关系，熟悉实现断路器控制的条件、操作元件与相关操作。

(5) 发电机—变压器组控制与保护，重点是发电机同期与发电机励磁系统；发电机组主接线与厂用电、发变组保护配置，保护动时系统的行为，即它的出口作用方式；保护出口与自动装置和断路器控制回路间信号传递关系，以及在系统设备运行、停止状态下保护正确投退。

(6) 发电机组电气设备倒闸操作，重点是厂用电系统主要倒闸操作、发电机组的并、解列操作。对电气设备进行有效的维护、在正常和事故状态下正确地进行电气设备的倒闸操作，是讨论电气运行的落脚点，是对电气运行知识的综合运用。本章还介绍了误操作实例，是对正常倒闸操作的补充，意在开阔运行人员的视野，读者可从实例中进一步认识误操作与事故产生的原因及危害，思考防止误操作与事故的措施。

对电气设备的认识与操作，可以6kV配电装置装配实训为突破口，通过装配实训了解装置的基本结构和防误闭锁，熟悉断路器的控制回路，明确“动力电源”、“控制电源”的作用，明确实现断路器控制与保护的必要条件，熟悉控制屏上的信号、操作开关与操作接口，了解就地控制与远方控制。理解开关的“检修”、“冷备用”、“热备用”、“运行”状态。

电气设备倒闸操作与控制能力的培养，可以仿真机为平台，实现工学结合，在教、学、练结合中逐步掌握电气运行的基本知识与技能。例如，可以结合发电机升压操作，进一步熟悉发电机升压操作的条件与注意事项，熟悉发电机的空载特性，掌握自动励磁调节装置的功能与使用方法；结合发电机的手动同期与自动同期操作，理解发电机同期原理，同期条件与同期操作步骤，熟练同期装置的使用；结合厂用电切换操作，学习厂用电并联、串联切换的条件与注意事项；结合发电机有功、无功调节，理解发电机的运行特性与发电机安全运行限制；通过机组全冷态启动的厂用电送电操作，熟悉保护投入与设备送电、母线送电、保安电源切换的条件、操作顺序与注意事项，掌握电气设备倒闸操作的原则。通过电气故障仿真训练，熟悉机组电气异常与故障的现象，熟悉机组保护配置与保护出口作用方式及保护压板的正确使用，熟悉保护与自动装置和控制回路之间的信号联系，进一步认识电气故障对机、炉运行的影响，初步掌握电气故障的处理原则与方法。

各章后面的复习思考题反映本章的主要学习目标，读者在阅读每章节内容前后要认真阅读，根据思考题检查学习效果。

本书由武汉电力职业技术学院教授、高级工程师林文孚同志撰写。荆门热电厂电气运行专工龙继胜同志主审，他认真审查了书稿，提出了许多宝贵意见，作者对龙继胜同志的辛勤劳动和真诚的帮助表示最真挚的感谢！在本书编写过程中，得到了武汉电力职业技术学院仿真中心全体同仁的热情支持和帮助，作者对他们表示衷心感谢。

由于作者学识水平有限，书中缺点和谬误在所难免，恳请读者批评指正。

编 者

2011 年 5 月

目录

第1章　发电厂电气设备

根据电气设备作用的不同，电气设备可分为一次设备和二次设备。

1. 一次设备

通常把生产、转换和分配电能的设备，如发电机、变压器和断路器等统称为一次设备。它们包括：

(1) 生产和转换电能的设备，如发电机（用符号G或F表示）将机械能转换成电能、电动机（用符号M或D表示）将电能转换成机械能；变压器（用符号T表示）分升压变压器和降压变压器，升压变压器把低电压、大电流的电能转换成高电压、小电流的电能，以实现电能的远程经济输送。降压变压器的作用与升压变压器相反，是把高电压、小电流的电能转换成低电压、大电流的电能，便于用户使用。这些是发电厂中最主要的电气设备。

(2) 接通或断开电路的开关电器，如断路器、隔离开关、熔断器、接触器等，它们用于正常或事故时，将电路闭合或断开。

1) 断路器（用符号QF或DL表示）是用于高压电路、在正常或故障状态下接通或断开电路的专用电器。断路器的触头部分装有特殊的灭弧装置。灭弧装置能迅速地熄灭切断电路的过程中触头间所产生的电弧，使电路迅速可靠地断开。电力系统运行中，如果设备发生故障，则由继电保护装置动作，自动断开断路器，使故障部分与系统正常部分隔离，以保持电力系统正常部分的继续运行，并避免或减少电气设备遭受损害。

2) 隔离开关（用符号QS、GL或G表示）的触头部分没有特殊的灭弧装置，它不能可靠地熄灭在切断电路过程中触头间所产生的电弧。隔离开关一般应与断路器串联接入电路，通常是用断路器切断电路之后，再拉开隔离开关，隔离开关起隔离电压的作用，并使电路之间具有明显的断开点，以利于检修和运行的安全。只有在有特别规定的回路，需要切断的电流很小（如电压互感器回路等）时，才允许用隔离开关直接拉合电路。

(3) 汇集和分配电能的母线（用符号W表示）。例如，发电机发出的电能经变压器升压后，经出口断路器到母线，再经线路断路器送往负荷线路。

(4) 限制故障电流和防御过电压的电器。例如：限制短路电流的电抗器和防御过电压的避雷器等。

(5) 接地装置。无论是电力系统中性点的工作接地或是保护人身安全的保护接地，均与埋入地中的接地装置相连。

(6) 载流导体。如裸导体、电缆等，它们按设计的要求，将有关电气设备连接起来。

2. 二次设备

对上述一次设备进行测量、控制、监视和保护的设备统称二次设备，它们包括：

(1) 互感器。分电压互感器（用符号TV、PT或T表示）和电流互感器（用符号

TA、CT或T表示）。电压互感器的一次线圈一般接在母线与地之间，测量母线（对地）电压。电流互感器的一次线圈一般串接在输、供电回路，测量回路电流。互感器将电路中的电压或电流降至较低值，送给显示、计量仪表和保护装置，供运行人员监视、电量计算和保护控制使用。

（2）测量表计。如电压表、电流表、功率因数表等，用于测量电路中的参数值。

（3）继电保护及自动装置。这些装置能迅速反应系统不正常情况并进行监控和调节，例如中性点直接接地系统发生单相接地故障时，反应过电流（包括零序过电流）、低电压的保护装置动作，作用于断路器跳闸，将故障切除。自动装置是用来实现机组自动调压、调频、自动并列、厂用备用电源自动投入和线路自动重合闸的各种装置。

（4）直流电源设备。包括直流发电机、整流装置、蓄电池等，供给控制、保护和事故照明的直流用电。

（5）信号设备及控制电缆等。信号设备给出信号或显示运行状态标志，控制电缆用于连接二次设备。

可见，一次设备是实现电能生产的设备和电能输送的通道，二次设备是一次设备与运行值班人员之间的联系接口，用来实现对一次设备的运行控制和保护。机组集控运行人员，必须掌握一次设备的原理与运行特性，并在此基础上熟悉二次设备的基本原理、基本功能和使用方法，并用以维持发电机组的安全、经济运行。

发电机、变压器、电动机等一次设备在电工与电机学基础中已经介绍，本章先介绍实现电能汇集、分配与控制的设备，如母线、断路器、隔离开关、互感器等的原理与运行知识。以下各章分别介绍发电机组电气接线及其特点，以及电气设备的保护、控制与操作。

1.1　绝缘子、隔离开关和母线

1.1.1　绝缘子

绝缘子广泛地应用在发电厂和变电所的配电装置、变压器、开关电器及输电线之中。绝缘子是用来支持和固定裸载流导体的，并使裸导体与地绝缘，或者用于配电装置和电器中处在不同电位的载流导体之间相互绝缘。因此，要求绝缘子必须具有足够的绝缘强度、机械强度、耐热性和防潮性能。

绝缘子通常是用电工瓷制成的绝缘体，电工瓷具有结构紧密均匀、不吸水、绝缘性能稳定和机械强度高等优点。也有绝缘子是采用钢化玻璃制成的，它具有重量轻、尺寸较小、机械强度高、价格低廉、制造工艺简单等优点。

绝缘子按安装地点，可分为户内（屋内）式和户外（屋外）式两种。户外式绝缘子由于它的工作环境条件要求，有较大的伞裙，用以增长沿面放电距离，并且能够阻断水流，保证绝缘子在恶劣的雨、雾等气候下可靠地工作。在有严重的灰尘或有害气体存在的环境中，应选用具有特殊结构的防污型绝缘子。户内式绝缘子表面无伞裙结构，故只适用于屋内电气装置中。

为了将绝缘子固定在支架上和将载流导体固定在绝缘子之上，绝缘子的瓷制绝缘体两端还要牢固地安装金属配件。金属配件与瓷制绝缘体之间多用水泥胶合剂粘合在一起。瓷制绝缘体表面涂有白色或深棕色的硬质瓷釉，用以提高其绝缘性能和防水性能。运行中绝缘子的表面瓷釉遭受损坏之后，应尽快处理或更换绝缘子。

绝缘子又分支柱绝缘子和套管绝缘子，以下简要介绍两种绝缘子的结构特点。

1. 支柱绝缘子

支柱绝缘子又分为户内式支柱绝缘子和户外式支柱绝缘子两种。

户内式支柱绝缘子的使用范围较为广泛，目前在 3～110kV 各种电压等级中均有使用。ZA—10Y 型户内式支柱绝缘子的结构示意图如图 1.1（a）所示。绝缘瓷体为上小、下大的空心瓷件，它起着对地绝缘的作用。绝缘瓷体上端装有一个铸铁制成的铁帽，铸铁帽上平面内有螺孔，用于固定母线或其他导体。绝缘瓷体下端装有一个铸铁制成的底座（法兰盘），底座上有圆孔，以便于用螺栓将绝缘子固定在墙壁或架构之上。绝缘瓷体与铸铁帽、铸铁底座之间，均用水泥胶合剂胶合在一起。

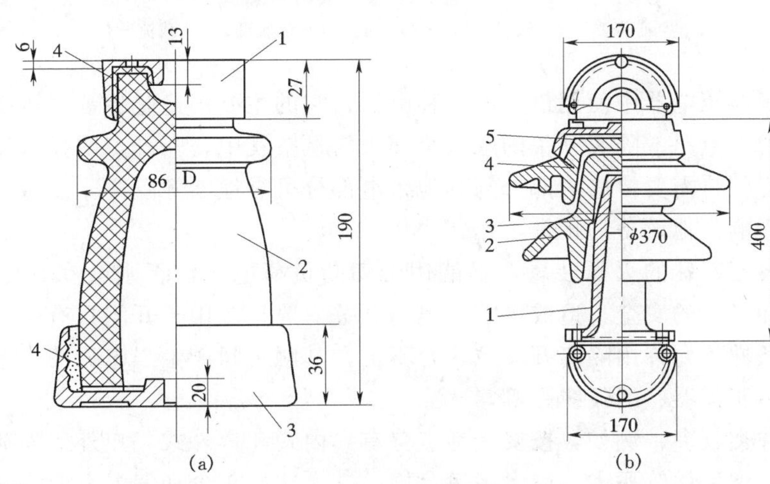

图 1.1 支柱绝缘子结构示意图

（a）户内式

1—铸铁帽；2—绝缘瓷体；3—铸铁底底座；4—水泥胶合剂

（b）户外式

1—法兰盘装脚；2、4—绝缘瓷体；3—水泥胶合剂；5—铸铁帽

户外式支柱绝缘子有针式和实心棒式两种。户外针式绝缘子结构如图 1.1（b）所示。户外支柱绝缘子与户内型的明显差别是：户外式绝缘子的瓷体有伸展的裙边，裙边是在绝缘子表面上的伞形突出物，其末端具有滴管状结构。下雨时，仅裙边外面被打湿，水只能流到裙边的边缘上，而不会在绝缘子的铸铁帽与装脚间形成水膜，从而保证绝缘子的绝缘性能。绝缘瓷体 2 和 4 之间以及绝缘瓷体与铸铁帽、装脚之间均用水泥胶合剂粘合。

2. 套管绝缘子

套管绝缘子简称为套管。套管绝缘子按其安装地点也可分户内式套管绝缘子和户外式套管绝缘子两种。户内式套管绝缘子根据其载流导体的特征可分为以下三种型式：采用矩形截面的载流体、采用圆形截面的载流导体和母线型。前两种套管载流导体与其绝缘部分制作成一个整体，使用时由载流导体两端与母线直接相连。而母线型套管本身不带载流导体，安装使用时，将载流母线装于该套管的矩形窗口内。CA—6/400 型户内套管绝缘子结构如图1.2所示。空心瓷套管和椭圆形法兰盘用水泥胶合剂粘合在一起。法兰盘用来将套管固定在墙壁或架构上。

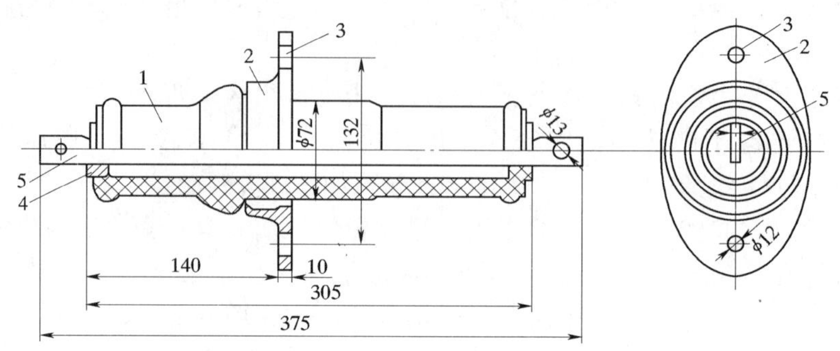

图1.2 套管绝缘子结构示意

1—空心瓷套；2—法兰盘；3—安装孔；4—金属圈；5—载流导体

1.1.2 隔离开关

隔离开关是高压电器中使用最多的一种电器，它的主要用途是保证高压电气装置检修工作的安全和切换电路。隔离开关的触头全部敞露在空气中，断开点明显可见。在停电检修时，用隔离开关将需要检修的部分与其他带电部分可靠地断开隔离，以保证检修人员的安全，而且不影响其他设备的正常工作。

隔离开关没有特殊的灭弧装置，不能用于切断负荷电流，否则会在其触头间形成电弧，危及人身和设备的安全，造成事故。隔离开关一般只能用于开闭只有电压没有电流的电路，在一定条件下允许用隔离开关拉、合不会在其触头间产生强电弧的小电流电路，例如电压互感器与避雷器、消弧线圈等。

隔离开关种类较多，例如，按安装地点分有户内式和户外式，户外式隔离开关安装在户外，它的工作条件比较恶劣，应考虑风、雨、雾、冰、灰尘和气温突变等多种的不良影响。户外式隔离开关应有较高的绝缘强度和机械强度，动、静触头间应有良好的防冻和破冰结构。

(1) GW_5—110D型隔离开关。其一相的结构如图1.3所示。刀闸1、2端部装有楔形触头，并有防护罩；刀闸与接线端子之间用挠性导体3连接；刀闸与支承座之间为刚性连接。隔离开关合闸后，电流由接线端子流入经挠性导体、刀闸、触头到另一端刀闸，再经挠性导体和接线端子流出。

支承座8固定在棒式绝缘子5的上端，棒式绝缘子5装在底座6之上；两个棒式绝缘子的下端经伞型齿轮连接，可做90°旋转。隔离开关的分、合闸操作，是由操作机构经连杆带动伞型齿轮旋转，两个棒式绝缘子以相同的速度向相对的方向转动，使触头随刀闸运动而分、合。接地刀闸7的作用是，当主刀闸断开后，利用接地刀闸将隔离开关待检修的一侧设备接地，以保证检修工作的安全。

(2) GW_6—220GD型隔离开关。为单柱式户外隔离开关，其单相结构如图1.4所示。它可以分相布置，单相操作。每相具有支持绝缘子6和操作绝缘子7。动触头2固定在导电折架3之上。静触头1固定在配电装置的架空硬母线上，或者悬挂在架空软母线上。隔离开关进行合闸时，通过操作绝缘子7和传动装置4操纵导电折架3像剪刀一样上下运动，使动触头夹住或释放静触头，完成合闸、分闸操作。

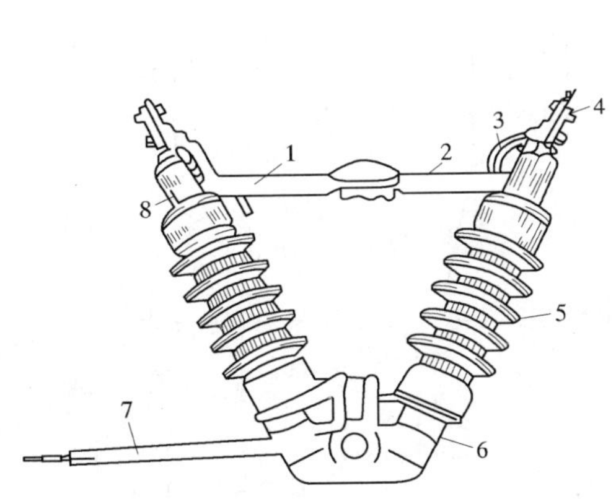

图 1.3　GW_5—110D 型隔离开关

1、2—刀闸；3—挠性连接；4—接线端子；
5—棒式绝缘子；6—底座；
7—接地刀闸；8—支承座

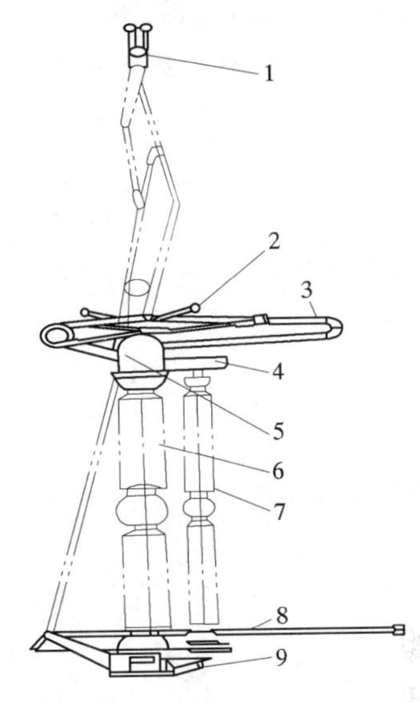

图 1.4　GW_6—220GD 型隔离开关

1—静触头；2—动触头；3—导电折架；
4—传动装置；5—接线板；6—支持绝缘子；
7—操作绝缘子；8—接地刀闸；9—底座

（3）GW_4—110 型双柱式隔离开关。如图 1.5 所示，双柱式隔离开关每相有两个绝缘支柱，并以交叉连杆连接，可以水平转动，两段闸刀各固定在一个绝缘支柱的顶上，触头为指形，加罩以防雨、尘、冰、雪等。进行操作时，操作机构带动一个绝缘支柱转动 90°角；另一个支柱由于连杆传动也同时转动 90°角，于是闸刀向同一侧断开或闭合。为使引出线不随支柱的转动而扭曲，在闸刀与出线接线座之间装有滚珠轴承和可以导电的挠性连接导体。

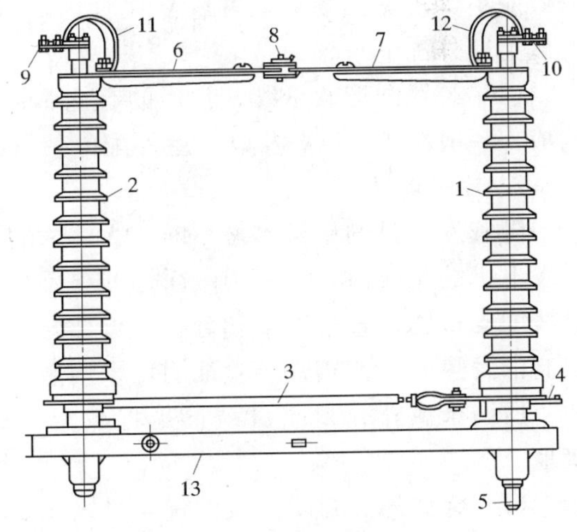

图 1.5　双柱式隔离开关

1、2—绝缘支柱；3—连杆；4—操动机构牵引杆；
5—绝缘支持的轴；6、7—闸刀；8—触头；
9、10—接线端子；11、12—挠性连接
的导体；13—底座

1.1.3　母线

1. 敞露母线

发电厂的配电装置中，各种电气设备之间的连接大都采用敞露式的硬裸导体，这些裸导体统称为母线。母线广泛地采用铝材。根据母线的截面形状和冷却方式等特点可分为：矩形母线、槽形母线和水内冷母线等。母线与地之间的绝缘靠绝缘子维持，相间绝缘主要靠空气维持。

（1）矩形母线。其截面为矩形，它主要

适用于35kV及以下电压等级的配电装置中。为了改善母线的冷却条件并减少集肤效应的影响，通常采用厚度较小的矩形母线。如果需要更大截面的母线时，可以采用多条矩形母线并联方式，母线结构示意图如图1.6所示。

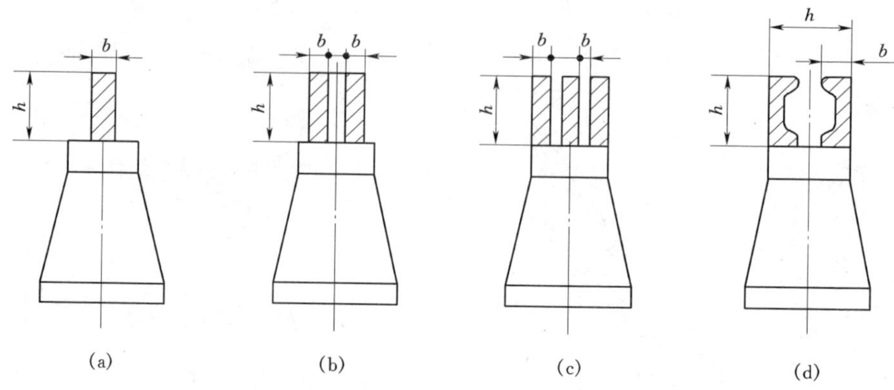

图1.6　母线结构示意图

(a) 每相一条母线；(b) 每相两条母线；
(c) 每相三条母线；(d) 槽形母线

(2) 槽形母线。大电流回路中母线最好采用槽形母线，如图1.6 (d) 所示。槽形母线是将铜材或铝材轧制成槽形截面，使用时每相由两根槽形母线相对地固定在同一绝缘子上。由于槽形母线比多条矩形母线的机械强度高，集肤效应影响小，所以槽形母线的利用率较高。

(3) 管形母线。管形母线的横截面为圆形、矩形或三角形，一般采用铝材。其具有集肤效应小，机械强度高，且容易在管内通入冷却介质等优点。管形母线一般用于110kV及以上屋外配电装置。

(4) 绞线圆形软母线。常用的有钢芯铝绞线，由多股铝线绕在单股或多股钢线的外层构成。一般用于35kV及以上屋外配电装置。

2. 封闭母线

随着发电机的单机容量不断扩大，大容量发电机的额定电流可高达数万安培。对大容量发电机的母线而言，采用敞露母线，不仅有本身的电动力、发热等严重问题，同时还有母线的支持物，悬吊钢架和母线附近建筑物，钢筋在强交变磁场中因电磁感应产生涡流所引起的发热问题。实践经验证明，采用金属外壳封闭母线是解决上述问题的有效办法。

所谓金属外壳封闭母线，是将载流母线用金属外壳密封保护起来，并让金属外壳接地。

(1) 金属外壳封闭母线的优点。采用金属外壳封闭母线，具有下列优点：

1) 可以减少接地故障，避免相间短路。大容量发电机出口短路电流很大，发电机承受不住出口短路的冲击。封闭母线因为具有金属外壳保护，所以基本上可消除外界潮气、灰尘和外界异物引起的接地故障。采用分相封闭母线，也基本上避免了相间短路故障，因而提高了发电机运行可靠性。

2) 减少母线周围钢结构发热。金属封闭母线的外壳起到屏蔽作用，使外壳以外部分的磁场大约可降到敞露时的10%以下，因此大大减少了母线周围钢结构的发热。

3）减少相间电动力。由于金属外壳的屏蔽作用，使短路电流所产生的磁通大大减弱。④母线被封闭后，通常采用微正压方式运行，这样可以防止绝缘子结露，提高了运行的可靠性，并且为母线强迫通风冷却创造了条件。

（2）封闭母线的分类：

1）共箱封闭母线。三相母线共用一个金属“箱子”外壳，其间不设金属隔板时，故称为共箱封闭母线，如图1.7（a）所示；三相母线之间有金属隔板时，称为有隔板的共箱封闭母线，如图1.7（b）所示。共箱封闭母线主要用于单机容量为200～300MW发电机组的厂用电回路。

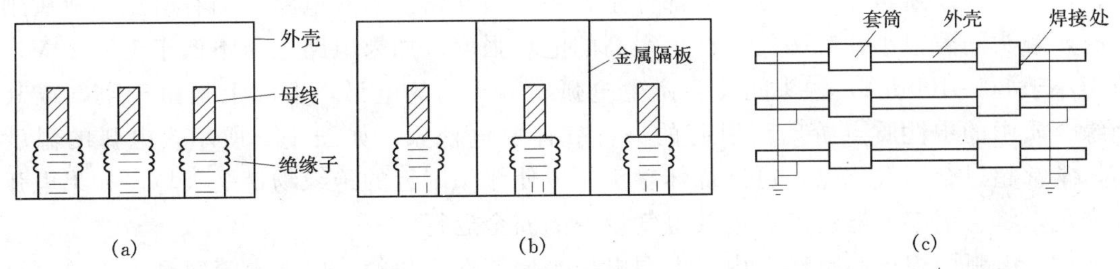

图1.7　封闭母线

(a) 共箱封闭母线；(b) 有隔板的共箱封闭母线；(c) 全连分相封闭母线

2）全连分相封闭母线。这种封闭母线每相金属外壳各段经套筒焊接，在电气上相连接，并在三相金属外壳的两端用短路板相互连接后接地，如图1.7（c）所示。金属外壳一般为圆柱体，载流导体用绝缘子固定在圆柱体内中间，图1.8是其横截面结构示意图。全连式分相封闭母线以母线载流导体为一次侧，金属外壳为二次侧，类似一台变比为1∶1的变压器，当母线载流导体通过电流时，金属外壳上将产生一个方向相反的而其数值几乎与载流导体上流过的电流相等的感应电流，使得金属外壳之外的剩余磁场降至敞露母线的百分之几。所以，采用全连式分相封闭母线，可以大大削弱母线周围钢结构中的涡流损耗和母线间短路电流的电动力。全连式分相封闭母线广泛地使用于200MW及以上发电机组的引出线回路中。

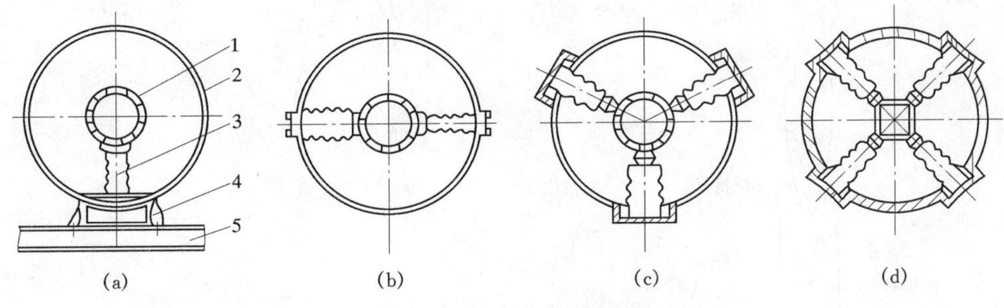

图1.8　分相封闭母线结构示意图

(a) 单个绝缘子支持；(b) 两个绝缘子支持；(c) 三个绝缘子支持；(d) 四个绝缘子支持

1—母线；2—外壳；3—绝缘子；4—支座；5—三相支持槽钢

1.2 高压断路器

高压断路器具有可靠的灭弧装置，是发电厂最重要的控制和保护设备。正常运行时，用它来倒换运行方式，把设备或线路接入系统或退出运行，起着控制作用；当设备或线路发生故障时，能迅速切除故障部分，保证无故障部分继续运行，同时起着保护作用。

1.2.1 高压断路器的灭弧原理与技术参数

1. 高压断路器灭弧的基本原理

（1）电弧。断路器中最基本的部件是触头，当断路器断开电路、加有电压的触头刚分开时，触头间隙很小，触头间会产生很高的电场强度。如果电路电压不低于10～20V，电流不小于80～100mA，触头间便会产生电弧。触头间的电弧，实际上是由于空气或其他绝缘介质中的中性质点游离而引起的一种气体放电现象。如图1.9所示，电弧的温度很高，常常超过金属气化点，可能烧坏触头，或使触头附近的绝缘物遭受破坏。如果电弧长久未熄，将会引起电器烧毁，危及电气设备的安全运行。

（2）电弧的熄灭与重燃。由于电源电压是周期性变化的，电弧电流每经半周总要过零一次，在电弧电流过零时，电弧暂时熄灭。从这一时刻开始，在弧隙中就发生着两个相互影响而作用相反的过程，即电压恢复过程和介质强度恢复过程。电流过零后，一方面弧隙中的电压要恢复到电源电压，随着电压的升高可能引起间隙的再次击穿而使电弧重燃；另一方面，电弧熄灭后去游离的因素增强，使间隙的介质强度增加，可能阻碍间隙再次击穿而使电弧最终熄灭。因此，在弧隙电压和介质强度的恢复过程中，如果恢复电压高于介质强度，弧隙仍被击穿，电弧重燃；如果恢复电压始终低于介质强度，则电弧熄灭。如图1.10所示为弧隙电压与介质强度恢复的关系，若弧隙介质强度曲线2在任何时候都高于弧隙恢复电压曲线1，则电弧熄灭；反之如果介质强度为曲线3，恢复电压仍为曲线1，则两者在b点相交，这时电弧将重燃。

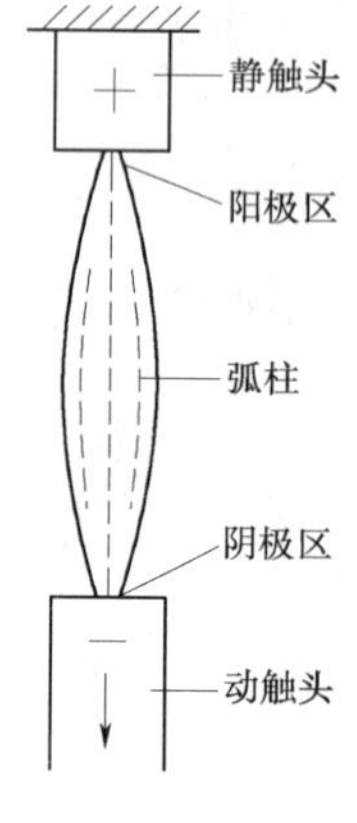

图1.9　电弧

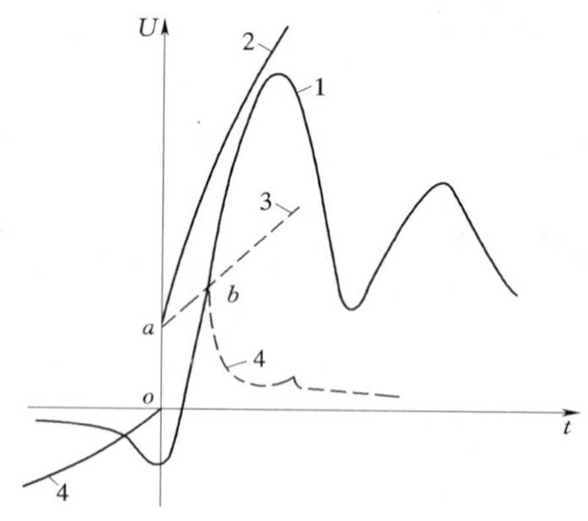

图1.10　恢复电压与介质强度的关系

1—弧隙恢复电压曲线；2、3—弧隙介质强度曲线；4—电弧电流

(3) 熄灭交流电弧的基本方法。从上面的分析可知，电弧能否熄灭，决定于弧隙内部的介质强度和外部电路施加于弧隙的恢复电压两者的“竞赛”，而介质强度的增长又决定于游离和去游离的相互作用。增加弧隙的去游离速度或减小弧隙电压恢复速度，都可以促使电弧熄灭。根据这个原理，现代交流开关电器中广泛采用的灭弧方法有下列几种：

1）利用灭弧介质。电弧中的去游离强度在很大程度上取决于电弧周围介质的特性，如介质的传热能力、介电强度、热游离温度和热容量。这些参数的数值越大，则去游离作用越强，电弧就越容易熄灭。氢气的灭弧能力是空气的 7.5 倍，所以可以利用变压器油或断路器油作灭弧介质，使绝缘油在电弧的高温作用下分解出氢气和其他气体来灭弧；六氟化硫（SF_6）是良好的负电性气体，氟原子具有很强的吸附电子的能力，能迅速捕捉自由电子而成为稳定的负离子，为与正离子复合创造了有利条件，因而具有很好的灭弧性能。SF_6气体的灭弧能力比空气约强 100 倍；若用真空作为灭弧介质时，在弧隙间自由电子很少，碰撞游离可能性大大减少，弧柱对真空中的带电质点的浓度差和温度差影响很大，有利于扩散，真空的介质强度比空气约大 15 倍。因此，采用不同介质可制造成不同类型的断路器，例如：空气断路器、油断路器、SF_6断路器、真空断路器等。

2）采用特殊金属材料作灭弧触头。电弧中的去游离强度在很大程度上取决于触头材料。若采用熔点高、导热系数和热容量大的金属作触头，可以减少热电子发射和电弧中的金属蒸汽，抑制游离作用。同时，触头材料还要求有较高的抗电弧、抗熔焊能力。常用的触头材料有铜钨合金和银钨合金等。

3）利用气体或油吹动电弧。电弧在气流或油流中被强烈地冷却而使气体复合加强，吹弧也有利于带电离子的扩散。气体或油的流速越大，其作用越强，在高压断路器中利用各种结构形式的灭弧室，使气体或油产生巨大的压力并有力地吹向弧隙，使电弧熄灭。如空气断路器利用充入压力约 2.3MPa 干燥压缩空气作为吹动电弧的灭弧介质；SF_6断路器利用 0.304～0.608MPa 纯净 SF_6气体作为灭弧介质；油断路器利用油在电弧作用下分解出的气体吹动电弧。吹动的方式有纵吹和横吹等，如图 1.11 所示。吹动方向与弧柱轴线平行的叫纵吹；吹动方向与弧柱轴线垂直的叫横吹。纵吹主要使电弧冷却变细，最后熄弧；而横吹则把电弧拉长，表面积增大并加强冷却。在断路器中更多地采用纵、横混合吹弧的方式，熄弧效果更好。此外，在某些高压断路器中，还采用环吹灭弧方式；在低压开关电器中，还采用磁吹熄弧等方法。

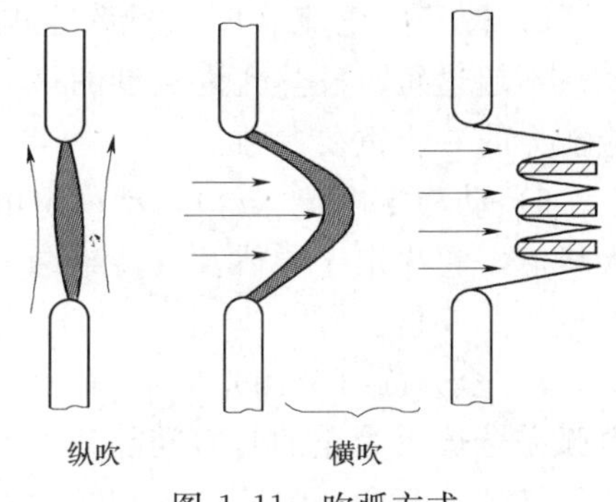

图 1.11 吹弧方式

4）采用多断口熄弧。在高压断路器中，每相采用两个或更多的断口串联，在熄弧时，断口把电弧分割成多个小电弧段，在相等的触头行程下，多断口比单断口的电弧拉长了，从而增大了弧隙电阻，而且电弧被拉长的速度，即触头分离的速度也增加，加速了弧隙电阻的增大，同时，也提高了介质强度的恢复速度。由于加在每个断口的电压降低，使弧隙恢复电压降低，亦有利于熄灭电弧。在低压开关电器中广泛采用灭弧栅装置，也就是把长弧变成短弧进行灭弧。

2. 高压断路器的基本技术参数

（1）高压断路器的种类和型号。根据高压断路器的装设地点，可分为户内和户外两种型式。户内用字符“N”表示；户外用字符“W”表示。按断路器使用的灭弧介质和灭弧原理可分为油断路器、空气断路器、六氟化硫（SF_6）断路器、真空断路器等。

高压断路器的型号、规格用符号和数字组成，表示产品代号、额定电压、额定电流、额定开断能力等。其中第一个字母表示产品字母代号。例如：S—少油断路器；D—多油断路器；K—空气断路器；L—六氟化硫断路器；Z—真空断路器；C—磁吹断路器。

例如：SN10—10/3000—750 型，即指额定电压 10kV、额定电流 3000A、开断容量 750MVA、10 型户内式高压少油断路器。

（2）高压断路器的基本技术参数：

1）额定电压（U_N）。额定电压是指断路器长期工作的标称电压，产品铭牌上标明的额定电压是指正常工作的线电压。我国采用的额定电压等级有：3、6、10、35、110、220、330、500kV 等。额定电压的高低影响断路器的外形尺寸和绝缘水平，电压越高，要求绝缘水平越高，外形尺寸越大。

2）额定电流（I_N）。额定电流是指断路器长期工作允许通过的最大工作电流。电器长期通过 I_N 时，其发热温度不会超过国家标准规定值。额定电流的大小，决定断路器导电部分和触头的尺寸及结构，在相同的允许温升下，电流越大，则要求导电部分和触头的截面越大，以便减小损耗和增大散热面积。

3）额定开断电流（I_{Nbr}）。开断电流是指断路器在开断操作时，首先起弧的某相电流。额定开断电流是指断路器在额定电压下能保证正常开断的最大短路电流。它是标志断路器开断能力的一个重要参数。

4）额定关合电流（i_{Ncl}）。若线路或设备上存在短路故障，断路器一合闸就会有短路电流流过，这种故障称为“预伏故障”。当断路器关合有预伏故障的线路或设备时，在动、静触头接触前就发生预击穿，出现短路电流，要求断路器能承受而不致发生触头熔焊或遭受电动力损坏；而在关合后，能在继电保护作用下可靠切断短路电流。用关合电流来表示断路器关合短路电流的能力。额定关合电流是指在额定电压下，断路器能可靠地闭合的最大短路电流峰值。断路器关合电流与断路器操作机构的型式、断路器灭弧装置性能等有关。

5）热稳定电流（I_t）。热稳定电流是指在规定的 t 秒时间内，通过断路器使其各部分发热不超过短时发热允许温度的最大短路电流有效值。它是标志断路器承受短路电流热效应能力的一个重要参数。

6）动稳定电流（i_{es}）。动稳定电流是指断路器在合闸位置时，允许通过的短路电流最大峰值。它决定于导体及支持绝缘子部分的机械强度和触头的结构形式。一般取额定开断电流的 2.5 倍。

7）全开断（分闸）时间（t_{kd}）。全开断时间是指断路器接到分闸命令瞬间起到各相电弧完全熄灭为止的时间间隔，为 $t_{kd}=t_{gf}+t_h$。其中式中 t_{gf} 为断路器固有分闸时间，指断路器接到分闸命令瞬间到各相触头都分离的时间间隔；t_h 为燃弧时间，指断路器触头从分离燃弧瞬间到各相电弧完全熄火的时间间隔。

断路器开断单相电路时，各个时间的关系示意图如图1.12所示，其中 t_b 为继电保护装置动作时间。全开断时间 t_{kd} 是表征断路器开断过程快慢的主要参数。从电力系统对开断短路电流的要求来看，希望 t_{kd} 越小越好，因为它直接影响故障设备的损坏程度、故障范围和系统的稳定性。高速动作的断路器 $t_{kd}<0.08s$；低速动作的断路器 $t_{kd}<0.1s$。

8）合闸时间（t_{cl}）。合闸时间是指处于分闸位置的断路器，从接到合闸命令瞬间起到各相的触头均接触为止的时间间隔。

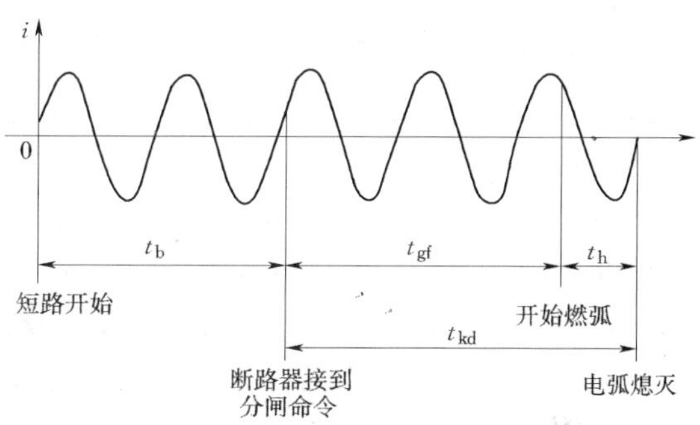

图1.12 断路器开断时间示意图

（3）对高压断路器的基本要求：

1）断路器在额定参数下应能长期可靠地工作。在合闸状态时有良好的导电性能，而在分闸状态时又能保证断口间的绝缘。

2）应具有足够的断流能力。由于电力网电压高、电流大，断路器在断开电路时，触头间会出现电弧，只有将电弧熄灭，才能断开电路。因此，要求断路器有足够的断流能力，尤其在短路故障时，能迅速地切断短路电流，并保证具有足够的热稳定。

3）具有尽可能短的开断时间。当电力系统发生短路故障时，要求断路器迅速切断故障电路，这样可以缩短电力系统的故障时间和减轻短路电流对设备的损坏，并且还可以提高电力系统的稳定性。

4）能实现自动重合闸。架空线的短路故障大多是瞬时性的，为了提高供电可靠性，系统中多加装自动重合闸装置，这就要求断路器能在很短的时间内按规定完成其重合闸动作，并且其断流能力应相对稳定，以便在重合于故障时能再次有效切断故障电路。

5）应具有足够的机械强度。正常运行时，断路器应能承受自身重力、风灾、雪灾和各种操作力的作用，系统发生短路故障时，应能承受电动力的作用，具有足够的动稳定。

6）应具有结构简单、价格低廉、体积小、质量小的特点。

1.2.2 高压断路器的基本结构

高压断路器种类较多，结构各不相同，按断路器各组成部分的作用分，可分为以下几个部分：①开断部件，包括断路器的动触头、静触头及灭弧装置，用来实现断路器的开断及灭弧功能；②支撑部件，用来支撑断路器及其对地绝缘和相间绝缘；③底座，用来支撑和固定断路器；④操作机构，是接受来自控制回路分、合闸指令的接口，用来提供实现断路器分闸、合闸的动力；⑤传动部件，其作用是将操作机构的分、合运动传送给断路器的动触头。下面介绍几种常见断路器的结构。

1. SF_6断路器

SF_6气体是一种无色、无毒、不可燃，具有良好冷却特性的惰性气体，它具有很高的绝缘强度和很好的灭弧性能。在同等的条件下 SF_6 气体的灭弧能力是空气的100倍。SF_6 气体的液化温度很高，在常温下是一种十分稳定的化合物，不易分解与变质。但在高温下，如在电弧或电晕放电作用下，SF_6气体分解成 S 原子和 F 原子，这时若有水或铜，会分解成 HF 和 C_UF_2 等具有严重腐蚀性的有毒气体。因此，SF_6 高压断路器要严格控制 SF_6气体水分含量。

SF_6断路器是利用 SF_6气体与电弧之间形成速度较高的相对运动，利用 SF_6气体良好的灭弧性能与绝缘性能来灭弧的。由于 SF_6断路器具有良好的电气性能，工作可靠、体积小的特点，使它得到广泛应用。

SF_6高压断路器按照结构形式和使用特点，可以分为用于户内的封闭式（又称落地罐式）和用于户外的敞开式（又称瓷瓶支柱式）两种形式。户外敞开式 SF_6断路器，系列性强，可以用不同个数的标准灭弧单元与支柱瓷套管组成不同电压等级的产品。按整体布置形式可分为“Y”型、“T”型和“I”型三种布置型式。图 1.13（a）是 LW_1—220 型“T”型布置的敞开式 SF_6高压断路器一相外形图。每相有两个断口，每个断口配有均压电容器，布置在空心的支柱瓷套管上，液压操作机构兼作断路器底座。灭弧室中充有 SF_6气体，承担灭弧和开断时断口间绝缘任务，对地绝缘由空心支柱瓷套管担任。分、合闸操作由兼作断路器底座的操作机构完成。图 1.13（b）是 LW_6—500 型 SF_6断路器一相外形图，每相为双柱四断口。为限制合闸及重合闸过电压，断口并联有合闸电阻（约 100Ω）。合闸电阻与辅助触头串联后与再主触头并联。断路器合闸时，合闸电阻比主触头提前 7～11ms 接通，主触头接通后，合闸电阻自动断开。

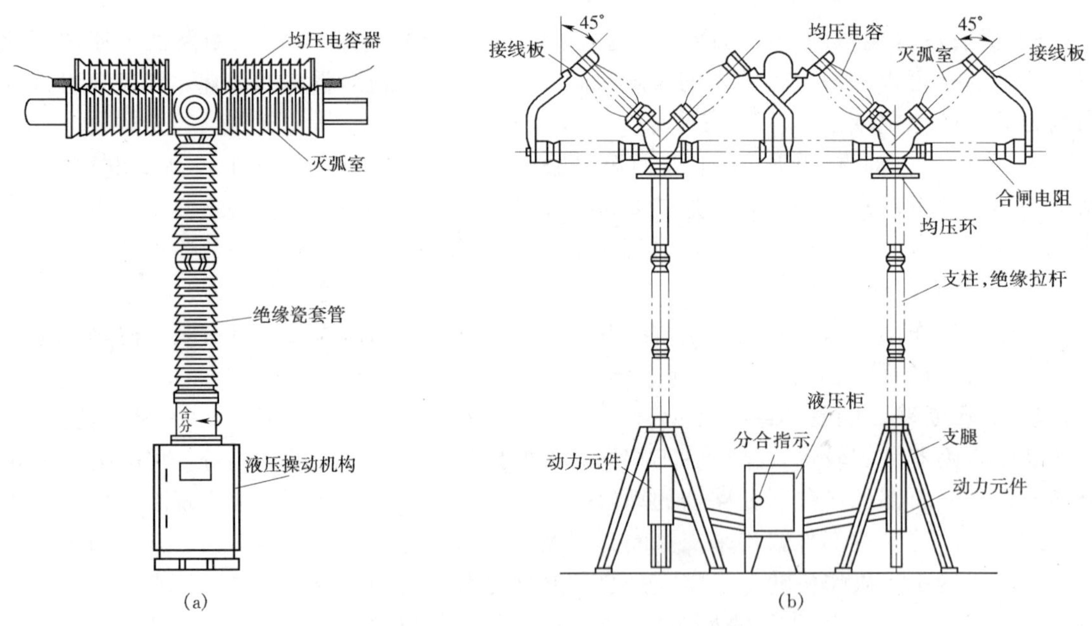

图 1.13　SF_6 断路器一相外形图

（a）LW_1—220 型断路器；（b）LW_6—500 型断路器

图 1.13 中有两个均压电容，并联在断路器的两个断口上，其作用是使两个断口电压在故障时均等，以充分发挥每个灭弧室的灭弧能力。图 1.14（a）是断路器分布电容示意图。C_d 是断路器两个断口之间的分布电容，C_0 是传动机构与大地之间的分布电容。若母

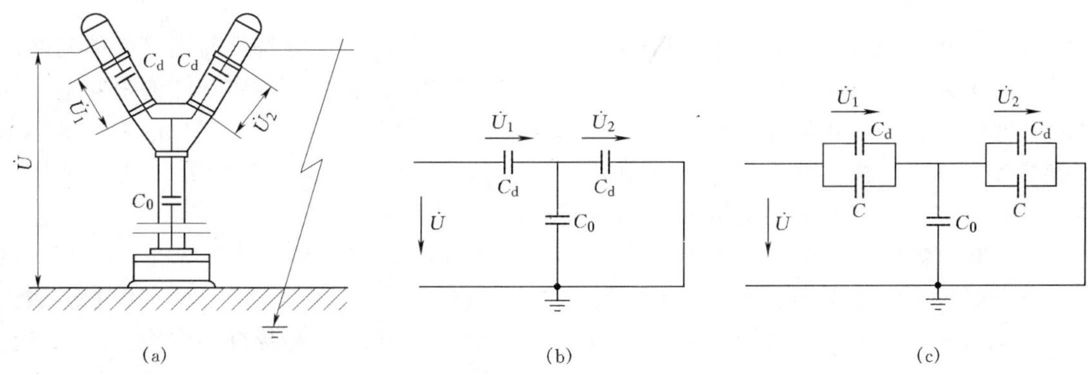

图 1.14 均压电容的作用

(a) 断路器的分布电容；(b) 无均压电容时的等值电路图；(c) 并均压电容后的等值电路图

线侧电压为U，线路侧短路接地，设U_1、U_2分别为断路器两个断口上的电压。图 1.14 (b) 是它的等效电路。实测表明，C_d和C_0约为 20～50pF。由于U_2为C_d与C_0并联后再与C_d分压，故U_1、U_2分别约占U的 70%和 30%，两个断口上的电压相差悬殊，不利于灭弧。为改善灭弧效果，在断路器两断口上分别并上均压电容C，其值在 1500～1800pF 之间。图 1.14 (c) 是并联均压电容后的等效电路。由于C远大于分布电容C_d和C_0，可以使$U_1 \approx U_2$。

SF_6断路器灭弧室的结构必须保证在吹弧过程中，作为熄弧和绝缘介质的SF_6气体不排向大气，只在封闭系统中循环使用。LW_1—220 型断路器的灭弧室结构示意图如图 1.15 所示。断路器的触头由两个带喷嘴的空心静触头 3、静触头 5 和动触头 2 组成。断路器的弧隙由两个静触头保持固定的开距。它是断路器分闸过程中产生和熄灭电弧的场所，也是分闸后切断电路的断口。由于采用SF_6气体作为灭弧和绝缘介质，所以开距一般不大。在合闸状态下，动触头跨接于两个静触头 3、静触头 5 之间，形成金属桥，构成电流通路，由绝缘材料制成的固定活塞 6 和与动触头 2 连成整体的压气罩 1 之间围成压气室 4。分闸时，操作机构通过拉杆带动触头 2 和压气罩 1 所组成的可动部分向右运动，使压气室 4 内的SF_6气体压缩和提高压力。当动触头离开静触头时，即产生电弧，同时也将原来由动触头所封闭的压气室打开而产生气流，此气流经空心静触头 3、静触头 5 内孔对电弧进行纵吹，电流过零时，电弧熄灭。

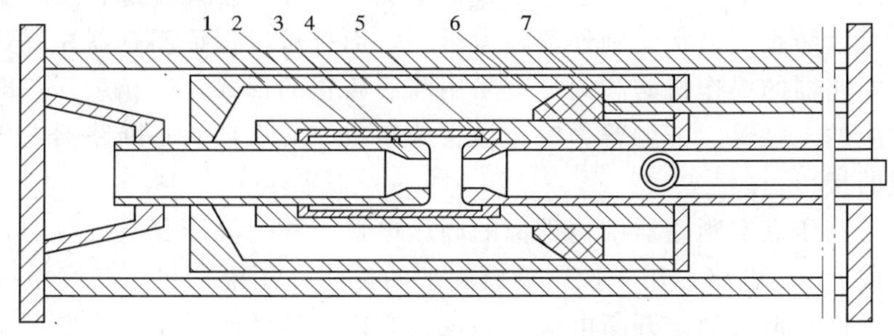

图 1.15 SF_6 断路器的定开距灭弧室结构

1—压气罩；2—动触头；3—静触头；4—压气室；5—静触头；6—固定活塞；7—拉杆

2. 真空断路器

真空断路器是以真空作为绝缘和灭弧介质的。真空间隙的击穿特性与高压气体间隙的击穿特性明显不同。真空间隙气体稀薄，分子发生碰撞的机会少，气体间隙的击穿电压随着真空度的提高而上升，真空断路器要求真空间隙的压力在 133.3×10^{-4}Pa 以下。真空断路器具有灭弧速度快、触头材料不易氧化、寿命长、体积小等特点，但其制造工艺要求高。目前，真空断路器主要使用于 3～35kV 的配电装置中。

真空断路器的触头位于图 1.16 所示的真空灭弧室中，室内部保持 133.3×10^{-4}Pa 以下的高真空。它的外壳 5 是用玻璃、陶瓷或微晶玻璃等绝缘材料制造的，两端焊着金属盖板 2 和 6。静导电杆 9 穿过静端盖板 6 的中心，静触头 10 即焊在静导杆的端头。动导电杆 12 的端头焊着动触头 11。动导电杆和拉杆焊成一体，通过波纹管 13 和动端盖板的中心孔伸出真空灭弧室外。波纹管的一个端口与动导电杆焊在一起，波纹管是可伸缩的元件，因此动导电杆借助波纹管的伸缩性可沿真空灭弧室的轴运动，而外部的气体却不会进入真空灭弧室内部，这样就可在完全密封的条件下，从外部操纵触头的合、分，达到合、分电路的目的。触头周围装有屏蔽罩 4，它的主要作用是吸收分、合闸时真空电弧生成的金属蒸汽等，防止它们污染绝缘外壳。

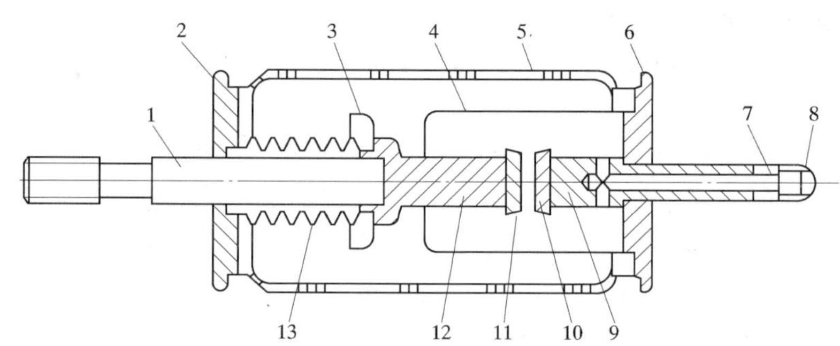

图 1.16 真空灭弧室的结构

1—拉杆；2—动端盖板；3—波纹管的屏蔽罩；4—屏蔽罩；5—绝缘外壳；6—静端盖板；7—排气管；8—保护帽；9—静导电杆；10—静触头；11—动触头；12—动导电杆；13—波纹管

图 1.17（a）是 VB2 型 12kV 户内高压真空断路器外形图，该断路器具有小型化、高功能的真空灭弧室，图 1.17（b）是它的真空灭弧室结构示意图。真空灭弧室封装在环氧绝缘内，不仅可以防止灭弧室受到外部因素影响，而且可以保证断路器在湿热及污秽环境下可靠工作。断路器的操作机构和灭弧室采用前后布置的形式，三相主开关电路由三个真空灭弧室及相应的上触臂、下触臂、梅花触头等组成。二次插头是断路器内部接线与外部二次回路接线的接口。

还有一种与高压真空断路器结构类似的高压电器，称为高压真空接触器，常与高压熔断器组合，组成 F－C 电路，用于控制频繁起动的三相高压电动机。其真空灭弧室的结构与真空断路器类似，但其额定开断电流比高压真空断路器的小得多，主要用于断开负荷电流，切除大的故障电流可以用高压熔断器。

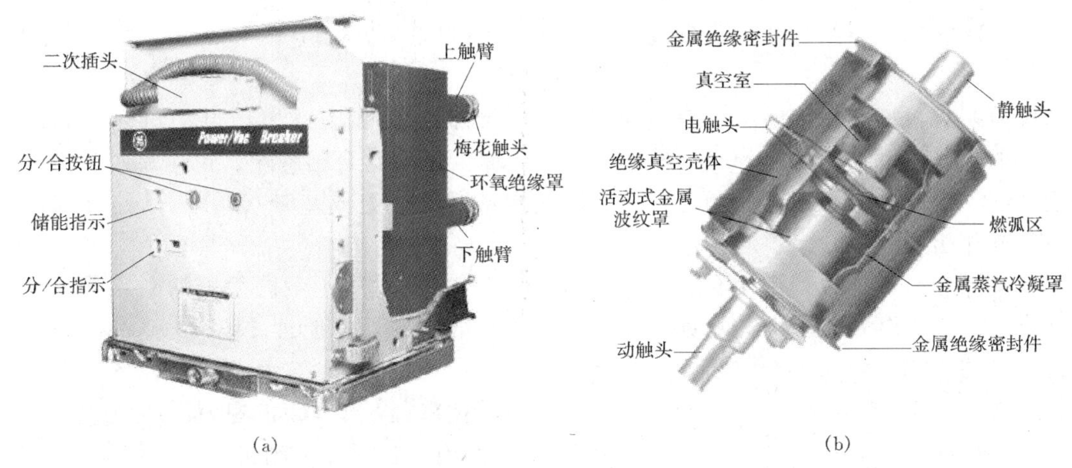

图 1.17 VB2 型真空断路器

(a) 断路器外形图；(b) 真空灭弧室结构

1.2.3 高压断路器的操作机构

断路器的操作机构是执行操作任务的重要环节，它为传动装置提供动力，以实现断路器分、合操作。运行要求操作机构操作可靠、动作迅速以减小燃弧时间。操作机构按动力来源不同，一般分手动式、电磁式、液压式、气动式和弹簧式操作机构。下面介绍几种典型的操作机构。

1. 电磁式操作机构

电磁式操作机构是利用电磁力合闸的操作机构，用于操作 3～35kV 断路器。CD_{10} 型电磁操作机构的结构如图 1.18 所示，它由脱扣机构、连杆机构、主轴、辅助开关、分闸线圈、合闸线圈、分闸铁芯、合闸铁芯、维持合闸支架、手动合闸操作手柄、分合闸指示牌等部件组成。

(1) 合闸操作。当合闸线圈通电时，合闸铁芯向上运动，推动滚轮向上运动，通过连杆机构使主轴顺时针转动，带动传动杆使断路器合闸；同时，分闸弹簧被拉伸，为分闸过程储能。当合闸铁芯运动到终了位置时，维持合闸支架抵住滚轮，与其相连的动断辅助开关切断合闸操作控制电源，合闸线圈断电，铁芯落下，完成合闸操作。

(2) 分闸操作。当分闸线圈通电时，分闸铁芯向上运动，撞击连杆，断路器在分闸弹簧的作用下，主轴逆时针转动，带动传动杆使断路器分闸，与其相连的动合辅助开关切断分闸操作控制电源，分闸线圈断电，完成分闸操作。

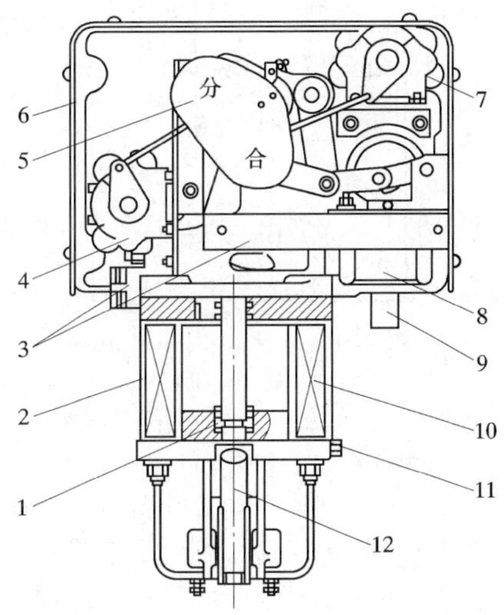

图 1.18 CD_{10} 型电磁操作机构

1—合闸铁芯；2—磁轭；3—接线板；4—信号用辅助开关；5—分合闸指示牌；6—外壳；7—分合闸用辅助开关；8—分闸线圈；9—分闸铁芯；10—合闸线圈；11—接地螺栓；12—操作手柄

电磁操作机构合闸线圈通过的电流很大，达几十至几百安，分闸线圈通过的电流只有几安。合闸线圈、分闸线圈使用直流电源，其额定电压一般为110～220V。

2. 弹簧操作机构

弹簧操作机构利用弹簧预先储存的能量作为合闸动力。它既能由电动机（交流或直流）储能，又能手动储能。弹簧操作机构一般由储能机构、合闸弹簧、过电流脱扣器、分合闸线圈、手动分合闸系统、辅助开关、储能指示等部件组成。6～500kV断路器都可采用弹簧操作机构。

弹簧操作机构的典型型号有CT8、CT9、CT10等，适用于不同型号的断路器。下面以CT10弹簧机构为例，简要说明弹簧机构的基本结构及动作原理。CT10弹簧机构的外形结构如图1.19所示。

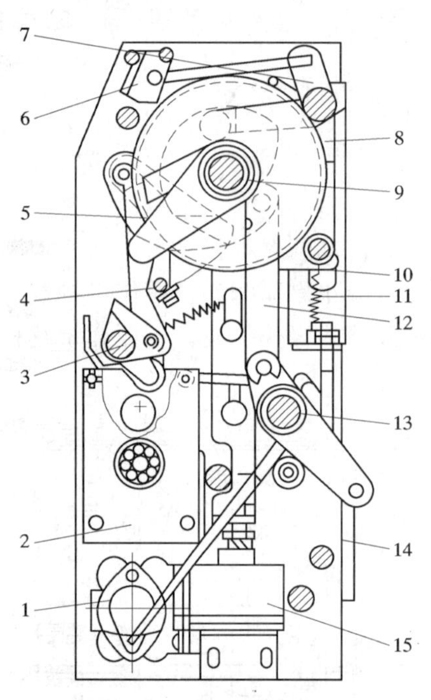

图1.19　CT10型弹簧机构

1—辅助开关；2—储能电动机；3—分、合闸指示牌；4—半轴；5—驱动棘爪；6—按钮；7—定位件；8—保持棘爪；9—储能油；10—合闸连锁板；11—合闸弹簧；12—合闸四连杆；13—输出轴；14—角钢；15—合闸电磁铁

（1）储能过程。当储能电动机接通电源时，在电动机作用下，通过传动机构带动储能轴转动，使挂在储能轴套上的合闸弹簧拉长。储能轴套由定位销固定，维持储能状态。同时，储能轴套上的拐臂推动“行程开关”切断储能电动机的电源，完成储能操作。储能时间不大于15s。

弹簧储能是通过行程开关辅助触点动作进行控制的，其动合触点接在断路器合闸回路，动断触点接在储能电动机电源回路。当弹簧未储能时，行程开关的动合触点断开，切断断路器合闸回路，此时断路器不能合闸，行程开关的动断触点闭合，储能电动机自动起动储能；当弹簧储能完毕后，行程开关的动合触点闭合，准备断路器合闸回路，行程开关的动断触点断开，自动停止储能电动机运行。

（2）合闸操作。在断路器处于分闸状态、机构已储能的前提下，才能进行合闸操作。当合闸线圈励磁后，合闸电磁铁的铁芯被吸向下运动，拉动定位件向逆时针方向转动，解除储能维持，合闸弹簧带动传动机构完成合闸操作。在合闸过程中，分闸弹簧被储能，为分闸做好了准备。

（3）分闸操作。在分闸弹簧被拉伸储能的前提下，才能进行分闸操作。分闸线圈励磁后，分闸铁芯吸合，分闸脱扣器中的顶杆向上运动，使脱扣轴转动，在分闸弹簧力的作用下，断路器完成分闸操作。

分闸弹簧储能是在合闸过程中完成的，所以弹簧操作机构储能实际上是为合闸弹簧储能，电动机一次储能可完成一次合、分操作。在完成合闸操作后，机构必须再进行一次储能，才能进行下一次合闸操作，也就是说，在两次合闸操作之间，必须经过约15s的储能过程。

分闸、合闸操作时，电磁铁只需很小的能量就能推动分、合闸机构，所以弹簧操作机构的分、合电流都较小，一般不超过 5A。

3. 液压操作机构

液压操作机构用液压油作为动力传递介质，与弹簧操作机构一样，采用储能驱动方式。即利用储压器中预储的能量间接驱动操动活塞，而储压器则是由功率较小的油泵储能。

图 1.20 是断路器液压操作机构的原理简图，断路器的运动部分是由工作缸的活塞推动的，图中工作缸活塞可以在水平方向左右移动，推动断路器分合闸。活塞运动方向由阀门控制，图中工作缸左侧直接与储压器的高压油连通，右侧接阀门。当阀门与储油器连通时，如图 1.20（a）所示，工作缸右侧也接高压油，但活塞两侧受压面积不等，右侧受压面积大，活塞将向左移动而带动断路器合闸。当阀门转到与低压力的油箱联通时，如图 1.20（b）所示，活塞向右移动，使断路器分闸。从图 1.20 中可以看到液压操作机构的几个主要组成部分如下。

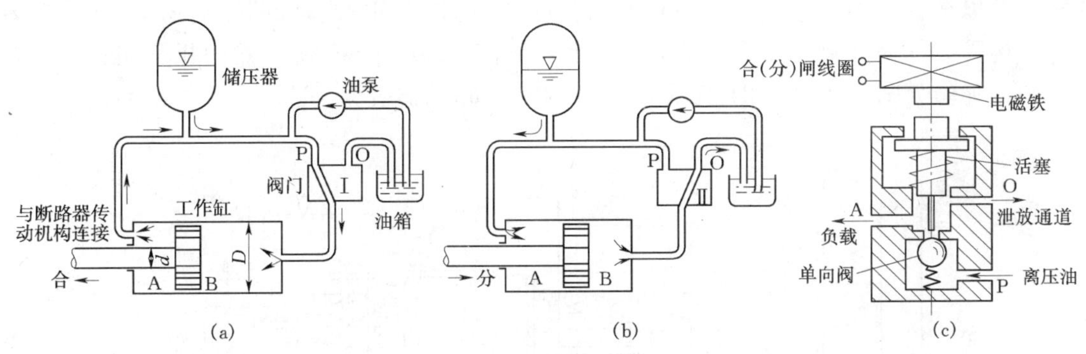

图 1.20 断路器液压操动机构动作原理

（a）合闸；（b）分闸；（c）电磁控制阀结构原理

（1）储能部分。储压器、油泵、电动机等。储压器是充有高压力气体（氮气）的容器，能量是以气体压缩的形式储存的。当机构操动时，气体膨胀释放出能量，经液压油传递给工作缸变成机械能。油泵供储压器储能用，电动机带动油泵向储压器压油，使气体受压缩，所以机构的能源仍然来自电源。由于储能过程时间较长，要几分钟，而机构一次操作过程时间即释放能量的时间却很短，一般小于 0.1s，两者相差近千倍。因此，储能用的电动机功率也就降低了近千倍，这就大大减轻了对电源容量的要求，这是储能式机构的优点。

（2）执行元件。工作缸。它把液压能量转变为机械能，驱动断路器分、合闸。

（3）控制元件。电磁阀。用来实现分、合闸动作的控制、连锁、保护等功能。图 1.20（c）是电磁控制阀结构原理图，当线圈通电时，电磁铁驱动活塞下移，单向阀被顶开，泄油口 O 被堵住，高压油经 P 口进入阀内，经单向阀、A 口流出去驱动负载；当线圈失电时，活塞在弹簧作用下上移，泄油口 O 打开，单向阀在弹簧作用下关闭，负载中的油经 O 口泄放。这样将流过电磁线圈电流的变化转换成电磁阀开、闭变化，从而实现断路器的控制。实际使用时，为使断路器分、合动作迅速进行，通过电磁阀将电流变化转换成油压变化后，还要经过一级阀门来放大，并考虑保持环节，为控制方便，分闸线圈与合闸线圈分别设置。所以，实际系统要复杂一些。

（4）辅助元件—如低压油箱、连接管道以及油过滤器、压力表、继电器、辅助开关等。

由此可见，在液压机构中，油主要起传递能量的作用。液压机构具有体积小，操作力大，需要控制能量小的优点。液压机构的工作压力高，一般在 30MPa 左右，因此液压机构的储压器容积不大，可获得很大的操作力，而且控制比较方便。

值得注意的是，断路器分、合操作会引起液压下降，液压系统密封并非绝对严密，也会使液压下降。液压下降到一定程度会自动启动油泵升压。若液压下降后因故不能回升到正常值，分、合操作就不能按要求正常、迅速进行，断路器触点分、合过程过慢还会引发事故。所以，当操作机构液压下降到一定数值时，低压力触点动作，闭锁分、合操作。

4. 气动操作机构

利用压缩空气作为能源的操作机构称为气动操作机构。按分、合闸能源不同，气动操作机构可以分为三类：①气动合闸、气动分闸，如 ELF SL 型 SF_6 断路器的 PKA 型气动操作机构；②气动分闸、弹簧储能合闸，如 LW_{12}—220 型 SF_6 断路器的操作机构；③气动合闸、弹簧分闸，如图 1.21 所示 CQ—120 型气动操作机构。

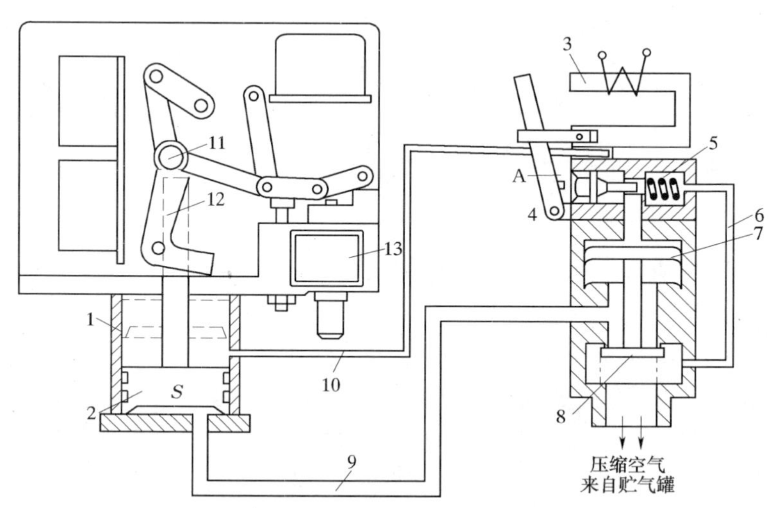

图 1.21　CQ—120 气动操动机构

1—工作气缸；2—活塞；3—合闸电磁铁；4—顶杆；5—起动阀；6、9、10—管道；7—活塞；8—工作阀；11—滚轮；12—鞍架；13—分闸电磁铁

CQ—120 型的连杆机构与 CD 型电磁操作机构相似，将电磁操作机构的合闸线圈与铁芯换成工作气缸与活塞，再增加一些气阀与电磁铁就可以方便地改装成气动操作机构。CQ—120 型操作机构合闸时，合闸电磁铁 3 通电，铁芯动作，通过顶杆 4 使起动阀 5 打开；来自储气罐的压缩空气经管道 6、阀门 5 进入工作阀活塞 7 的上方，推动活塞 7 向下运动使工作阀 8 打开。压缩空气经阀门 8、管道 9 通到活塞 2 的下面，推动活塞 2 向上运动，带动上面的连杆机构完成断路器合闸操作。

分闸时，分闸电磁铁13通电，通过连杆机构在断路器分闸弹簧作用下，完成断路器分闸操作。气动操作机构以压缩空气为能源，所以也不需要大功率直流电源。

上述四种操作机构有一个共同特点，都要通过电磁铁实现电气量变化到机械位移的变化，控制能量放大后再经过传动机构实现断路器分、合闸操作。由于电磁操作机构的电磁力阀具有能直接推动断路器动作，所以无需再次放大，而后三种操作机构的动作能量分别来自弹簧、压力液体和压缩空气，所以需要另配电动机来先为操作机构储存能量。这也就决定了电磁操作机构需要合闸电流大，而后三种机构电磁铁需要的控制电流小。

流过电磁铁线圈的控制电流，就是下面将要介绍的断路器控制回路提供的。

5. 配电磁操作机构的断路器控制回路

图1.22为配电磁式操作机构的断路器控制回路，回路的控制元件主要由控制开关和继电器触点组成。图中的SA1为LW2—Z系列万能转换开关。此型控制开关具有“分后”、“预合”、“合闸”、“合后”、“预分”和“分闸”六种状态，控制开关的手柄转到不同位置分别接通触点盒中不同的触点。其中“合闸”和“分闸”两个位置是可自动复归的，当手柄旋转到该位置时，手柄和触点盒内的触点只暂时保持在该位置，当操作人员将手柄松开后，在弹簧的作用下，手柄将复归到此次操作前的位置，触点的位置要作相应的改变。表1.1是一个LW2型开关的触点图表。表中，符号“×”表示触点接通，例如，开关在“分闸后”位置时，触点②-④、⑩-⑪、⑭-⑮、⑱-⑳、㉒-㉔闭合。与SA1触点相连的红灯HR和绿灯HG是开关状态信号，操作控制开关SA1时，根据控制屏上红、绿灯和相关电压、电流表的指示，就可判断断路器的分、合状态。

因为电磁操作机构的合闸电流可达几十至几百安，而断路器控制开关的触点、控制回

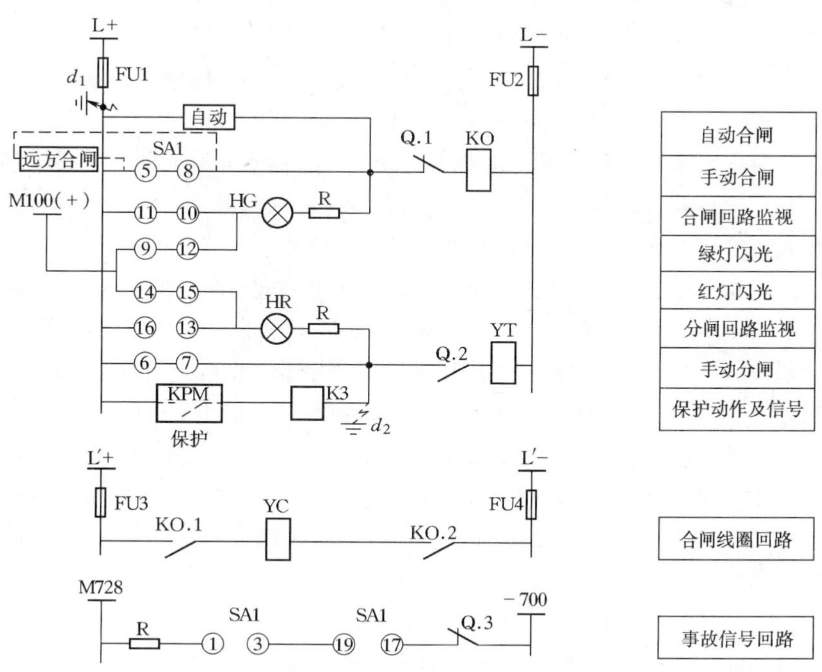

图1.22 配用弹簧操动机构的断路器控制回路

路的导线及其他元件，允许通过电流只有几安，两者之间必须用中间放大元件进行转换。一般采用的方法是先用控制开关接通直流接触器线圈（KO）回路，再由直流接触器触点接通操作机构的合闸线圈（YC，即图 1.18 中的合闸线圈）回路，完成断路器的合闸操作。所以就有了控制回路和动力回路、控制电源和动力电源之分。

表 1.1　　　　LW2 型开关触点图例

在“分闸后”位置的手柄（正面）的样式和触点盒（背面）接线图		合 分	① ② ④ ③		⑤ ⑥ ⑧ ⑦		⑨ ⑩ ⑫ ⑪			⑬ ⑭ ⑯ ⑮			⑰ ⑱ ⑳ ⑲			㉑ ㉒ ㉔ ㉓		
手柄和触点盒型式		F8	1a		4		6a			40			20			20		
触点号		——	①-③	②-④	⑤-⑧	⑥-⑦	⑨-⑩	⑨-⑫	⑩-⑪	⑬-⑭	⑭-⑮	⑬-⑯	⑰-⑲	⑰-⑱	⑱-⑳	㉑-㉓	㉑-㉒	㉒-㉔
位置	分闸后		—	×	—	—	—	—	×	—	×	—	—	—	×	—	—	×
	预备合闸		×	—	—	—	×	—	—	×	—	—	—	×	—	—	×	—
	合闸		—	—	×	—	—	×	—	—	—	×	×	—	—	×	—	—
	合闸后		×	—	—	—	×	—	—	—	—	×	×	—	—	×	—	—
	预备分闸		—	×	—	—	—	—	×	×	—	—	—	×	—	—	×	—
	分闸		—	—	—	×	—	—	×	—	×	—	—	—	×	—	—	×

L±是控制回路的电源小母线，M100（+）是闪光小母线，L′±是断路器合闸（动力）回路小母线。断路器控制回路的状态及操作动作情况分析如下。

（1）跳闸后状态。控制开关 SA1 处于跳闸后位置，图 1.22 中 SA1 的触点⑩-⑪闭合，断路器在跳闸位置时，它的常闭辅助触点 Q.1 闭合。控制电源正极 L+经控制开关 SA1 的触点⑪-⑩，绿灯 HG 与附加电阻 R，常闭触点 Q.1，合闸接触器线圈 KO 到控制电源负极 L—，形成通路。绿灯 HG 点亮发出绿色平光，表明断路器处于跳闸状态。绿灯 HG 点亮同时起到监视电源和合闸接触器起动回路是否完好的作用。此时，合闸接触器线圈 KO 虽然通过电流，但由于绿灯与附加电阻 R 的限制，电流较小，电磁力不足以将合闸接触器的铁芯吸上，合闸接触器不动作，断路器不能合闸。

（2）手动合闸操作。旋转控制开关 SA1 手柄至预备合闸位置，SA1 的触点⑨-⑩接通。此时，断路器仍处于跳闸状态，常闭触点 Q.1 依旧闭合，由闪光小母线 M100（+）、经 SA1 的触点⑨-⑩，绿灯 HG 与附加电阻 R，常闭触点 Q.1，合闸接触器线圈 KO 到 L-形成通路。由于闪光小母线 M100（+）交替地带电与不带电，使绿灯 HG 由原来的亮平光变至闪绿光。此时操作人员再次核实将要进行的合闸操作是否正确，在确认无误后，继续旋转 SA1 手柄至合闸位置，其触点⑤-⑧与⑬-⑯接通。触点⑤-⑧，经 Q.1 接通直流接触器线圈 KO，接触器带电使其动合触点 KO.1 和 KO.2 闭合，接通动力回路中的合闸线圈 YC（图 1.18 中的⑩），使断路器动作合闸。

断路器合闸后，其常闭辅助触点 O.1 断开，KO 失电。其动合辅助触点 Q.2 闭合，控制电源经 L+，SA1 的触点⑬-⑯，红灯 HR 与附加电阻 R，动合触点 Q.2，跳闸线圈 YT，即图 1.18 中的合闸线圈到 L—，形成通路，红灯亮平光，表示断路器处于合闸状态，并同时起到监视跳闸电源及跳闸回路是否完好的作用。同理，此时跳闸线圈中的电流很小，断路器不能动作跳闸。

（3）自动合闸操作。断路器合闸也可以由自动装置完成，自动装置触点的作用与SA1的触点⑤-⑧作用相同，相当于将触点⑤-⑧短接，能使处于跳闸状态的断路器合闸。

自动合闸后，SA1仍处于跳闸后的位置，其触点⑭-⑮是闭合的，这就使控制开关SA1与断路器状态发生了不对应。断路器合闸后，动合触点Q.2闭合，红灯接于闪光电源与负电源负极之间，红灯亮HR闪光。而表示断路器处于跳闸状态的绿灯HG，则由于辅助触点Q.1的断开而熄灭。只有当操作人员将控制开关SA1转至合闸后位置时，触点⑭-⑮断开，⑬-⑯闭合，红灯才变为平光。

（4）手动分闸操作。在进行分闸操作时，先旋转控制开关SA1至预备跳闸位置。触点⑬-⑭接通，触点⑬-⑯断开，红灯由平光变为闪光，提示运行人员判断将要进行的分闸操作是否正确。判断无误后，将控制开关SA1旋至跳闸位置，触点⑥-⑦经Q.2直接接通跳闸线圈YT（图1.18中的⑧），断路器跳闸。断路器跳闸后，动合触点Q.2断开、动断触点Q.1闭合，使红灯熄灭，由于SA1的触点⑪-⑩闭合，绿灯亮平光，表示断路器已经分闸。

（5）事故跳闸操作。继电保护动作时，其动合触点KPM闭合，经Q.2直接与跳闸线圈YT相接，使断路器跳闸。断路器跳闸后其辅助触点Q.2与Q.1转换，因SA1的⑨-⑩为闭合状态，所以灯光信号由亮红平光变至闪绿光。用以表示断路器与控制开关的位置不对应状态。与KPM串联的K3是保护动作信号继电器，向运行人员提供保护跳闸信息。

M728是事故小母线，－700是信号小母线，在断路器事故跳闸后，其动断触点Q.3闭合，但控制开关SA1仍处于合后位置，其触点①-③与⑲-⑰闭合。因此，此时控制开关与断路器的实际位置不对应，利用这个“不对应”状态，发出断路器事故跳闸信号，提醒运行值班人员。当运行人员将SA1转到“分后”位置时，触点①-③、⑲-⑰断开，事故信号消失。

以上简要介绍了几种典型的断路器及其操作机构的结构与工作原理，由于其机械结构一般比较复杂，彻底弄清结构和工作过程必须借助于实际设备。读者阅读这部分内容只需了解其大致结构、基本工作原理和基本特点，具体的结构可利用实际设备进行仔细的剖析。当然，对于运行人员来说，最主要的还是要熟悉它的动作条件和动作特性，及其相关操作点。二次回路的内容，将在后面章节详细讨论，这里给出一个控制回路的简单例子，仅仅只是为了使读者对断路器的控制有一个完整的认识。读者可结合图1.23，体会操作者与一次、二次设备之间的关系。

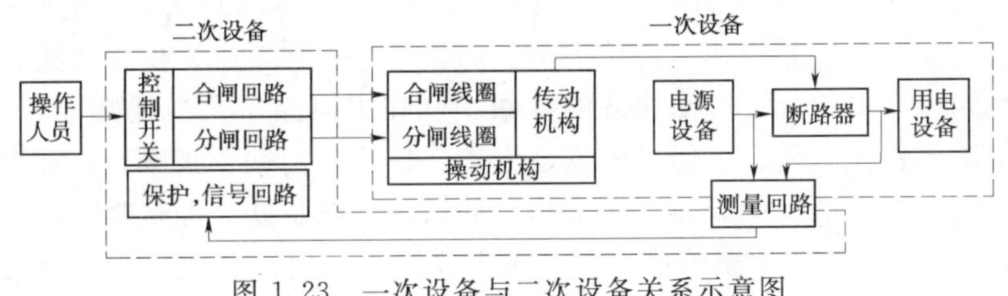

图1.23　一次设备与二次设备关系示意图

1.3 低压电器

在厂用电系统中，使用了大量的低压电器，如熔断器、自动空气开关、接触器、磁力启动器等，本节对它们作简要介绍。

1.3.1 熔断器与自动空气开关

1. 熔断器

熔断器通常俗称为“保险”，它是最简单的一种保护电器，当熔断器串接入被保护电路之后，如果被保护电路中发生过载或短路故障、电流增大到一定数值后，熔管中的熔件熔断形成电弧，熔断器会自动地切断该电路的电源，起到保护作用。

熔断器的种类很多，如图 1.24 所示的 RM_{10} 型熔断器为其中一种，广泛地应用低压 380V 系统中。它主要由铜帽 1、纤维绝缘管 2、熔件 3、特种垫片 4 和触刀 5 等部分组成。

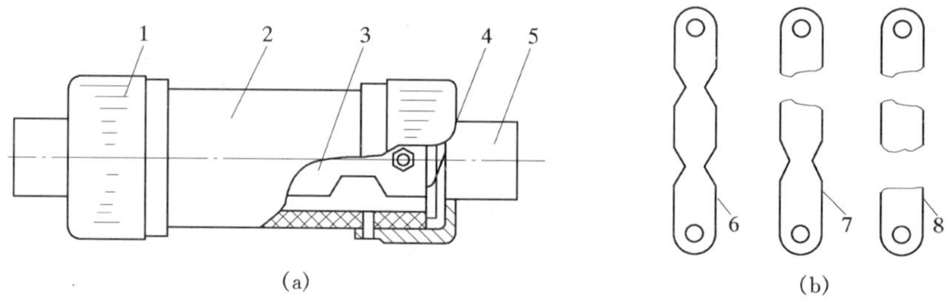

图 1.24　RM_{10} 型熔断器

(a) 结构示意图；(b) 熔断器的熔件

1—铜帽；2—纤维绝缘管；3—熔件；4—特种垫片；5—触刀；6—未熔断的熔件；7—过载时熔件的熔断处；8—短路时熔件的熔断处

纤维绝缘管 2 是由钢纸加工而成的，它能耐受高温，并具有较高的机械强度，在高温作用下可分解出气体。运行中，当过电流使熔件熔断之后，纤维管内壁材料在电弧作用下气化分解为氢、二氧化碳和水汽等物质，由于纤维绝缘管端部被铜帽和特种垫片封闭，而纤维绝缘管内壁材料又被气化分解，所以纤维绝缘管内的压力迅速升高，随着压力的增加使电弧受到强烈地压缩，加速了游离气体的复合，并增加导热性，从而促使电弧迅速熄灭。

2. 自动空气开关

自动空气开关一般用操作手柄手动合闸。操作手柄连接一套连杆，这套连杆有自动脱扣的作用。当电路中的电流超过某一规定值时，开关能自动断开，这是由于开关上装有过电流脱扣器。过电流脱扣原理如图 1.25 所示。图中 1 是可动触头，2 是它的断路弹簧。手动合闸时，可动触头 1 靠搭钩 4 钩住手柄 9 的钩杆 3，维持开关在合闸状态，弹簧 6 则保证钩杆和搭钩可靠地扣合。电磁铁 8 的线圈串联在主电路中，当线圈中有负荷电流时，虽对搭钩 4 的电磁铁 8 有吸力，但电磁铁被上挡 7 拉住，衔铁未被吸合，如电路中的电流超过某一规定值，电磁铁 8 的吸力大于上挡 7 的拉力，电磁铁立即被吸下，于是搭钩 4 绕轴 5 转动而释放钩杆 3，在断路弹簧 2 和可动触头 1 本身重量的作用下，自动断开电路。这时，电磁铁失磁，搭钩 4 被弹簧 6 拉回时被上挡 7 阻挡在一定的位置。

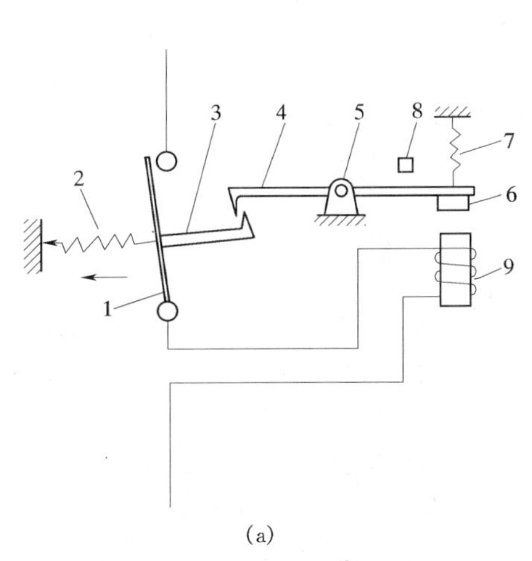

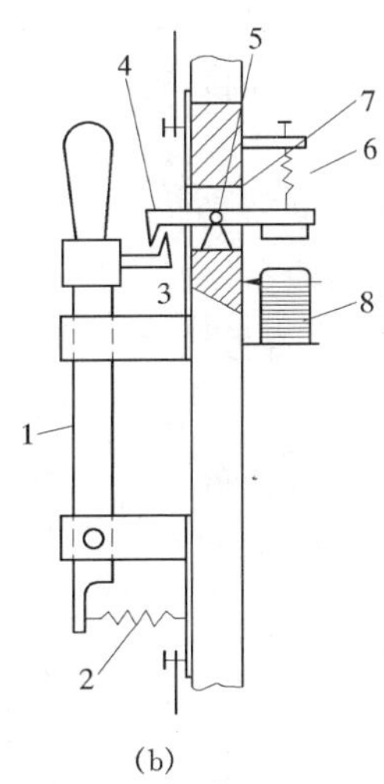

图 1.25 过电流脱扣原理

(a) 工作原理图；(b) 结构原理图

1—可动触头；2—弹簧；3—钩杆；4—搭钩；5—轴；6—弹簧；7—上挡；8—电磁铁；9—手柄

自动空气开关还装有失压脱扣器。失压脱扣器又叫做低电压脱扣器，在电路电压降低到额定电压的40%及以下时，失压脱扣器动作使自动开关断路。失压脱扣器的工作原理如图 1.26 所示。图中 1 为过电流脱扣器，失压脱扣器由电磁铁 2、带有衔铁 3 的冲击杠杆 4 和弹簧 5 组成。电磁铁 2 的线圈与按钮 TA 和联锁触点 6 串联（图中接点在闭合状态）接于 B 相、C 相之间。当电源电压降低到某一规定值时，弹簧 5 对杠杆的拉力就大于电磁铁对衔铁的吸力，因此杠杆按顺时针方向转动，冲击杆 4 作用于自动开关的脱扣机构上，使自动开关断路，同时联锁触点 6 切断电磁铁 2 的线圈电路。

当需要远方分闸时，按下分闸按钮 TA，电磁铁线圈 2 的电流中断，自动开关断路。

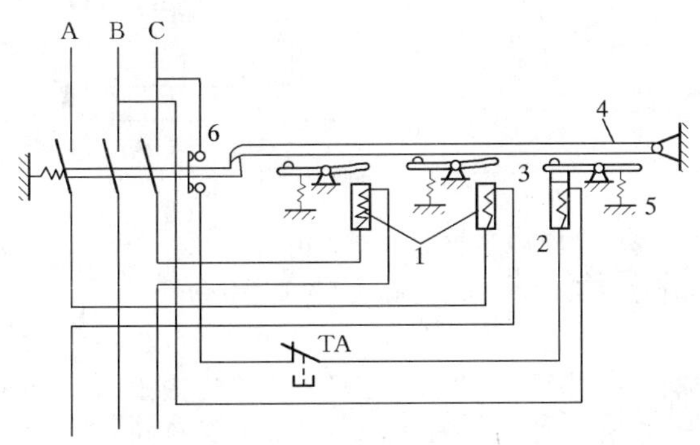

图 1.26 具有失压（低电压）脱扣器的自动开关工作原理

1—过流脱扣器；2—电磁铁；3—衔铁；4—杠杆；5—弹簧；6—联锁触点

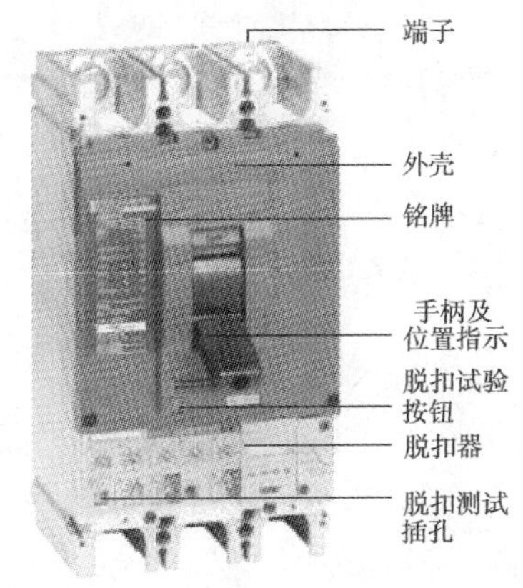

图 1.27 施耐德开关

3. 智能开关

随着电子技术的进步和广泛应用，自动化开关正在向智能化方向发展，以微处理器为核心的电子脱扣器取代原机电式保护的智能开关已经得到广泛使用。除具有常规开关的功能外，还可以配通信接口，实现“三遥”通信，遥信—远方显示断路器的状态；遥控—远方控制开关的分、合；遥测—远方显示回路电流、电压、功率等参数。开关使用更加可靠、灵活方便，更容易实现综合自动化控制。如图1.27所示的引进技术生产的施耐德开关就是其中的一种。

1.3.2 接触器与磁力启动器

1. 接触器

接触器是用来远距离接通或断开低压电路中负荷电流的，广泛使用在频繁启动的电动机控制回路中。接触器的外形如图1.28（a）所示，原理接线如图1.28（b）所示。当触点容量较小的操作开关10接通电磁铁线圈7的电源时，电磁铁产生的电磁力吸引衔铁6使动触点2动作，动触点2和静触点3闭合，该触点的容量较大，可以通过较大的电流。断开操作开关10之后，电磁铁线圈断电，衔铁在返回弹簧9作用下返回，使动触点2和静触点3断开。接触器的辅助触点4和5是为了满足自动控制与信号回路的需要而设置的，4为动合触点，5为动分触点。当操作开关10接通电源时，衔铁6右移，触点4闭合，触点5断开。

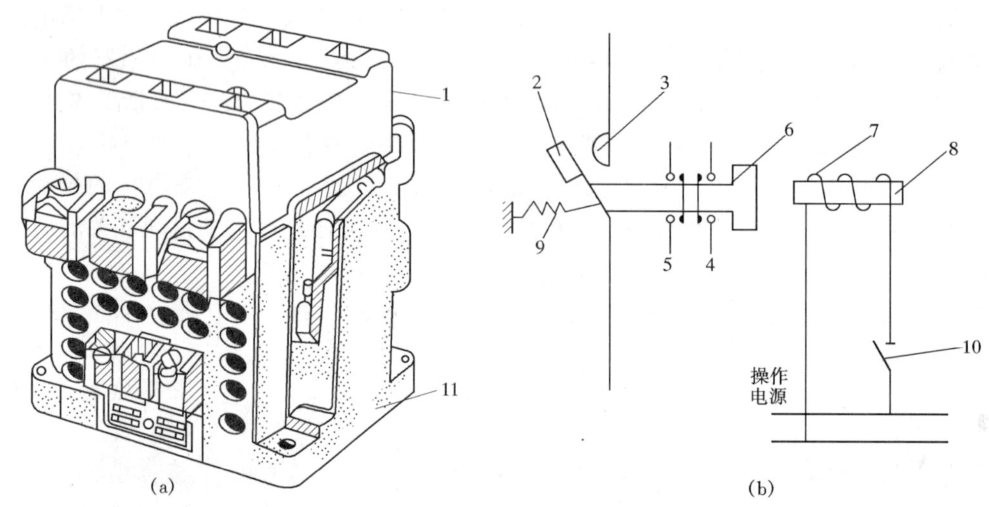

图1.28 接触器示意图

1—灭弧罩；2—动触点；3—静触点；4—辅助（动合）触点；5—辅助（动分）触点；6—衔铁；7—电磁铁线圈；8—铁芯；9—弹簧；10—操作开关；11—底座

为了保持交流接触器吸持力的均衡，通常在铁芯部分装有短路环，当交变磁通穿过短路环时，环内会有感应电流产生。运行中，如果接触器的短路环损坏或断裂，将会由于电磁铁吸持力不均衡，使接触器产生振动，发出较大的声音。这时应及时查找原因，进行处理以防烧坏接触器。

2. 磁力启动器

磁力启动器是由三极交流接触器、热继电器和按钮开关等组合而成的电器，又称为低压电磁开关。磁力启动器主要用于远距离控制三相异步电动机，并具有过负荷和低电压保护功能，但不能起短路保护作用，必须与熔断器配合使用。

磁力启动器控制电动机的原理接线如图1.29所示。磁力启动器KM的控制电源为交流电源，经电源开关Q_1和三相保险FU取得线电压。手动按下启动按钮S_1，接通交流接触器吸持线圈1的电源，电磁铁吸引衔铁2右移带动接触器主触头6闭合，接通电动机电源。在主触点闭合的同时，辅助触点3闭合，使吸持线圈在起动按扭S_1返回后由触点3继续接通电源，保持电动机运行。如果需要电动机停止工作，可手动按下停止按钮S_2，切断吸持线圈电源，接触器的主触头随之断开，切断电动机电源。

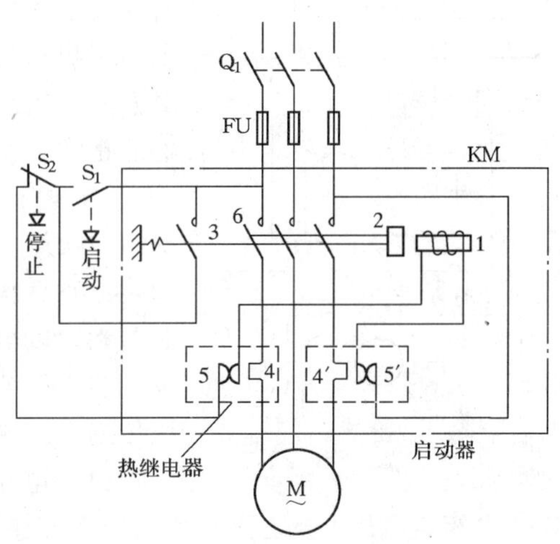

图1.29　用磁力启动器控制电动机的原理图
1—吸持线圈；2—衔铁；3—辅助触点；
4、4′—热继电器的发热元件；
5、5′—热继电器触点；6—启动器的主触点

在交流接触器回路，与吸持线圈串联了两个过负荷保护用的双金属片式热继电器的触点5和5′。该热继电器的双金属片由线膨胀系数小的被动层和线膨胀系数大的主动层两种金属合金材料结合而成。双金属片吸收接在电动机回路的发热元件4的热量，当电动机电流过大、使双金属片过热时，由于两层材料的线膨胀系数不同，因而产生定向弯曲变形，带动热继电器触点5和5′断开，接触器线圈1失电，从而使电动机M断电。

当主电路电源电压降低到额定电压的85%以下时，由于电磁铁的吸持力减小，交流接触器自动断开切断电源，实现欠压保护。

1.4 互 感 器

互感器包括电压互感器和电流互感器，是一次系统和二次系统间的联络元件，互感器的作用是：

（1）将一次系统的高电压和大电流变换成适用于二次系统的低电压和小电流，用以分别向测量仪表、继电器的电压线圈和电流线圈供电，正确反映电气设备的正常运行参数和故障情况。

（2）实现测量仪表和继电器等二次侧的设备与一次侧高压设备在电气方面隔离，且互感器二次侧接地，以保证设备和人身安全。

（3）实现测量仪表和继电器等二次设备实现标准化、小型化、结构轻巧、价格便宜、便于屏内安装。

（4）能够采用低压小截面控制电缆，实现远距离测量和控制。

1.4.1 电压互感器

1. 电压互感器的变比与准确度

电压互感器，简称TV（或PT、YH），如图1.30所示，电磁式电压互感器的工作原理、构造和连接方法都与变压器相同，主要区别在于电压互感器的容量很小，通常只有几十到几

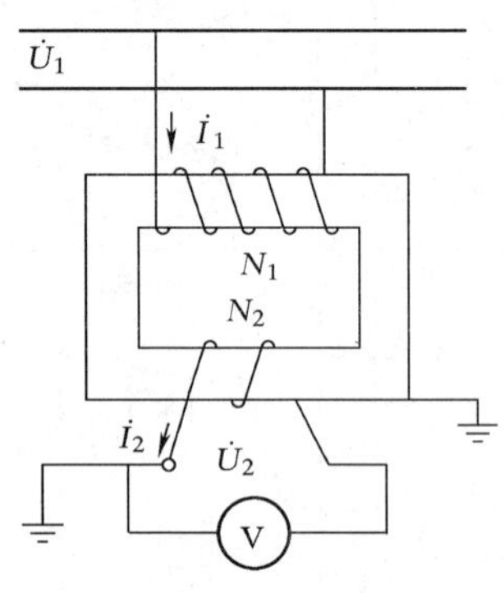

图 1.30　电压互感器原理图

百伏安。电压互感器与变压器相比，工作状态有以下特点：①为了提高测量精度，电压互感器二次侧所接的测量仪表和继电器的电压线圈，它们的阻抗都设计得很大，因此，电压互感器的正常工作方式接近空载状态；②电压互感器一次侧的电压（即系统电压）不受互感器二次侧负荷的影响，并且在大多数情况，二次侧负荷是恒定的。电压互感器二次侧不允许短路，因为接近空载状态的电压互感器短路后，电流会增加很多，使铁芯饱和，以至烧坏电压互感器；③互感器二次侧绕组的一端以及铁芯必须可靠接地，以防止由于绝缘损坏后，一次侧的高电压传到二次侧，发生设备和人身事故。

（1）电压互感器的变压比。电压互感器一次额定电压 U_{1N} 和二次额定电压 U_{2N} 之比，称为电压互感器的额定变压比，即

$$K_u = \frac{U_{1N}}{U_{2N}} \approx \frac{N_1}{N_2}$$

式中：N_1、N_2 为电压互感器一次绕组和二次绕组的匝数。

由于电压互感器一次侧额定电压是电网的额定电压，已标准化（如 3kV、6kV、10kV、35kV、110kV、220kV、330kV、500kV 等）。二次侧额定电压已统一为 100V（或 $100/\sqrt{3}$V），所以电压互感器的变压比也是标准化的。

（2）电压互感器的准确级。电压互感器的准确级，是指在规定的一次电压和二次负荷变化范围内，负荷功率因数为额定值时，电压误差的最大值。我国电压互感器准确级和误差限值如表 1.2 所示。

表 1.2　　电压互感器的准确级和误差限值

准确级次	误差限值		一次电压变化范围	二次负荷变化范围
	电压误差±（%）	相位差±（′）		
0.2	0.2	10	$(0.85 \sim 1.15)\ U_{1N}$	$(0.25—1)\ S_{2N}$ $\cos\varphi_2 — 0.8$
0.5	0.5	20		
1	1.0	40		
3	3.0	不规定		

从表中可以看出，当一次侧电压在额定电压 U_{1N} 的 0.85～1.15 范围内变化，二次侧负载在额定容量 S_{2N} 的 0.25～1 范围内变化（且 $\cos\varphi = 0.8$）时，准确度为 0.2 级互感器，电压误差的相对值小于等于 0.2%，一、二次电压的相位误差不大于 10′。

准确等级为 0.2 级的电压互感器主要用于精密的实验测量。0.5 级及 1 级的电压互感器通常用于发电厂、变压所内配电盘上的仪表及继电保护装置中，对计算电能用的电能表应采用 0.2 级或 0.5 级电压互感器。3 级的电压互感器用于一般的测量和某些继电保护。

2. 电压互感器的分类

电压互感器的种类很多，可用不同方法进行分类：

（1）按安装地点可分为户内式和户外式。通常 35kV 以下制成户内式，35kV 以上制

成户外式。

(2) 按相数可分为单相式（符号 D）和三相式（符号 S）；单相电压互感器可制成任何电压等级，而三相电压互感器则只限于 10kV 及以下电压等级。

(3) 按绕组数可分为双绕组式和三绕组式，三绕组电压互感器除有一个供给测量仪表和继电器的二次绕组外，还有一个附加二次绕组，该绕组即开口三角形绕组，用来接入监视系统绝缘状况的仪表和接地保护继电器。

(4) 按绝缘结构可分为干式（符号 G）、塑料浇注式（符号 Z）、充气式和油浸式（符号 J）。干式电压互感器结构简单，无着火和爆炸危险，但体积大，只适用于 6kV 以下的户内配电装置；塑料浇注式电压互感器结构紧凑，尺寸小，无着火和爆炸危险，且使用维护方便，适用于 3～35kV 的户内配电装置。

充气式电压互感器主要用于与 SF_6 封闭式组合电器的配套；油浸式电压互感器绝缘性能好，主要用于 10kV 以上的户外配电装置。油浸式电压互感器按其结构可分为普通式和串级式。10～35kV 的电压互感器都制成普通式，与普通小型变压器相似，110kV 及以上的电压互感器普遍采用串级式。所谓串级式就是一次绕组由几个匝数相等的绕组元件串联而成，最下面的一个元件一端接地，空载时每个元件承受的电压相等，二次绕组只与最后一个元件直接耦合。为使二次侧接通负荷时每个元件的电压仍相等，接有平衡绕组。其特点是：绕组和铁芯采用分级绝缘，简化了绝缘结构；绕组和铁芯都放在瓷箱中，瓷箱兼作高压出线套管和油管。因此，串级式可节省绝缘材料，减轻重量和体积。

图 1.31 和图 1.32 分别表示 JDZ—10 型浇注式电压互感器的外型和 JCC1—110 型串级式电压互感器的结构图。

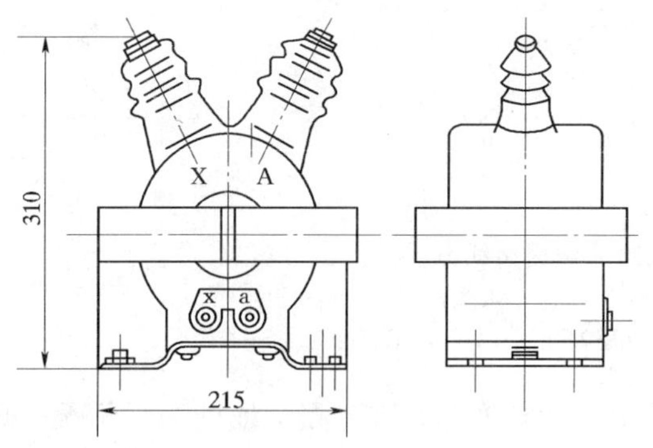

图 1.31 浇注绝缘式 JDZ—10 型电压互感器外形图

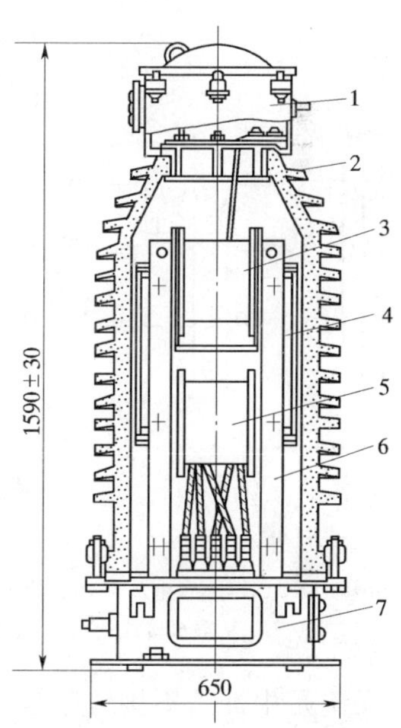

图 1.32 JCC1—110 型串级式电压互感器结构图

1—油扩张器；2—瓷外壳；3—上柱绕组；4—铁芯；5—下柱绕组；6—支撑电木板；7—底座

3. 电压互感器的接线方式

电压互感器的接线方式有多种，常用的方式如图 1.33 所示。图 1.33 (a) 是用一台单相电压互感器来测量某一相对地电压、用于 110～220kV 中性点直接接地系统，或测量两相之间的电压、用于 3～35kV 小接地电流系统。图 1.33 (b) 是两台单相电压互感器接成 V—V 形，用来测量线电压，它广泛用于 20kV 以下中性点不直接接地系统。图 1.33 (c) 是一台三相五柱式电压互感器构成 YN，yn，d0 接线，一次、二次绕组均接成星形，且一次绕组中性点接地，用于 3～15kV 系统，可测量相电压和线电压，且第三绕组接成开口三角形，供接入交流电网绝缘监视仪表和继电器用。图 1.33 (d) 是三台单相三绕组电压互感器构成 YN，yn，d0 接线，广泛用于 3～220kV 系统，可测量各种相电压和线电压，其第三绕组的作用与图 1.33 (c) 相同。图 1.33 (e) 为电容式电压互感器的接线，电容式电压互感器由电容分压器、补偿电抗器（图中未画出）和电磁式电压互感器组成。它具有结构简单、质量小、体积小、占地少、成本低等优点，广泛应用于 110～500kV 中性点直接接地系统。

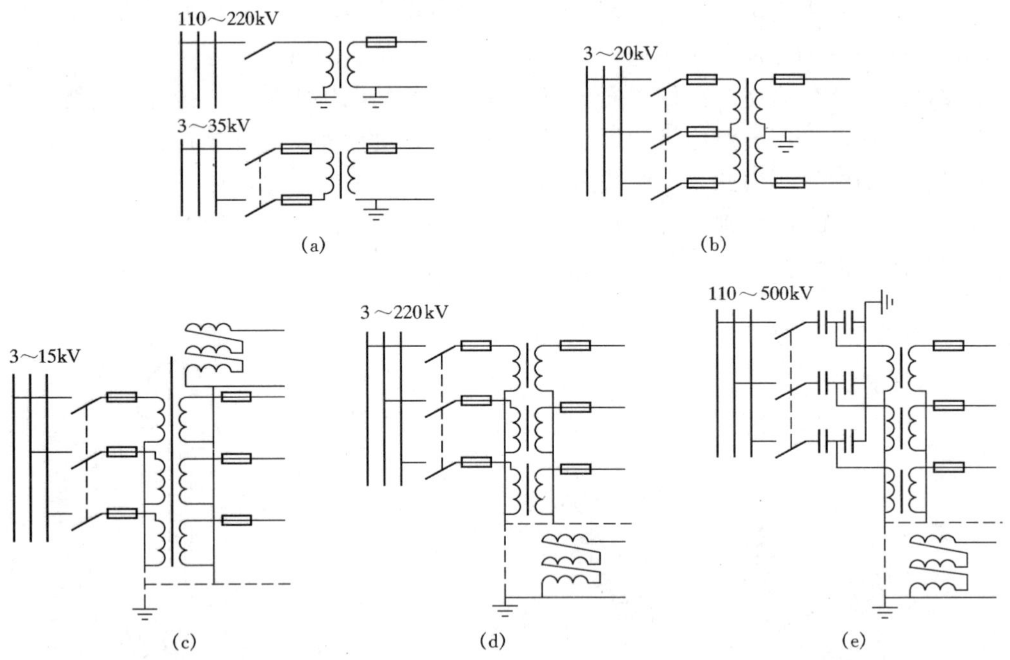

图 1.33　电压互感器常用接线方式

(a) 一台电压互感器接线；(b) 不完全星形 (V—V) 接线；(c) 一台三相五柱式电压互感器接线；(d) 三台单相三绕组电压互感器接线；(e) 电容式电压互感器接线

无论是中性点不接地还是经消弧线圈接地的系统，为了监视相对地的绝缘情况，电压互感器需反映相对地电压，这就要求电压互感器一次线圈必须呈星形连接，且中性点必须接地。如图 1.33 (d) 所示，用三台单相三绕组电压互感器即可满足要求。

为了取得相对地电压，将电压互感器一次侧中性点直接接地，不会改变系统的接地性质。因为电压互感器的容量很小，阻抗很大，经一次侧流入大地的电流可以忽略不计。

4. 铁磁谐振

电磁式电压互感器的铁磁谐振有串联谐振和并联谐振两种情况。所谓并联谐振是指中性点不接地系统或小电流接地系统中（如 6kV 厂用电系统），母线对地电容 $3C_0$ 与母线电压互感器 TV（一次侧中性点接地）的非线性电感 L 构成的谐振。而串联谐振是指中性点直接接地系统（如发变组出口）中，断路器断口均压电容 C_1（见图 1.34）与母线电压互感器 TV 的非线性电感构成的谐振。

(1) 铁磁谐振产生的原因与危害。铁磁谐振会在系统中产生过电压，可能使设备的绝缘击穿、电压互感器过流烧毁等事故。铁磁谐振产生的原因及物理机理比较复杂，这里仅作简要分析。如图 1.34 (a) 所示，C_0 为 6kV 厂用母线对地分布电容，L 为厂用母线电压互感器的非线性电感。这是一个中性点不直接接地系统。视 C_0 与 L 的并联阻抗为三相等效负载，如图 1.34 (b) 所示，利用节点电压法可以求出中性点 N 与 N' 之间的电压 $\dot{U}_{N'N}$ 为

$$\dot{U}_{N'N} = \frac{\dot{E}_A Y_A + \dot{E}_B Y_B + \dot{E}_C Y_C}{Y_A + Y_B + Y_C}$$

式中：Y_A、Y_B、Y_C 为各相对地导纳，为 L 与 C_0 的并联值。

各相相对地的电压大小决定于电源电压和中性点位移的程度。其值为

$$\dot{U}_{AN'} = \dot{E}_A - \dot{U}_{N''N},\ \dot{U}_{BN'} = \dot{E}_B - \dot{U}_{N'N},\ \dot{U}_{CN''} = \dot{E}_C - \dot{U}_{N'N}$$

$\dot{U}_{N'N}$的出现使各相对地电压的大小和相位都变得不相等。

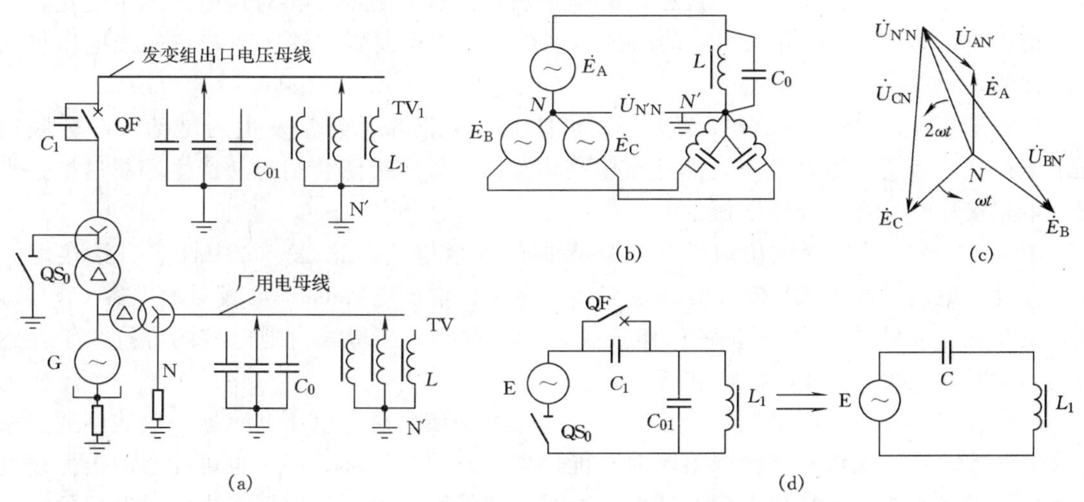

图 1.34 铁磁谐振

(a) 发变组回路；(b) 并联谐振；(c) 倍频谐振示意图；(d) 串联谐振

正常运行时，电压互感器工作于励磁特性曲线的线性部分，三相线圈的电感 L 相等，故每相并联阻抗相等，$Y_A = Y_B = Y_C$，电路对称，三相电源电势相等，$\dot{U}_{N'N}=0$，系统处在稳定状态。一般来说，该电路的容抗 $1/\omega C_0$ 小于感抗 ωL，三相并联支路均呈容性。当系统发生单相接地故障（或线路断线、开关合闸冲击、系统参数变化等）时，暂态过程中 TV 三相因承受电压不同，铁芯饱和程度不同（电压高的铁芯饱和，电感 L 变小），于是

三相电感 L 也不相等，将可能引起一系列的异常情况。假定某相 TV 承受电压高，铁芯饱和，L 降变小，使 TV 的感抗 ωL 与电路容抗 $1/\omega C_0$ 相等而引发并联谐振，在该相产生很高的电压。或由于 L 变小使该相对地导纳呈感性，另外两相 TV 仍然呈容性，三相对地阻抗就不相等，$\dot{U}_{N'N}$就不为 0，且三相对地阻抗不平衡程度越大，$\dot{U}_{N'N}$越高。此时，可能出现一相对地电压升高，两相对地电压下降，或者相反，即两相对地电压升高，一相对地电压降低。如果三相对地导纳的容性和感性相互补偿，使 $Y_A+Y_B+Y_C=0$，将出现最严重的位移电压，并使系统三相对地电压都升高，这就是基波（工频）谐振。

在暂态过程中，LC 并联电路还可能在某个分次谐波（如 1/2 工频）或高次谐波（2 倍或 3 倍工频）下发生谐振，由于此时 $\dot{U}_{N'N}$变化的频率与电源的频率不一致，各相对地电压分别是三相对称电势与 $\dot{E}_A$、$\dot{E}_B$、$\dot{E}_C$ 与一个旋转相量 $\dot{U}_{N'N}$的相量差。当 $\dot{U}_{N'N}$旋转到与某相电源电势反相时，该相对地电压达最大值，当 $\dot{U}_{N'N}$旋转到与该相电源电势同相时，该相对地电压达最小值。$\dot{U}_{N'N}$轮流地与 $\dot{E}_A$、$\dot{E}_B$、$\dot{E}_C$ 反相或同相，三相对地电压依次轮流升高或降低，仪表指针摆动的频率为谐振频率与工频之差。图 1.34（b）是 2 倍频谐振示意图，图中表示 $\dot{U}_{N'N}$以 2 倍的工频角频率旋转（类似发电机电压与系统电压频率不等时同期表的转动）。

通过以上简单分析可以看出：在外界条件激发下，只要 TV 的非线性电感 L 变化范围足够大，并联铁磁谐振就可能发生。必须指出，谐振时之所以相对地电压发生变化，且不平衡，是因为三相 LC 并联回路的阻抗不平衡，中性点发生位移所致，三相线电压仍然是对称的。

铁磁谐振可以是基波或分频谐振，还可能是高频谐振。经常发生的是基波和分频谐振。运行经验表明，当电源向只带有电压互感器的空母线突然合闸时易产生基波谐振；当发生单相接地时易产生分频谐振。

图 1.34（d）是发变组出口发生串联谐振的等效电路。这是一个中性点直接接地系统，当发变组出口开关 QF 断开时，发变组电源 E、均压电容 C_1、母线对地电容 C_{10} 与母线电压互感器 TV_1 的非线性电感 L_1组成串联谐振电路。当母线对地电容的容抗大于互感器的感抗时，故可视为 LC 串联电路。

电压互感器发生铁磁谐振的直接危害是：①由于谐振时，电压互感器一次线圈通过相当大的电流，在一次熔断器尚未熔断时可能使电压互感器烧坏；同时也可能会因谐振过电压而损坏设备绝缘；②造成电压互感器一次熔断器熔断。电压互感器发生铁磁谐振的间接危害是：当电压互感器一次熔断器熔断后将造成部分继电保护和自动装置的误动作，从而扩大了事故，有时可能会造成被迫停机、停炉事故。

（2）铁磁谐振的处理。当发现电压互感器发生铁磁谐振时，一般应区别情况进行下列处理：

1）当只带电压互感器的空载母线产生电压互感器基波谐振时，可投入一个用电设备，改变电网参数，以破坏谐振条件，消除谐振。为了防止这类谐振的发生，可根据运行经验，在 TV 投运时，可先投运一个、两个负荷，再投 TV 运行；母线停电时，在最后一个、两个负荷停运前，先停止 TV 运行。

2）谐振造成电压互感器一次熔断器熔断，谐振可自行消除。但可能带来继电保护和自动装置的误动作，此时应迅速纠正误动作的影响，如检查备用电源开关的联投情况，如没联投应立即手动投入，然后更换一次熔断器，恢复电压互感器的正常运行。

3）发生谐振尚未造成一次熔断器熔断时，应立即停用与该 TV 有关的、失压容易误动的继电保护和自动装置。母线有备用电源时，应切换到备用电源，以改变系统参数消除谐振。如果用备用电源后谐振仍不消除，应拉开备用电源开关，将母线停电或等电压互感器一次熔断器熔断后谐振便会消除。

4）由于谐振时电压互感器一次线圈电流很大，禁止用拉开电压互感器或直接取下一次侧熔断器的方法来消除谐振。

为了防止电压互感器谐振，有的系统在开口三角形绕组两端并联一个电阻，改变电路参数，以达到防止谐振的目的。

1.4.2 电流互感器

1. 电流互感器的特点

电磁式电流互感器，简称 TA（CT、或 LH），如图 1.35 所示，工作原理和变压器相似，但使用条件与变压器不同。电流互感器有以下特点：

（1）电流互感器的一次绕组由一匝或几匝粗导线组成，串在一次系统中。因此，一次绕组中的电流完全取决于被测电路的一次负荷大小，而与二次侧电流无关。

（2）电流互感器的二次绕组与测量仪表、继电器等的电流线圈串联，由于测量仪表和继电器的电流线圈阻抗都很小，电流互感器正常工作时相当于短路运行的升压变压器。

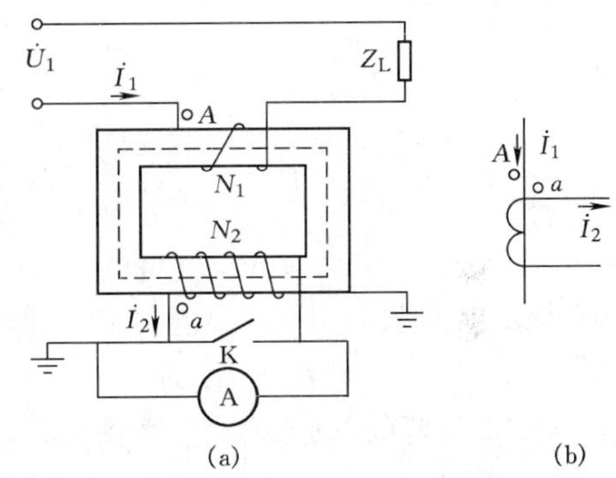

图 1.35 电流互感器原理图

（3）电流互感器在运行中不允许二次侧开路。如果二次侧开路，二次侧电流为零，一次侧电流将全部用来励磁，铁芯中的磁通密度急剧增加，引起铁芯中有功损耗增大，使铁芯过热，导致互感器损坏。同时由于铁芯中磁通密度骤增，在互感器的二次绕组中要感应很高的电压，其峰值可达到数千伏。这一高压对设备绝缘和运行人员的安全都是危险的。为了防止电流互感器二次侧开路，运行中的电流互感器，当需要拆开所连接的仪表和继电器时，必须先将二次绕组短接。

（4）为了安全起见，电流互感器二次绕组必须有一点牢固接地，以确保设备和人身安全。

2. 电流互感器的变比和准确级

（1）电流互感器的变比。电流互感器一次侧额定电流 I_{1N} 和二次额定电流 I_{2N} 之比，称为电流互感器的额定变比，即

$$K_i = \frac{I_{1N}}{I_{2N}} \approx \frac{N_2}{N_1}$$

式中：N_1 和 N_2 为电流互感器一次绕组和二次绕组的匝数。

由于电流互感器二次侧额定电流通常为1A或5A，设计电流互感器时，已将其一次侧额定电流标准化（如100A，150A，…），所以电流互感器的变比是标准化的。

（2）电流互感器的准确级。所谓准确级是指在规定的二次负荷范围内，一次电流为额定值时的最大误差。我国电流互感器的准确级有0.2、0.5、1、3等级别。对不同的测量仪表，应选用不同准确级的电流互感器。用于实验室精密测量一般选用0.2级的电流互感器；用于发电机、变压器、厂用电等回路中的电能表应选用0.2级或0.5级的电流互感器；用于监视各进、出线回路中负荷电流大小的电流表一般选用1～3级电流互感器。

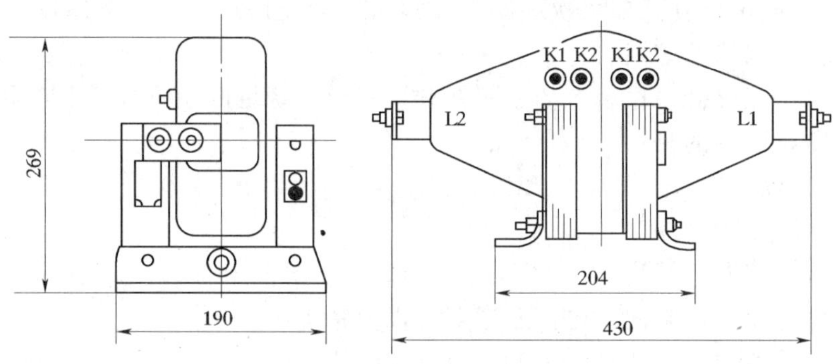

图1.36 LFZB—10型电流互感器外形图

3. 电流互感器的分类

电流互感器的种类很多，可用不同方法进行分类：

（1）按安装地点可分为户内式、户外式及装入式。35kV及以上多为户外式；10kV及以下多为户内式；装入式又称套管式，即把电流互感器装在35kV及以上的变压器或断路器的套管中，这种型式应用很普遍。

（2）按安装方法可分为穿墙式和支持式。穿墙式装在墙壁或金属结构的孔中，可节约穿墙套管。支柱式装在平面和支柱上。

（3）按绝缘方式可分为干式、浇注式和油浸式。干式是用绝缘胶浸渍，适用于低压户内的电流互感器；浇注式是用环氧树脂浇注绝缘，目前用于35kV及以下的电流互感器；油浸式多为户外型。

（4）按一次绕组匝数可分为单匝和多匝。单匝式结构简单、尺寸小、价廉，但一次电流小时误差大。回路中额定电流在400A及以下时均采用多匝式。

图1.36是浇注式电流互感器的外形，图1.37是支柱式电流互感器，按绝缘方式是油浸式的。这种电流互感器铁芯和线圈装在瓷套内，其中充满变压器油。

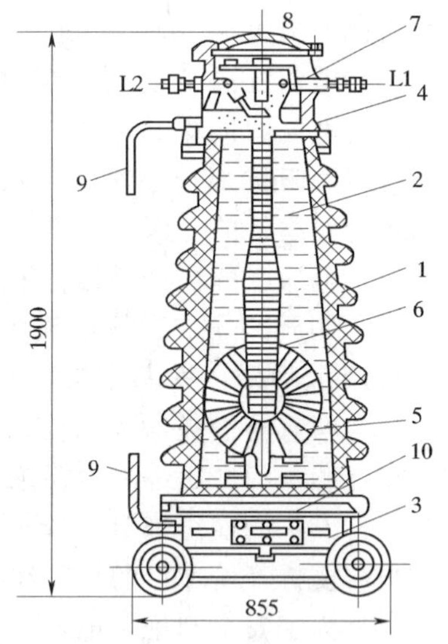

图1.37 LCW—110型户外装置用支柱绝缘电流互感器

1—瓷外壳；2—变压器油；3—小车；4—扩张器；5—铁芯连二次绕组；6—一次绕组；7—瓷套管；8—一次绕组换接器；9—放电间隙；10—二次绕组引出端

4. 电流互感器的接线方式

电流互感器的接线应遵守串联原则，即一次绕组应与被测电路串联，而二次绕组则与所有仪表负载串联。某些仪表（如功率表、电能表等）和某些继电器（如差动继电器、功率继电器等）的动作原理与电流的方向有关，因此要求在接入电流互感器后在这些仪表和继电器中仍能保持原来确定的参考方向。为了做到这点，在电流互感器的一次侧和二次侧端子上加注特殊标志，以表明它的极性。通常，一次侧端子用 L1、L2 表示，二次侧端子用 K1、K2 表示。当一次侧电流从 L1 流向 L2 时，二次侧电流从 K1 流出经过二次负载回到 K2。因此，L1 和 K1、L2 和 K2 分别是同名端。在画图时，同极性端子一般用“.”标志。图 1.35（b）表示，A、a 是同名端，当$\dot{I}_1$从 A 点流入一次绕组时，$\dot{I}_2$从 a 点流出二次绕组。

电流互感器的二次侧的接线方式，根据不同的使用目的通常有如图 1.38 所示的几种形式。图 1.38（a）为单相接线，常用于测量对称三相负荷中一相的电流。图 1.38（b）为星形接线，可测量三相负荷电流，监视每相负荷不对称情况。图 1.38（c）为不完全星形接线，流过公共导线上的电流为 A 相、C 相电流时的相量和，可用来代表 B 相电流，即$-\dot{I}_b=\dot{I}_a+\dot{I}_c$，如图 1.38（d）所示。

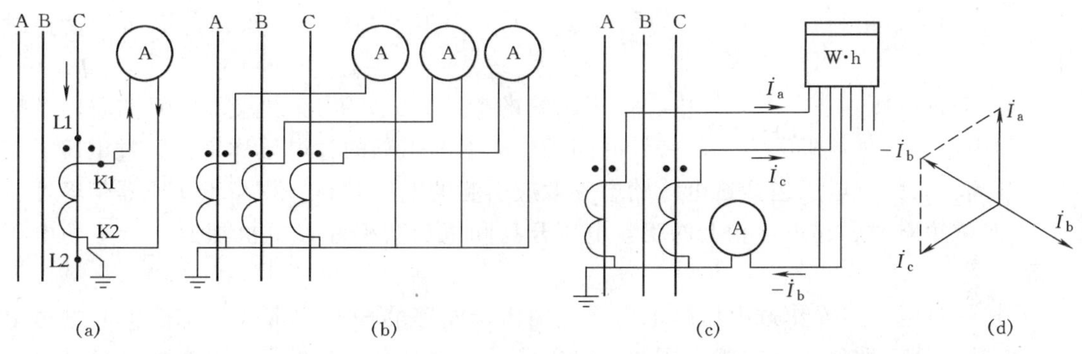

图 1.38 电流互感器与测量仪表接线图

（a）单相接线；（b）星形接线；（c）不完全星形接线；（d）电流相量图

1.5 过电压保护设备与接地装置

1.5.1 过电压保护设备

在电力系统运行中，经常会由于雷击、雷电感应、系统故障、操作或系统参数配合不当等原因，使电网中的电压升得很高，这种远远超过正常运行电压的电压值称为过电压。为了防止过电压对电气设备的危害，必须采取相应的保护措施。

1. 过电压的形成及特点

按过电压产生的原因，可分为雷电过电压和内部过电压两大类。

（1）雷电过电压。由雷电现象所产生的过电压称为雷电过电压（也称大气过电压）、它又包括直击雷过电压和感应雷过电压两类。

1）直击雷过电压。雷电是雷云之间或雷云对大地的放电现象，雷云对大地之间的放电称为雷击。雷云对地面上的建筑物、输电线、电气设备或其他物体直接放电，称为直接雷击，简称直击雷。由于直击雷产生的过电压极高，可达数百万到数千万伏，电流达几十万安，强大的雷电流通过这些物体入大地，从而产生破坏性很强的热效应和机械效应，往往引起火灾、人畜伤亡、建筑物倒塌、电气设备损坏等事故。利用避雷针和避雷线，可使各种建筑物、输电线路和电气设备免遭直击雷的危害。

2）感应雷过电压。除直击雷外，另一种是雷电的静电感应或电磁感应所引起的过电压，称为雷电感应过电压，简称感应雷。当雷云靠近建筑物、输电线或电气设备时，由于静电感应，在建筑物、输电线或电气设备上便会有与雷云电荷异性的电荷，在雷云向其他地方放电后，被束缚的异性电荷形成感应雷过电压。输电线上受到直击雷或感应雷后，电荷沿着输电线进入发电厂或变电所，这种由雷电流形成的电流称为雷电波。直击雷、感应雷及其形成的雷电波均对电气设备的绝缘构成严重威胁。利用保护间隙和避雷器，可保护电气设备免遭沿线入侵的雷电波的袭击。

（2）内部过电压。在电力系统中，由于操作断路器分/合电路、运行中出现故障、系统参数发生变化等原因，均会引起系统内部电场能量和磁场能量的转换和传递。在能量转换、传递的过渡过程过程中就可能使系统内部出现过电压。这种由于系统内部原因造成的过电压称作内部过电压。按其产生的原因，又可分为工频过电压、操作过电压和谐振过电压。

1）工频过电压。在电力系统中，由于系统的接线方式、设备参数、故障性质以及操作方式等因素，通过弱阻尼产生的持续时间长、频率为工频的过电压称为工频过电压或工频电压升高。工频过电压包括输电线路电容效应引起的电压升高（相当于变压器带容性负载）、不对称短路时引起正常相上的工频电压升高和甩负荷引起发电机加速而产生的电压升高等。

2）操作过电压。操作过电压是电力系统中由于断路器操作或事故状态而引起的过电压。它包括开断感性负载（空载变压器、电抗器、电动机等）过电压、开断容性负载（空载线路、电容器组等）过电压、空载线路合闸（或重合闸）过电压、系统解列过电压和中性点不接地系统中的间歇电弧接地过电压等。

操作过电压持续时间较短（小于 0.1s），过电压数值与电网结构和断路器性能等因素有关，可采用灭弧能力强的断路器及带并联电阻的断路器、装设避雷器、在中性点装设消弧线圈等措施，将操作过电压限制在允许范围内。

3）谐振过电压。电力系统中存在着许多电感和电容元件。当系统进行操作或发生故障时，会出现许多高次谐波，使这些元件可能构成各种振荡回路。在一定能源的作用下，会产生谐振现象（如互感器铁磁谐振），导致系统中的某些部分（或元件）出现严重的谐振过电压。谐振过电压的持续时间要比操作过电压长得多，甚至可稳定存在，直到谐振条件破坏为止。

谐振过电压的危害性既取决于其振幅大小，又取决于持续时间的长短。谐振过电压可在各种电压等级的系统中产生，尤其是在 35kV 及以下系统中造成的事故较多。可采取装设阻尼电阻、避免空载或轻载运行、避免易形成谐振的操作等措施来防止谐振过电压的发生。

2. 避雷针

避雷针是用来保护各种建筑物和电气设备免遭直击雷的一种设备。它比被保护的建筑物或电气设备高，具有良好的接地性能。它的作用是使地面的电场发生畸变，将雷电吸引到自己身上，并安全导入大地中，从而使被保护物体免遭雷击。

(1) 避雷针的结构。避雷针由接闪器（针头）、支撑管、引下线和接地体组成，接闪器是一根针状的长 1～2m、直径 10～25mm 的镀锌钢管，支撑管由几段不同长度、直径 40～100mm 钢管或由角钢制成的四棱锥铁塔组成，引下线为直径不小于 8mm 的圆钢或截面积不小于 $200mm^2$ 的扁钢，接地体一般可用三根 2.5m 长的 40mm×40mm×4mm 的角钢，打入地中并焊接后再与引下线可靠连接。

(2) 避雷针的保护范围。避雷针的保护范围与避雷针的高度、数目和相互位置有关。单支避雷针的保护范围可以用一个圆锥形状的空间来表示，如图 1.39 所示。避雷针针顶距地面的高度为 h，从针顶向下做 45°的斜线，构成锥形保护空间的上部，45°斜线在 $h/2$ 处转折，与地面上距针底 1.5h 的圆周处相连，即构成了保护空间的下半部。

避雷针在地面上的保护半径 $r=1.5h$。当被保护物体高度为 h_x 时，在 h_x 高度水平上的保护半径 r_x 按下式确定

当 $h_x \geqslant h/2$ 时，$r_x = (h - h_x)P$　(m)

当 $h_x < h/2$ 时，$r_x = (1.5h - 2h_x)P$　(m)

式中：P 为高度影响系数，当 $h \leqslant 30$m 时，$P=1$；当 30m$<h\leqslant$120m 时，$P=5.5/\sqrt{h}$。

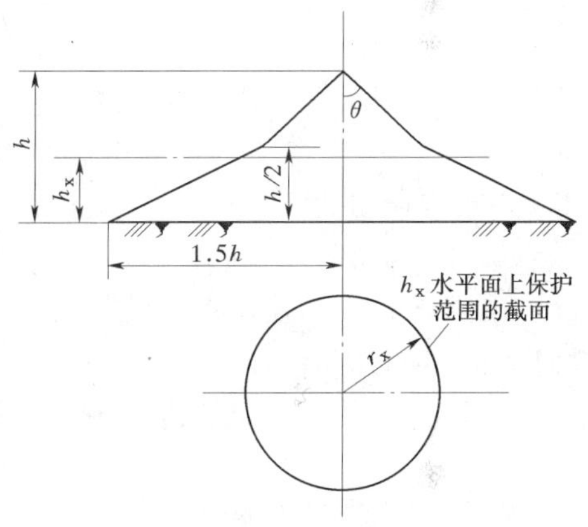

图 1.39　单支避雷针的保护范围

当需要的保护范围较大时，为了减小避雷针高度，可采用相互间有一定距离的多根避雷针。在山地或坡地，应考虑地形、气象及雷电活动的复杂性，因此避雷针的实际保护范围会有所缩小。

对于输电线路，一般用避雷线，即架空地线来免遭直击雷的袭击。避雷线架设在输电线之上，经每个杆塔接地，将雷电流引入大地。

3. 避雷器

电力系统除了可能遭受直击雷过电压的危害外，还可能要遭受沿线路传播的感应雷过电压以及内部过电压的危害，避雷针和避雷线对后两种过电压不起作用。为了保护电气设备，将过电压限制在允许范围内，需采用避雷器。目前使用的避雷器主要有保护间隙、管型避雷器、阀型避雷器和金属氧化物避雷器等，简要介绍如下。

(1) 保护间隙。保护间隙可以看成是一种最简单的避雷器，它与被保护电气设备并联，一旦出现危及电气设备的过电压时，保护间隙就会击穿放电，从而使电气设备得到保护。如图 1.40 所示是在 3kV、6kV、10kV 电网中常用的一种角型保护间隙。

(2) 管型避雷器。管型避雷器实质上是一个具有灭弧能力的保护间隙，主要由内部和外部两个火花间隙及灭弧管组成，如图 1.41 所示。内部间隙又叫灭弧间隙，当受到过电压作用时，内外间隙均被击穿，冲击电流经间隙流入大地，过电压消失后，间隙中仍有由

工作电压产生的工频电弧电流（称为工频续流）流过。工频续流电弧产生的高温使灭弧管内的产气材料（纤维、塑料）分解出大量气体，管内压力升高，气体在高压作用下从环形电极的开孔喷出，形成强烈的纵吹作用，从而使工频续流在第一次过零时就被切断。

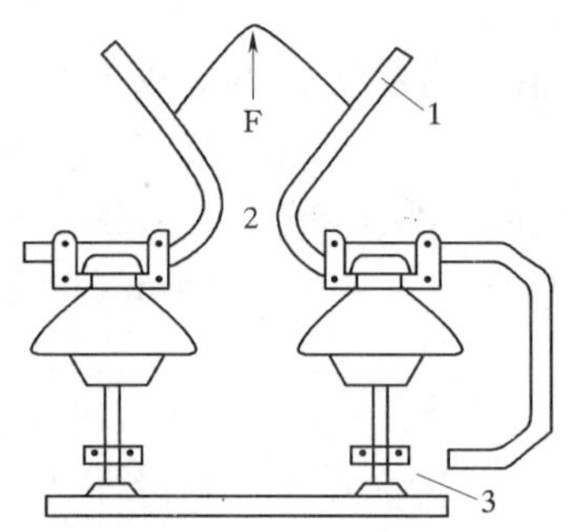

图 1.40　角型保护间隙

1—ϕ6～12mm 的圆钢；2—主间隙；3—辅助间隙；F—电弧运动方向

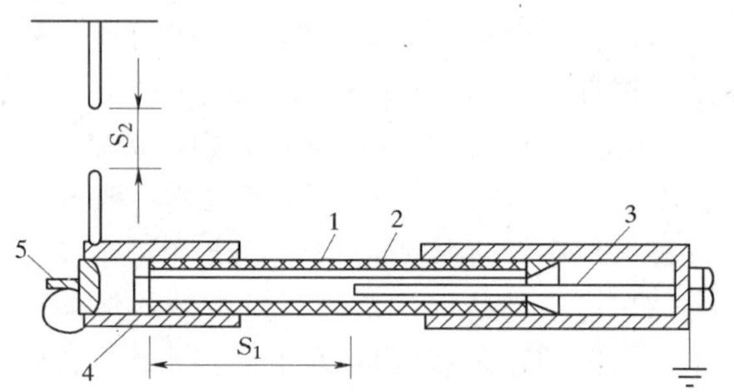

图 1.41　管型避雷器

1—产气管；2—胶木管；3—棒形电极；4—环形电极；5—动作指示器；S_1—内间隙；S_2—外间隙

（3）阀型避雷器。阀型避雷器由装在密封套中的火花间隙和非线性电阻（阀片）串联组成，如图 1.42 所示，阀型避雷器的火花间隙采用多个平板电极单间隙串联，每个间隙由上下两个铜片电极中间夹 0.5～1.0mm 厚的云母垫圈制成。在正常工作电压下电阻很大；当出现过电压时电阻变得很小。因此，当雷电波侵入时，火花间隙击穿放电，雷电流便经小电阻的阀片迅速泄入大地，雷电流在阀片电阻上的压降称为残压。当过电压消失，线路恢复工频电压时，阀片电阻的阻值增大，工频续流电弧被许多单个间隙分割成许多短弧，利用短间隙的自然熄弧能力使电弧熄灭，线路恢复正常运行。阀型避雷器串联的火花间隙和阀片电阻的数目，随着电压的升高而增加。

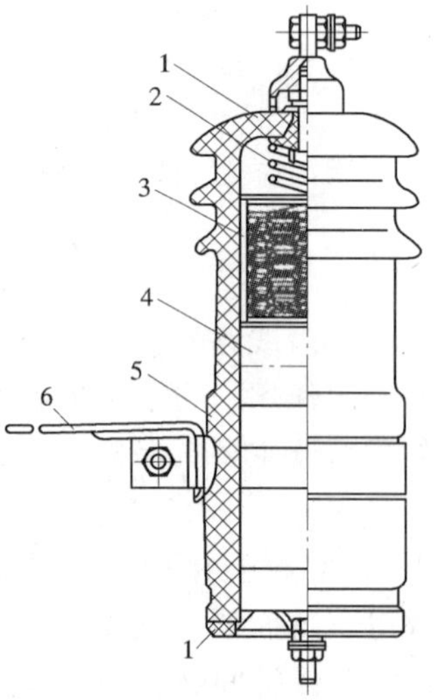

阀型避雷器分普通型和磁吹型两类。普通阀型避雷器没有强迫熄弧措施，且阀片的热容量有限，一般用在 220kV 及以下系统作为限制大气过电压用。磁吹型避雷器利用磁吹电弧强迫熄弧，能在较高恢复电压下切断较大的工频续流。因此，这类避雷器既可以限制大气过电压，也可以限制内部过电压，一般用于 35～330kV 的电网中。

图 1.42　FS3—10 型阀型避雷器

1—密封橡皮；2—压紧弹簧；3—间隙；4—阀片；5—瓷套；6—安装卡子

（4）金属氧化物避雷器。金属氧化物避雷器（MOA）由封装在瓷套（或其他合成材料护套）内的若干非线性电阻阀片串联组成。其阀片以氧化锌为主要原料，并配其他金属氧化物，所以又称为氧化锌（ZnO）避雷器。

金属氧化物避雷器具有优异的非线性伏安特性，其非线性系数在 0.05 以下。如图 1.43（a）所示。图 1.43（b）为碳化硅避雷器与金属氧化物避雷器及理想

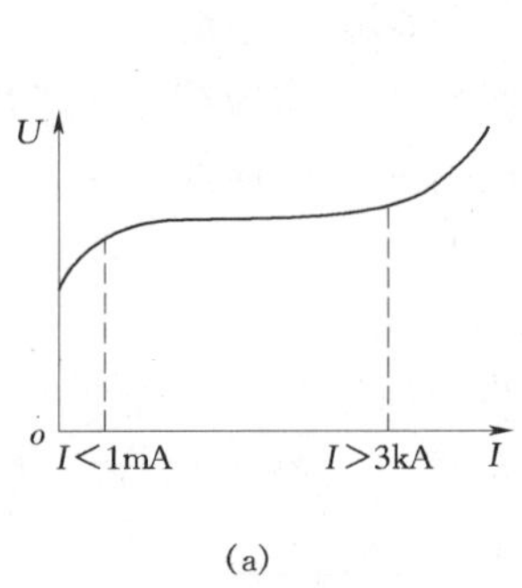

(a)

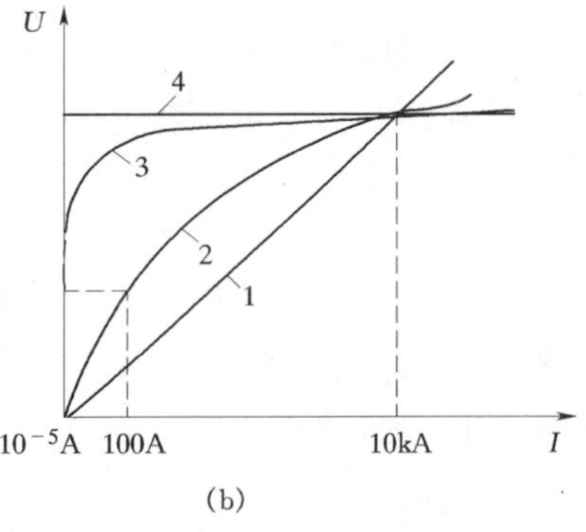

(b)

图 1.43　ZnO 避雷器伏安特性及其比较

(a) ZnO 避雷器的伏安特性；(b) ZnO 避雷器与 SiC 避雷器、理想避雷器伏安特性的比较

1—线性特性；2—SiC 阀片；3—ZnO 阀片；4—理想阀片

避雷器的伏安特性曲线的比较。在额定电压下，流过氧化锌阀片的电流仅为 10^{-5} A 以下，阀片相当于绝缘体；当作用在氧化锌避雷器上的电压超过一定值（称其为启动电压）时，阀片“导通”，将冲击电流通过阀片泄入大地中，此时其残压不会超过被保护设备的耐压，从而达到了过电压保护的目的。此后，当工频电压降到启动电压以下时，阀片自动退出“导通”状态，恢复绝缘状态。因此，整个过程中不存在电弧的燃烧与熄灭问题。

金属氧化物避雷器具有体积小、伏安特性好、通流容量大、泄漏电流小等优点，使其在电力系统各种电压等级下得到了广泛应用，并将逐步替代其他避雷器。但应该指出的是，由于金属氧化物避雷器的氧化锌阀片长期受工频电压的作用，在运行中会出现老化现象，需要定期或在线监测其泄漏电流等参数，以保证安全。

1.5.2　接地装置

发电厂中的接地有两种：工作接地和保护接地。所谓工作接地，是为了保证电力系统在正常情况和事故情况下能够可靠地工作，而将电力系统中某一点进行接地，如变压器中性点接地，避雷设备接地等。所谓保护接地，是为了保护人身安全，防止触电，而将金属构架或电气设备的外壳进行接地。本节对保护接地有关问题作简要介绍。

1. 人体触电

人体触电一般是指由于人体触及或靠近带电体，造成电流对人体的伤害。电流对人体有两种类型伤害：电伤和电击。电伤是指由于电流的热效应等对人体外部造成伤害，如电弧灼伤、电烙印等。电击是指触电时电流通过人体，对人体内部器官造成的伤害。如电流作用于人体的神经中枢、心脏和肺部等，破坏人体器官的正常功能，使人失去知觉，乃至危及人的生命。所以电击比电伤造成的危害更大。人体触电时所受伤害的程度，与通过人体电流的大小、电流通过持续的时间、电流通过的路径、电流的频率及人体的状况等多种因素有关。其中电流的大小与电流持续的时间是主要因素。

造成人体触电的情况有两种：一是人体靠近或直接接触带电体；二是人体接触到平时不带电的物体（如设备外壳、金属构架等），但由于绝缘损坏、系统发生短路故障等原因，使这些物体有可能带电，这是人们平时不容易注意的。为此，必须采取保护接地、保护接零和减小接地电阻等措施，来防止此类触电事故发生。

2. 保护接地

(1) 接地与接地装置。所谓接地，就是将电气设备中应该接地的部分，通过接地装置与大地作良好的连接。埋入地下与大地直接接触的金属导体，称为接地体。将接地体与电气设备中必须接地的部分连接起来的金属导体，称为接地线。接地体和接地线的总合，称为接地装置。

(2) 保护接地的作用。保护接地的作用可用图 1.44 来说明，图中电机的中性点不接地，正常工作时电机外壳不带电。但当一相对外壳的绝缘损坏时，外壳就处在一定的电压下，若有人接触该电机的外壳时，就有接地电流通过人体，如图 1.44 (a) 所示。

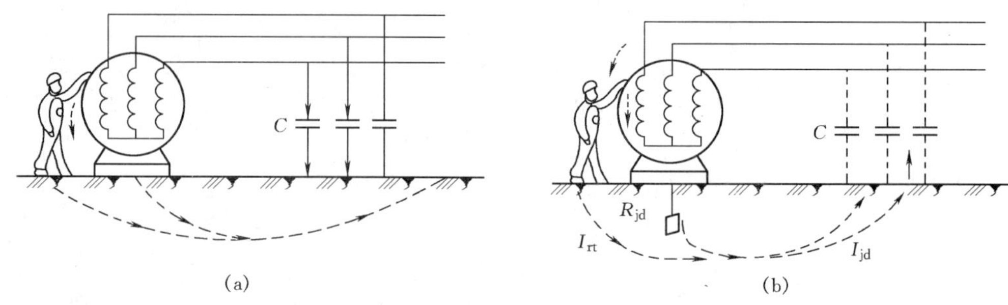

图 1.44　保护接地的作用示意图
(a) 无保护接地；(b) 有保护接地

若有保护接地，即电机的外壳接地，如图 1.44 (b) 所示，人接触绝缘损坏的电机外壳时，接地电流将沿人体流入地下，同时也有电流经接地装置流入地下。若人体电阻为 R_{rt}，接地装置的接地电阻为 R_{jd}，此时通过人体的电流为

$$I_{rt} = \frac{R_{jd}}{R_{jd} + R_{rt}} I_{jd}$$

式中：I_{jd}为接地电流。

可见，接地装置的接地电阻 R_{jd}越小，通过人体的电流 I_{rt}越小。当 $R_{jd} \ll R_{rt}$时，I_{rt}就可以足够小。因此，适当选择接地装置的接地电阻值，就可以保证人身的安全。

(3) 接地电阻、接触电压和跨步电压。接地装置的接地电阻，等于接地线、接地体和电流散流所遇到的全部电阻之和。因为接地线和接地体的电阻很小，可以忽略不计，所以接地电阻主要是电流自接地体向周围大地散流所遇到的全部电阻，如图 1.45 所示，接地电阻可用下式表示

$$R_{jd} = \frac{U_E}{I_{jd}}$$

式中：U_E 为接地电压。

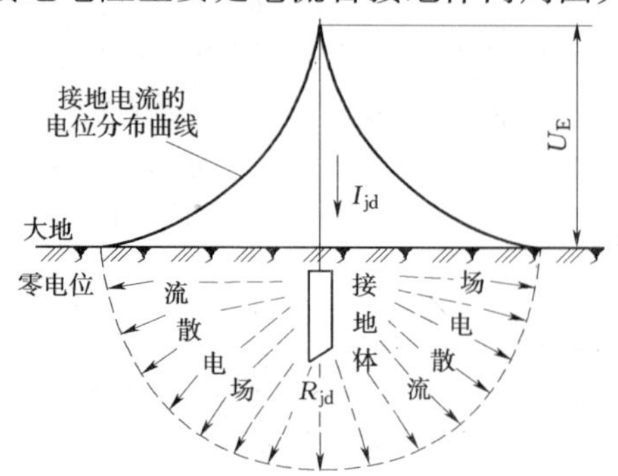

图 1.45　接地电流的对地电位分布曲线

如图 1.45 所示，接地电流就通过接地体向大地作半球形散开，在距接地体越远的地方球面越大、散流电阻越小。所以，接地电压在接地体附近下降快，离接地体越远，电压下降越慢，电压也越低，接地电流的电位分布如图 1.45 中曲线所

示。试验表明，在距单根接地体或接地故障点 20m 左右的地方，实际上散流电阻已趋近于零，也就是这里的电位已趋近于零。电位为零的地方，称为电气上的“地”或“大地”。

可见，接地电压，实际上是电气设备的接地部分，如接地设备的外壳和接地体等与零电位的“大地”之间的电位差。

可以看出：当有短路电流通过接地装置时，在接地体周围 15～20m 内，大地表面各点的电位按流散电场分布，离接地体的水平距离越远，电位值越低，且在离开接地体等距的圆周上各点电位相等。当人进入此区域内接触到不等电位的两点时，就有电压作用于人体。

如图 1.46 所示，当人站在发生接地故障设备的附近（通常是指人站在离设备水平距离为 0.8m 以内）地面，用手触及到设备外壳导电部分时，加于人手与脚之间的电压称为接触电压 U_{jc}。当人在接地故障的设备的流散电场区域内行走时，两脚之间所承受的电压，称为跨步电压 U_{kb}。一般步距按 0.8m 计算。

人体所承受的接触电压和跨步电压与人所接触的流散电场中两点间的电压差以及人的脚对地面接触电阻的大小有关。为了保证工作人员的安全，在接地装置设计和施工时，应使 U_{jc} 和 U_{kb} 在允许值（36V）以下。

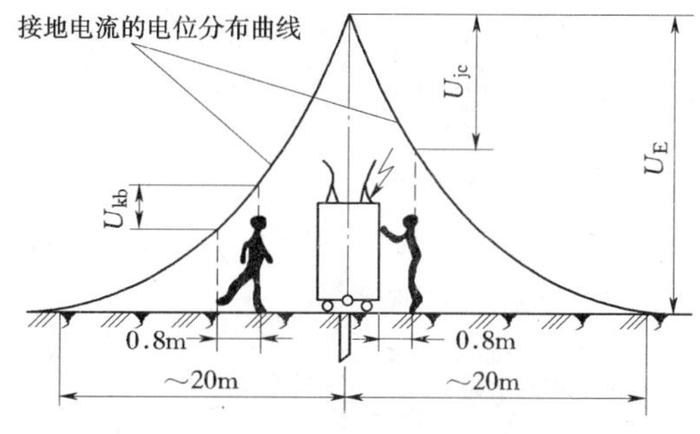

图 1.46 接触电压与跨步电压

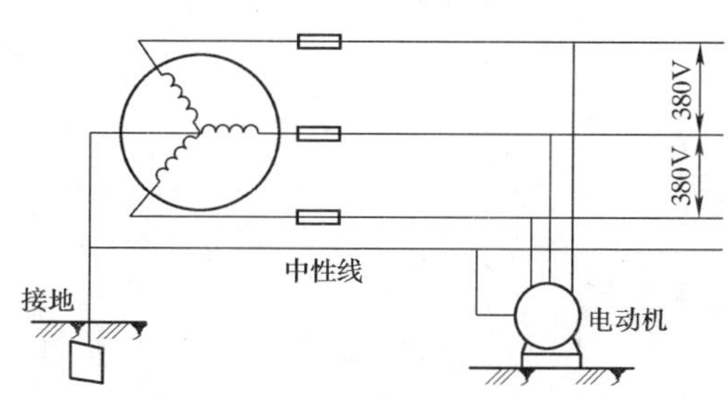

图 1.47 保护接零示意图

3. 保护接零

在中性点直接接地的 380～220V 三相四线制系统中，为了保证人身安全，采用保护接零，如图 1.47 所示。保护接零是将用电设备的金属外壳与发电机或变压器的接地中性线作金属连接，并要求供电线路上装设熔断器或空气自动开关，在用电设备一相与外壳短路时，能以最短的时间自动断开电路，以消除触电危险。同时，由于电路的电阻远小于人体电阻，在电路未断开之前的短时间内，短路电流几乎全部通过接零电路。因而，即使此时有人接触已发生短路的电气设备外壳，通过人体的电流也接近于零。

复 习 思 考 题

1. 绝缘子有哪几种？在结构和使用上有何不同？
2. 隔离开关有哪几种形式？
3. 常用的灭弧方法有哪些？

4. 断路器有哪些技术参数？对高压断路器有哪些基本要求？

5. 常见的断路器有哪几种？各采用什么原理灭弧？均压电容有何作用？

6. 常见的操作机构有哪几种？各采用什么动力？结构和操作上有特点？

7. 断路器控制回路由哪些元件组成？运行人员要操作的有哪些元件？简述从运行人员操作控制开关 SA1 至合位到红灯点亮各元件的动作过程（包含操动机构、断路器）。

8. 磁力启动器中热继电器的作用是什么？

9. 电压互感器二次侧为何不能短路？

10. 电压互感器有哪几种常见的接线方式？

11. 何谓铁磁谐振？有何危害？

12. 电流互感器二次侧为何不能开路？电流互感器有哪几种常见的接线方式？

13. 电力系统中有哪几种过电压？有哪几种避雷设备？简述其特点和使用场合。

14. 接地保护、接零保护的基本原理是什么？何谓跨步电压？

第 2 章　电气主接线与厂用电

在发电厂中，为了适应各种运行方式的需要，将各种电气一次设备，如发电机、变压器、母线、断路器、隔离开关、线路等根据一定的要求，按照一定次序连接成的电路，称为一次电路或电气主接线。主接线能示意电能生产、汇集、转换、分配关系和运行方式，是电气运行操作、电路切换的依据。它们的连接方式对可靠供电、灵活运行、方便检修以及经济合理性等起着决定性的作用。

2.1　电 气 主 接 线

使用国家规定的图形符号、表示出一次电路中各种电气设备之间连接关系的图，称为一次接线图或主接线图。常用电气设备的图形符号如表 2.1。在三相交流电路中，三相设备绝大部分是按照三相对称方式连接的，所以主接线图通常画成单线图形式，如图 2.1 所示。单线图能够简单明了地表示出电气设备的实际连接情况，清晰易记，是表示一次电路通常使用的图纸。机组运行人员必须熟练掌握机组电气主接线及厂用电接线，才能在机组运行监视、倒闸操作和事故处理时做到运筹帷幄。

表 2.1　　常用电气设备的图形符号

设备名称	图形符号	设备名称	图形符号	设备名称	图形符号
交流发电机	G~	断路器		接地	
交流电动机	M~	隔离开关		导线的连接	
直流发电机	G	接触器 在非动作位置触点断开		火花间隙	
直流电动机	M	接触器 在非动作位置触点闭合		熔断器	
双绕组变压器		避雷器		电抗器	
三绕组变压器		电流互感器		分裂电抗器	

2.1.1　对电气主接线的基本要求

电气主接线形式选择的正确与否对电力系统的安全、经济运行，对电力系统的稳定和调度的灵活性，以及对发电厂电气设备的选择，配电装置的布置，继电保护及控制方式的拟定等都有重大的影响。在选择电气主接线时，应注意机组在电力系统中的地位、进出线回路数、电压等级、设备特点及负荷性质等条件，并应能满足下列基本要求。

（1）运行的可靠性。发、供电的安全可靠性是电力生产和分配的第一要求，主接线必须首先给予满足。因为电能的发、送、用必须在同一时刻进行，所以电力系统中任何一个环节故障，都将影响到整体。重要的发电机组发生事故时，在严重情况下可能会导致全系统性事故。所以，主接线若不能保证安全可靠地工作，发电厂就很难完成生产和输送数量与质量均符合要求的电能的任务。

主接线的可靠性并不是绝对的，同样形式的接线对某些发电厂来说是可靠的，但对另一些发电厂就不一定能满足可靠性要求。所以，在分析主接线的可靠性时，不能脱离发电厂在系统中的地位、作用以及用户的负荷性质等因素。衡量主接线的可靠性可以从以下几个方面去分析：①断路器检修时是否影响供电；②设备、线路故障或检修时，停电线路数目的多少和停电时间的长短，以及能否保证对重要用户的供电；③尽量避免发电机组全部停止工作的可能性等。

（2）具有一定的灵活性。主接线不但在正常运行情况下能根据调度的要求，灵活地改变运行方式，达到调度的目的，而且在事故或设备检修时，能尽快地退出设备、切除故障，使停电时间最短、影响范围最小，并且在检修设备时能保证检修人员的安全。

（3）操作应尽可能简单、方便。主接线应简单清晰、操作方便，尽可能使操作步骤简单，便于运行人员掌握。复杂的接线不仅不便于操作，往往还易发生误操作而发生事故。但接线过于简单，不但不能满足运行方式的需要，而且也会给运行造成不便，或造成不必要的停电。

（4）经济合理。主接线在保证安全可靠，操作灵活方便的基础上，还应使投资和年运行费用最小，占地面积最少，使发电厂尽可能发挥更大的经济效益。

（5）必要时考虑具有扩建的可能性。根据我国能源发展战略，在选择主接线时，必要时要考虑扩建的可能性。

2.1.2　电力系统中性点接地方式

电力系统中性点分为不接地、经阻抗接地、不接地等三种基本方式。中性点接地方式对电气设备选型、继电保护配置、电力系统运行及故障处理等有着重大影响，选择电气主接线时必须经过技术经济比较来确定。对于如图 2.1 所示的中性点不接地的系统，系统正常运行时，电势 $E_A=E_B=E_C=E$，三相对地电容为 C，三相电路对称，中性点 N 电位为等于大地 N'电位，线路对地电压 $U_a=U_b=U_c=E$，三相电容电流为 $E\omega C$。当系统发生单相接地，如 A 相 d 点接地时，$\dot{U}_a=0$，中性点电压 $\dot{U}_{N'N}=\dot{E}_A$，$\dot{U}_b=\dot{E}_B-\dot{E}_A$，$\dot{U}_c=\dot{E}_C-\dot{E}_A$。可以得到，非接地相对地电压上升到线电压，接地点的电容电流 $\dot{I}_{jd}=\dot{I}_b+\dot{I}_c$，其值为正常运行时一相电容电流的三倍。

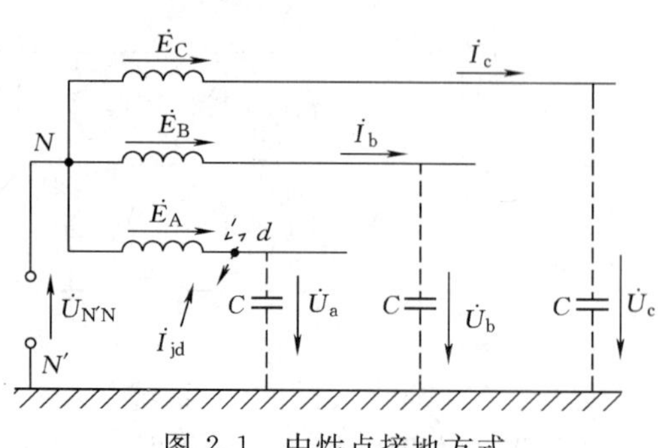

图 2.1　中性点接地方式

中性点不接地系统发生单相接地时，非

接地相对地电压上升到线电压，这对电气设备的绝缘性能提出很高要求。所以，为减少设备投资，对于110kV及以上电压等级的电力系统，一般都采用中性点直接接地。

中性点直接接地的缺点是接地时短路电路大。对于三相对称短路，稳态短路电流决定于电源电势与电源内阻抗。对于非对称短路，如发电机出口单相接地，由于此时定子电流不对称，穿越转子绕组的定子电枢反应磁场不再是稳定的同步旋转磁场，转子相当于变压器短路运行的副边，必然感应出比三相稳定短路大得多的短路电流。

所以，对于110kV及以下电压等级的系统，经技术经济比较，可以采用中性点直接接地，也可以采用不接地。当不接地系统中电容电流过大时，为限制接地电流，防止气弧接地过电压扩大事故，还可以采用中性点经阻抗接地的方式。

2.1.3 300MW火电机组电气主接线

1. 300MW火电机组接线方式

两台300MW单元机组的典型接线方式如图2.2所示。由于汽轮发电机组容量大，不设发电机电压母线，发电机与双绕组变压器接成单元接线，将电能升高电压后直接送入220kV系统。为了免除发电机遭受出口短路巨大短路电流电动力的损害，发电机组采用封闭母线。其中，发电机至主变压器回路及其厂用分支回路采用分相封闭母线；高压厂用变压器、起动/备用变压器至6kV厂用电开关柜回路采用三相共箱封闭母线；主励磁机至整流柜交流励磁回路和整流柜至发电机转子集电环引线端子的直流励磁回路采用共箱封闭母线。主接线具有下述特点：

(1) 发电机与主变压器接采用“发电机—变压器”单元接线，无发电机出口断路器和隔离开关。由于汽轮发电机工作电流大，要求开断的短路电流更大，而生产这种发电机出口断路器的技术复杂，价格昂贵，所以2000年以前我国大型汽轮发电机出口一般不设断路器。

(2) 在发电机出口侧，通过高压熔断器接有三组电压互感器，分别供给自动调节励磁装置、发电机保护与监测仪表，还接有一组避雷器用于防止发电机感应过电压。

(3) 主变压器（简称主变）中性点按照220kV系统要求，采用直接接地方式。考虑到机组检修和系统对主变中性点接地切换操作的需要，在主变中性点上设有隔离开关。对分级绝缘结构的变压器，为了防止变压器在中性点不接地运行时，中性点侧的绕组可能产生过电压，在中性点隔离开关前设有避雷器及放电间隙。

(4) 在发电机出口侧和中性点侧、高压厂用变压器高压侧，每相装有4组电流互感器(图中只表示出一组)，供机组保护和测量用。

(5) 发电机中性点接有中性点接地变压器。发电机定子绕组发生单相接地故障时，接地点流过的电流是发电机自身、封闭母线和主变低压绕组、厂用变压器绕组，以及与其连接引线的对地电容电流。当接地电容电流超过允许值时，将烧伤定子铁芯，进而可能损害定子绕组绝缘，导致匝间或相间短路。国产300MW汽轮发电机组中性点采用经高电阻接地方式，能加速接地电流的衰减和抑制谐振，以保证发电机绝缘的安全。接地装置应满足：①限制发电机单相接地时，非故障相瞬间的过电压不超过2.6倍额定相电压；②限制单相接地故障电流不大于10A，但接地总电流不宜小于3A，以保证发电机接地保护不带时限立即跳闸；③为定子接地保护提供信号，以便于检测。为了测量和检修方便，中性点处装有隔离开关（1QS0）。

发电机中性点为了获得较大的接地电阻，将电阻 R 经容量为 25kVA、变比为 20/0.23kV 的单相变压器 T0 接入中性点。这样，中性点对地的电阻为 k^2R（R=0.5～0.6Ω，k=20/0.23）。

封闭母线还具有减少母线相间电动力和降低大电流母线周围铁磁物质发热的优点。

2. 高压母线的接线方式

目前我国 300MW 汽轮发电机组的高压母线多采用 220kV 双母线，或双母线带旁路接线，如图 2.2 所示。W1、W2 为双母线，W3 为旁路母线。采用双母线接线，具有如下特点：

（1）检修 W1、W2 任一母线时，可利用母联 6DL 把该母线上的负荷全部倒换到另一母线，再将需检修的母线退出，并不会使线路和发电机停运。

（2）检修任一回路的母线侧隔离开关，仅停该线路，其余线路可以不停电，将其余线路倒换至另一条母线后，该隔离开关便可停电进行检修。

（3）两条母线 W1、W2 可同时运行，适当将负荷线路和电源线路搭配分别接于两条母线上，并投入母联，类似单母线分段。在母线发生故障时，仅故障母线停电、非故障段仍可工作，缩小了母线故障停电范围，对重要的用户可在两个不同分段母线上引出两个回路供电，提高供电可靠性。

（4）为了避免在检修线路断路器（如 2DL）时造成该线路（如 LY1）停电，可用旁路开关 1DL 将电源引入旁路母线 W3，经旁路母线向停电线路供电。

（5）双母线接线还有调度灵活、扩建方便、便于试验等优点。各电源和负荷可以在任意一组母线上运行；双母线可以向左右任意一个方向扩建出线，且扩建时不影响供电；当需要时可以腾出一组母线，供母线或出线试验而不影响供电等。

双母线在我国具有丰富的运行和检修经验。不过，双母线也有它的缺点：①在改变运行方式时，要操作较多隔离开关，倒闸操作比较复杂，因而易造成误操作。随着开关设备可靠性的提高，为简化系统，减少误操作，新建工程双母线接线已不再设旁路母线；②双母线也存在全停的可能，如母联断路器故障或一组母线检修而另一组母线故障。

2.1.4　600MW 火电机组电气主接线

图 2.3 为某 600MW 机组电气主接线。两台机组均以发电机一变压器组单元接线方式接入 500kV 系统，500kV 系统采用 3/2 断路器接线方式。发电机出口装设断路器，发电机出口与主变之间由封闭母线及 ABB 公司生产的断路器连接。主变压器为三相双绕组结构，高、低压侧绕组分别连接 500kV 系统及发电机出口开关侧，高压侧中性点为直接接地方式。每台机组设一台 50MVA 分裂绕组变压器作为高压厂用变压器，一台 25MVA 双绕组变压器作为高压厂用公用变压器。高厂变为三相三绕组结构，高压侧绕组接至发电机出口开关侧，直接与主变低压侧相连，低压侧两绕组分别连接厂用工作 IA、IB 工作段，采用有载调压方式运行。高压厂用公用变压器高压侧绕组接至发电机出口开关侧，低压侧绕组接至 IC 厂用公用段。两台机组设一台 31.5MVA 的双绕组变压器作为备用变压器接入 220kV 系统。该系统具有以下主要特点：

（1）500kV 侧任一组母线或任一个断路器检修时不影响机组运行与连续供电，也不

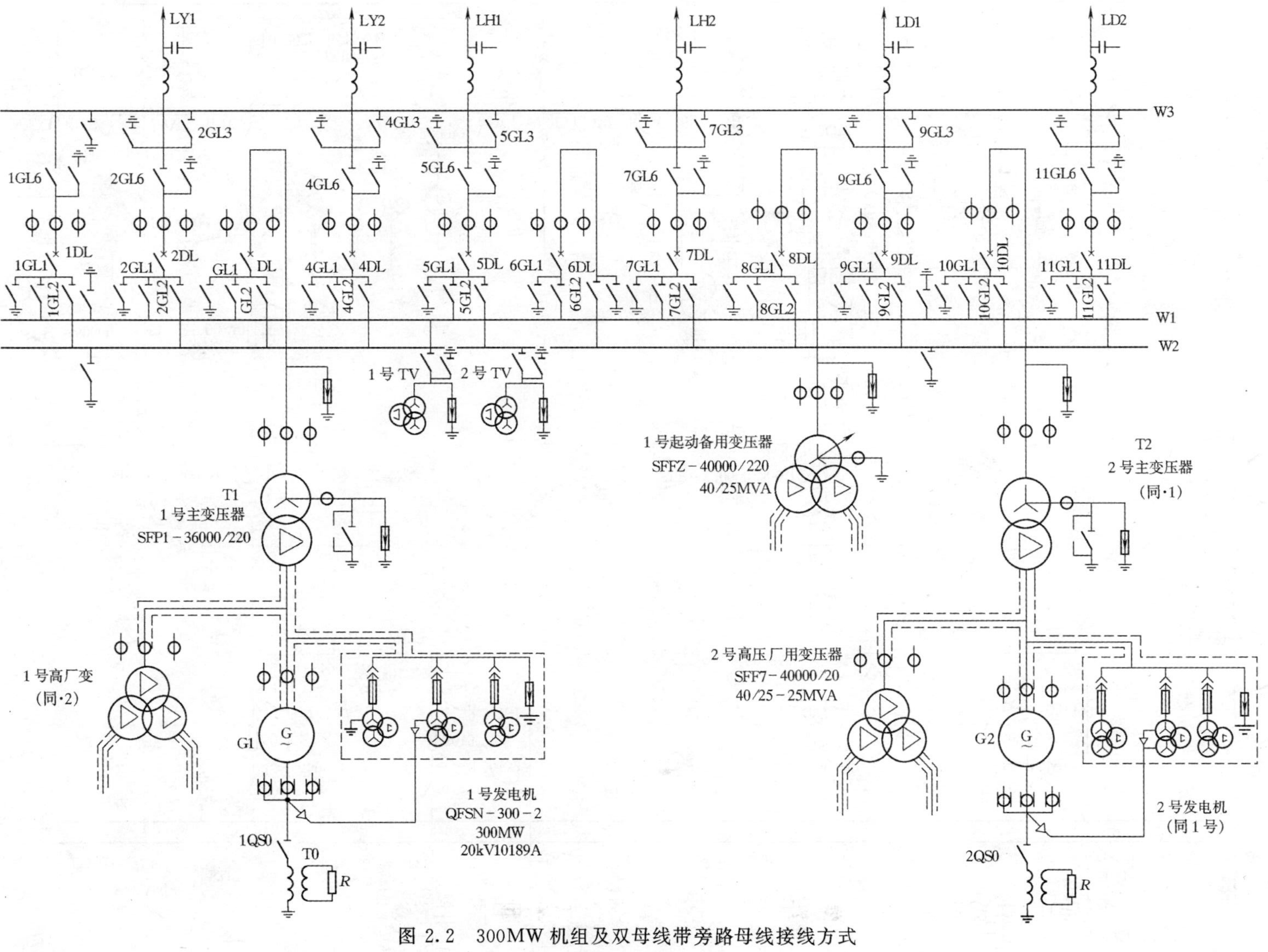

图 2.2 300MW 机组及双母线带旁路母线接线方式

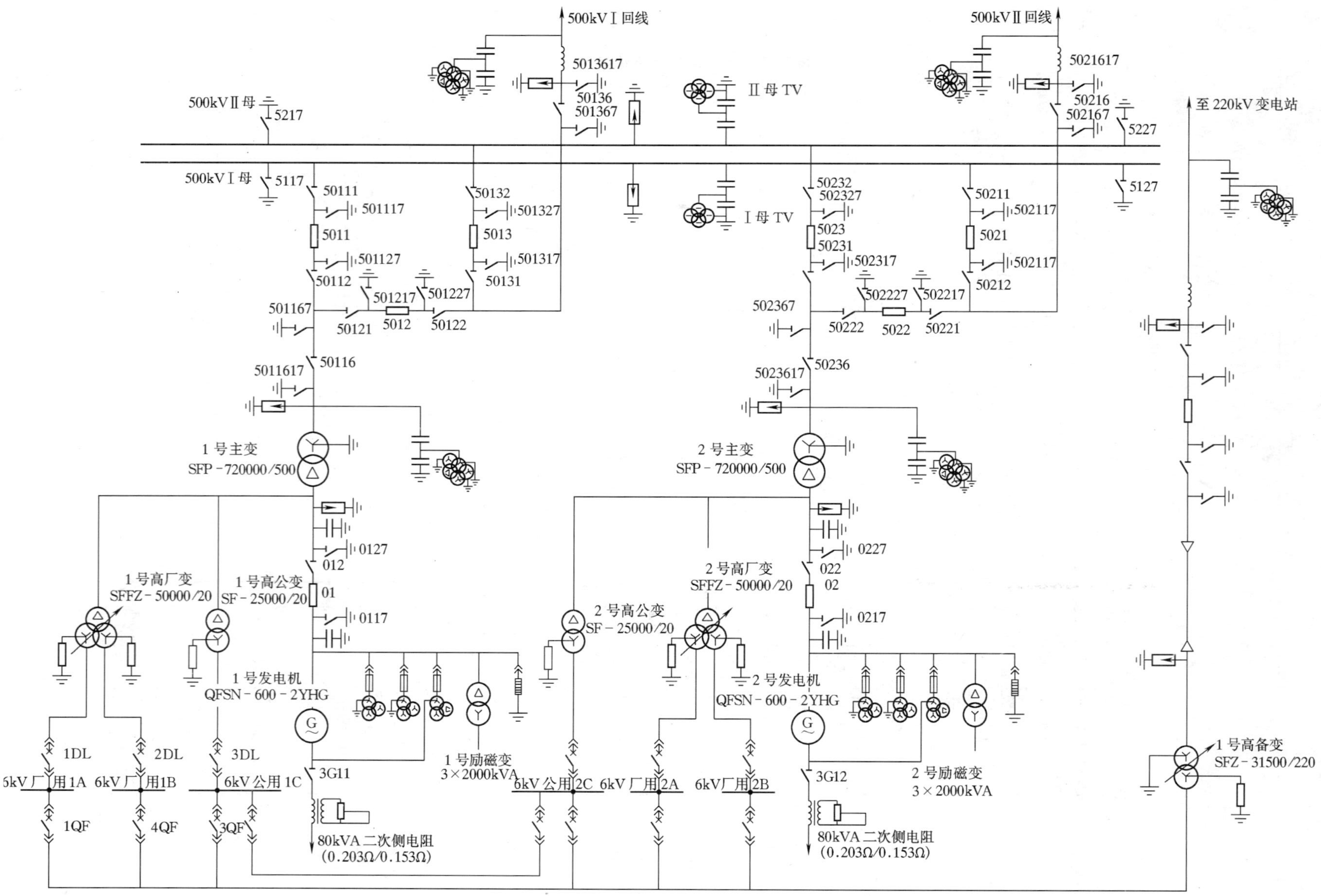

图 2.3　一个半断路器电气主接线图

需要进行复杂的倒闸操作，减少了一次回路发生误操作的可能性。例如 500kVⅠ母检修只需断开断路器 5011 和 5021，以及隔离开关 50111 和 50211，不影响发电机组和输电线路的工作。检修断路器 5011，只需断开 5011 和隔离开关 50111、50112，也无需用旁路代。

(2) 当一组母线发生短路时，只需跳开与该组母线相连的断路器，不会使任何连接元件（发电机组或线路）停电。如 500kVⅡ母短路，只要跳开断路器 5013 和 5023，就可隔离故障点，不影响其他部分正常运行。

(3) 靠近母线的断路器故障，只影响一回线停电。如 5011 故障，只需跳开 5012、5021，使 1 号发电机跳闸，不影响两条线路和 2 号发电机工作。进、出线之间的联络断路器故障，会使两回线停电。如 5012 故障，会使 1 号发电机和 500kVⅠ回线路同时停电。

(4) 电源（进线）和出线采用交叉接线，比不交叉接线具有更高的运行可靠性，可以减少特殊运行方式下事故的扩大。如图 2.4 所示，若一串中的联络开关 5012 在检修或停用，此时另一串的联络开关 5022 事故跳闸（如出线 L2 故障或进线 T2 故障使 5022 跳闸），对非交叉接线［图 2.4（b）］将引起两个电源切除，相应的两台发电机甩负荷，电厂于系统完全解列；而对交叉接线［图 2.4（a）］而言，至少还有一个电源可向系统持续供电。例如，L2 故障时 5021、5022 跳闸，T2 通过 5023 和 5013 向 L1 供电，T2 故障时 T1 可向 L2 送电。若仅是联络开关 5022 跳闸，则不会影响两台发电机向系统送电。

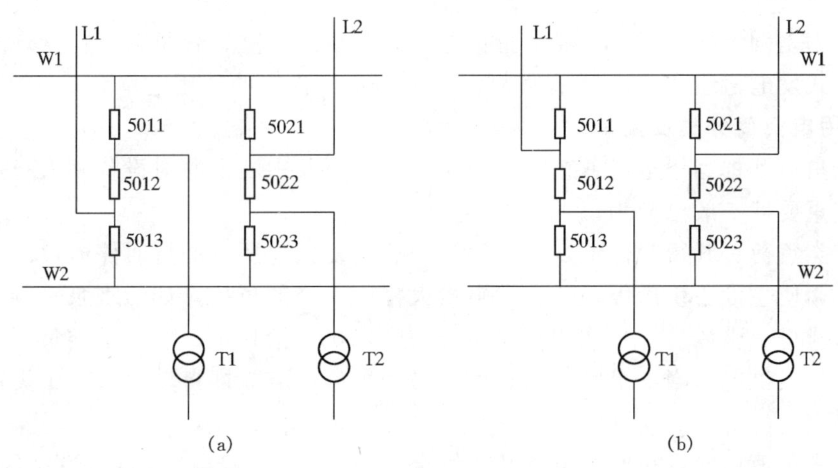

图 2.4　2/3 断路器接线图

（a）交叉接线；（b）不交叉接线

(5) 发电机出口装设断路器，发电机可通过操作出口开关实现同系统的并列与解列。停机后，厂用系统可以通过主变倒送电，避免了正常启动和停机时的厂用电源切换操作，还可减小启动/备用变压器的容量，如图 2.3 所示中高备变采用双绕组变压器，容量小于高厂变，一般只有带一段 6kV 负荷的能力。

该系统可以在机组辅助系统启动前，从 500kV 取得电源，将主变和厂变投入运行，以获得厂用电源。机组运行过程中，当发电机故障时，可通过其出口开关快速切除故障机组，也不必切换厂用电。

但是，大容量的发电机出口断路器目前尚需采用进口设备，一次性投资较大，不少 600MW 机组仍采用传统的发电机—变压器组接线，在发电机出口不装设开关，发电机出口通过分相全封闭母线和主变压器低压侧直接相连，然后经主变升压到 500kV 同电网连接。这样，机组停止时，必须经启动/备用变压器供给 6kV 系统电源，为使机组获得足够容量的启动电源，启动/备用变压器通常设计成与高厂变同容量的分裂绕组变压器，如图 2.1 所示。

2.2 厂用电系统接线

在发电生产过程中，需要许多机械及自动控制设备为机组运行服务，以保证发电机组的正常运行。而且，绝大多数厂用机械和自动控制设备在发电生产过程中是不允许中断运行的。有的厂用机械，即使瞬间停电，也会引起机组出力下降。如何保证机组厂用电可靠运行，是保证发电机组安全经济运行的首要问题。而且，在机组运行过程中，厂用电系统的操作频繁，集控运行人员必须予以足够的重视。

厂用电主要由发电机组本身供给，厂用电量 $\sum W_P$ 占全厂发电量 $\sum W_G$ 的百分数，称为厂用电率，用符号 K_P 表示，即

$$K_P = \frac{\sum W_P}{\sum W_G} \times 100\%$$

厂用电率是发电厂主要运行经济指标之一，与机组类型、容量、运行管理水平等因素有关。凝汽式发电机组的厂用电率为 5%～8%，水电机组的厂用电率为 0.3%～2%。

2.2.1 厂用电负荷分类及要求

厂用电负荷，根据用电设备在生产中的作用，以及中断电源对设备和人身造成的危害程度，按其重要性一般可分为以下四类：

（1）Ⅰ类负荷：凡短时停电，包括手动切换恢复供电所需的短时停电，可能影响人身和设备安全，使主设备生产停顿或者发电量大幅度下降的负荷，如给水泵、凝结水泵、循环水泵、送风机、引风机、直吹式制粉系统的磨煤机、给粉机。对于Ⅰ类负荷，应有两组独立电源的母线供电，当一个电源失去后；另一个电源应立即自动投入，Ⅰ类负荷电源母线电压应稳定。

（2）Ⅱ类负荷：允许短时停电（几秒钟至几分钟），但停电时间过长会引起设备损坏或生产混乱的负荷。如工业水泵、疏水泵、灰浆泵、中储式制粉系统设备、输煤系统设备、化学水处理设备等。Ⅱ类负荷，也应有两个独立电源的母线供电，一般允许采用手动切换。

（3）Ⅲ类负荷：长时间停电不直接影响生产的负荷，如修配厂、试验室等。Ⅲ类负荷一般可用单电源供电。

（4）事故保安负荷：在事故停机过程中以及停机后的一段时间内仍应保证供电，否则可能引起主要设备损坏或危及人身安全，如汽轮机盘车、发电机组润滑油泵、密封油泵、空气预热器等。根据对电源要求不同，事故保安负荷又可为以下三种：①直流保安负荷，由蓄电池组供电，如直流润滑油泵，氢直流密封油泵等；②交流不停电保安负荷，一般由

接于蓄电池组的逆变电源供电，如机组控制系统计算机等；③不允许停电的交流保安负荷，如盘车、润滑油泵、密封油泵等。

发电机组的厂用电系统，根据机组自身特点和要求。在设计上有各自特点，但设计原则都应满足下列要求。

(1) 各机组的厂用电系统是独立的，厂用电系统在任何运行方式下，一台机组故障停运或辅机的电气故障不影响另一台机组的运行。并要求受厂用电影响而停机的机组能在尽可能短的时间内恢复其厂用电供给。

(2) 厂用电的工作电源及备用电源接线应能保证单元机组和全厂的安全运行。备用电源根据要求能成功自动投入运行。

(3) 电源容量能满足事故情况下厂用电动机自启动的要求。

(4) 足够容量的交流事故保安电源，当厂用电全部消失时，可以快速启动和自动投入，向保安负荷供电。

(5) 较小的厂用电率。为了满足上述要求，保证厂用电的可靠性和经济性，一方面要求正确地选择厂用电源、电压、厂用电的接线方式，选择厂用电动机和厂用电保护装置；另一方面要求运行人员在运行过程中精心地监视、维护和调整。

2.2.2 厂用电源及其连接方式

2.2.2.1 厂用电供电电压确定

厂用电供电电压，主要决定于负荷的电压、发电机组容量和额定电压等因素。经过综合比较，厂用电供电电压一般采用高压和低压两级。对于大型用电机械如给水泵，采用高压电源，可以提高运行经济性。高压厂用电可采用 3kV、6kV、10kV 等几个电压等级。200MW 及以上机组，一般采用 6kV。低压厂用电一般采用 380V/220V 供电。

2.2.2.2 厂用供电电源及其引接方式

厂用电电源必须可靠供电，除应有工作电源外，还应有启动和备用电源。200MW 及以上机组，还应设置交流事故保安电源。

1. 高压工作电源与启动/备用电源

容量为 200MW 及以上的单元发电机组，厂用分支采用封闭母线。若发电机出口不装断路器，厂用工作电源直接从发电机出口引出，如图 2.5 所示。为保证在机组停电的情况下，能从系统取得足够的电源。高压启动/备用电源一般直接从电厂高压母线引接（如图 2.2 所示），或者从与系统连接的母线中选取电源可靠的最低一级电压母线引接。有两台机组并列运行时，一台启备变可同时作两台机组的启动/备用电源。为了保证系统电压变化时厂用电压的稳定，启备变一般都配有有载调压装置。

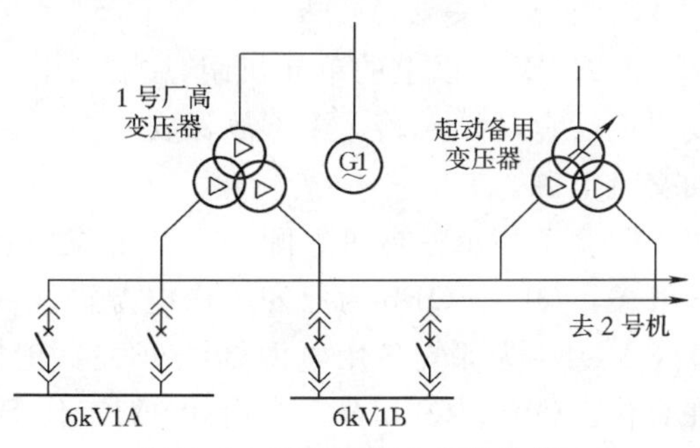

图 2.5 高压厂用电源的取得

600MW 机组的高压启动/备用电源配置要经过综合技术经济比较确定。对于具有两台及以上机组的新建电厂，备用电源一般直接从发电机变压器组出口 500kV 系统引接，或者从附近电网的 220kV（或 110kV 系统）

中引接（如图 2.3 所示）；而对于老厂扩建的机组，备用电源一般直接从老厂的 220kV（或 110kV 系统）中引接。当备用电源不是从发电机变压器组出口引接时，由于电网阻抗引起的相位移动，工作电源和备用电源之间很可能不满足同期条件。这是厂用电系统切换时必须特别注意的问题。

2. 厂用低压工作/备用电源

低压工作电源由厂用高压母线引接到低压厂用变压器取得。低压备用变压器的电源由高压厂用母线上引接，但应尽量避免同低压厂用工作变压器接在同一段高压母线上。

低压备用电源有两种备用方式，一种是明备用，即有专用的备用变压器，如图 2.6（a）所示，T1、T2 是工作变压器，T3 是备用变压器。当工作变 T1 或 T2 故障跳闸时，使用备用电源自动投入装置（简称 BZT），能将 T3 自动投入运行。有的系统不设专用备用电源，而由两个工作电源相互作为备用，称为暗备用，如图 2.6（b）所示。为了防止自动投入过程中扩大事故，确保正常部分的运行，新建机组多采用暗备用，当一段失压时，在确认 380V 失压母线无故障、故障变压器低压侧开关断开的前提下，由运行人员手动合上分段开关 3Q 为失压母线供电。目前，600MW 机组 380V 系统一般采用暗备用。

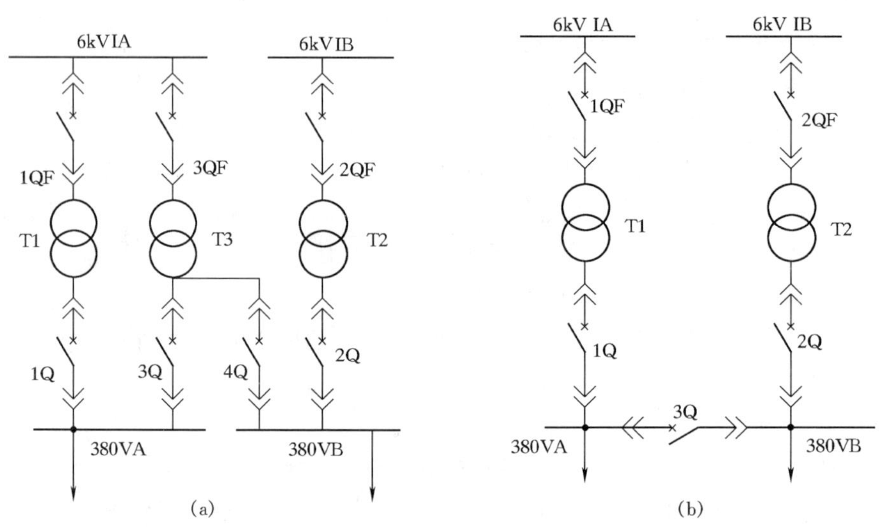

图 2.6 厂备用电源的两种备用方式
（a）明备用；（b）暗备用

3. 事故保安电源

200MW 及以上的单元机组，当厂用电消失时，为确保安全停机，事故保安电源在需要时应能自动投入。交流事故保安电源可采用快速启动的柴油发电机，或由外部引入可靠的交流电源。

图 2.7 表示一台机组配一台柴油发电机的保安系统，QFA、QFB 为保安工作电源馈线开关，QFa、QFb 为保安工作电源进线线开关，QF1、QF2 为保安备用电源进线开关，QF3、QF4 为保安备用电源馈线开关。正常运行时，馈线开关 QFA、QFB、QF3、QF4 在合位。QFa、QFb 合上，由 380V 工作 PC A、B 段分别向保安 PC A、B 段供电。QF1、QF2 断开，备用电源处于备用状态。系统具有备用电源自动投入功能，当 380V 工作

PCA 段或 B 段母线低电压或失压时，经延时确认后柴油发电机自动启动，当它的电压和频率达到额定值时，自动合上柴油发电机出口开关 QF，与失压工作母线相连的进线开关 QFa 或 QFb 自动跳闸，并连锁 QF1 或 QF2 自动闭合，完成切换过程。柴油发电机的启动时间约为 15s。

由于柴油发电机输出的备用电源与工作电源一般不满足同期条件，在备用电源向工作电源切换时，应先断开备用电源开关，再合上工作电源开关，反之亦然。

在 600MW 机组中，有的具有两个保安段，如图 2.7 所示，工作电源分别由锅炉 PC A、B 段供给，有的具有四个保安段，如图 2.9 所示，工作电源分别由锅炉、汽机 PC A、B 段供给。

此外，还应设置交流不停电电源，在交流电源正常供电时，经交流/直流，直流/交流变换，输出交流保安电源；在交流电源中断时，采用直流电源经直流/交流变换，无间断地输出交流保安电源。

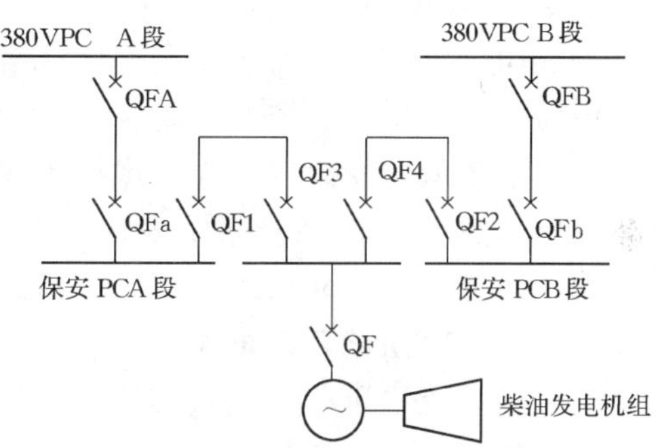

图 2.7 交流事故保安电源系统接线

2.2.2.3 厂用电系统中性点接地方式

厂用电系统中性点接地方式与机组容量，厂用电电压等级、供电可靠性要求、设备的绝缘水平及设备、人身安全等因素有关。对于高压厂用电系统，接地方式的选择主要与单相接地的电容电流 I_C 有关。中性点不接地系统，系统正常运行时，三相对地电容电流的和等于 0，但发生单相接地时，非接地相对地电压上升为线电压，在接地点有 3 倍于正常情况下的电容电流通过。如果分布电容过大，系统接地时的电容电流也大。而且故障接地时，接地点可能是断续的，即时通时断，这样就可能在接地处产生间歇性电弧（电弧周期性地熄灭和重燃）。电容电流越大，电弧越强，可能进一步损坏设备绝缘，造成多点接地、短路，扩大事故。所以，有关规程规定：当厂用电系统的单相接地电容电流 $I_C<10A$ 时，可采用高电阻接地方式，也可采用不接地方式；随着机组容量增大，当 $I_C>10A$ 时，可采用中电阻或经消弧线圈接地方式。目前 300MW 及以下机组的高压厂用电，多采用中性点不接地或经高阻接地方式，600MW 及以上机组多采用中性点经中电阻接地方式。低压厂用电系统可采用中性点直接接地、不接地或经高阻接地等方式。

(1) 高压厂用电系统的中性点不接地方式。该方式下，发生单相接地故障时，三相线电压仍基本平衡。当 $I_C<10A$ 时，允许继续运行 2h，为运行人员寻找、排除故障争取了时间，减少了设备停电次数。缺点是单相接地时非故障相对地电压升高接近线电压，因而对整个系统的绝缘水平要求较高。同时，当 $I_C>10A$ 时，接地处的电弧不易自动消除，将可能产生 3～5 倍额定相电压的电弧接地过电压，并发展成相间短路。另外，运行人员在查找故障时，应特别小心，防止误操作造成多点接地扩大事故。

故不接地方式适用于 $I_C<10A$ 的高压厂用电系统，在 300MW 及以下机组系统中应用较多。

(2) 高压厂用电系统的中性点经高电阻或中电阻接地方式。选择适当的接地电阻，限制单相接地时非故障相的电压低于 2.6 倍额定相电压，避免事故扩大。同时，单相接地时有稳定的电流流过接地点，有利于零序保护动作。一般地，当接地电流小于 15A 时，采用高电阻接地（千欧以上），为了获得较高的接地电阻，与图 2.2 所示的发电机中性点接地方式类似，变压器中性点经二次侧接电阻的单相变压器接地。此时，零序保护动作于信号。当接地电流大于 15A 时，采用中电阻接地（几十欧），变压器中性点直接经电阻接地，零序保护动作于接地设备跳闸。

（3）低压厂用电系统中性点采用经高电阻接地方式。采用该方式时，发生单相接地故障时可以避免开关立即跳闸和电动机停运，也不会因单相接地使一相熔断器熔断而造成电动机两相运行。同时，单相接地时的接地电流在小范围内变化，可以用简单的接地保护实现有选择性地动作，切除接地故障设备。因而提高了低压厂用电系统的供电可靠性。但对需要使用 220V 单相电源的地方、如检修、照明网络的变压器，必须采用中性点直接接地。

中性点直接接地系统的主要优点是发生接地时，中性点不位移，对设备的过电压和绝缘水平要求较低，安全性较高，保护构成也较简单，故投资较少；但缺点是增加了停电次数。近年新建电厂的 6kV 系统中性点多采用经电阻接地，当设备发生接地时，利用接地保护立即将接地设备从系统中切除，提高了 6kV 母线供电的可靠性。

2.2.3　300MW 机组厂用电系统接线

厂用电系统采用单母线接线，按炉分段。一台单元机组的厂用负荷接在同一段母线上，这样便于检修和事故处理。200MW 及上容量的机组，高压厂用母线分为两段。图 2.8 表示了一种典型的厂用电系统。

1. 6kV 厂用电系统

6kV 高压厂用电系统采用 A、B 两段母线运行。高厂变的电源从发电机出口直接引入，低压侧由两个分裂绕组输出，经断路器 QF1、QF2 分别供给 6kVA、B 两段母线。与高厂变同容量的启动/备用变的电源从电厂高压母线引入，低压侧同样是两个分裂绕组，其输出经断路器 QF3、QF4 分别为 6kV 系统 A、B 两段母线提供备用电源，采用明备用方式。6kV 高压电动机的电源，直接从 6kV 母线取得。

2. 380V/220V 低压厂用电系统

（1）低压厂用电设置低压动力中心，简称 PC。机组主厂房内容量在 40kVA 以上、200kVA 以下的电动机，均由 380V/220V 动力中心直接供电。机组设置工作 A 段和工作 B 段两个动力中心，分别为工作 APC 和工作 BPC。各自的电源通过两台相同容量的低压厂用变压器（1 号工作和 2 号工作）分别从 6kV 系统 A 段和 B 段引入。系统还设置公用 A 段和公用 B 段两个动力中心，分别为公用 APC 和公用 BPC。各自的电源通过两台相同容量的低压公用变压器（1 号公用和 2 号公用）分别从 6kV 系统 A 段和 B 段引入。为了保证低厂变（或公用变）故障或检修时能继续对动力中心供电，还设置了一台低压备用变。通过工备 1、工备 2 和公备 1、公备 2 号开关，可向上述四个动力中心提供备用电源。备用电源取自 6kV 系统 B 段，这样，当 6kV 系统 B 段母线失压时，备用变将失去电源，没有保证备用电源的独立性，在运行中必须引起注意。

为减少 380V 系统单相接地对机组运行的影响，该 380V 系统采用中性点不接地方式。

（2）为了减少照明和检修回路故障对动力回路的影响，提高厂用电的可靠性，也减少

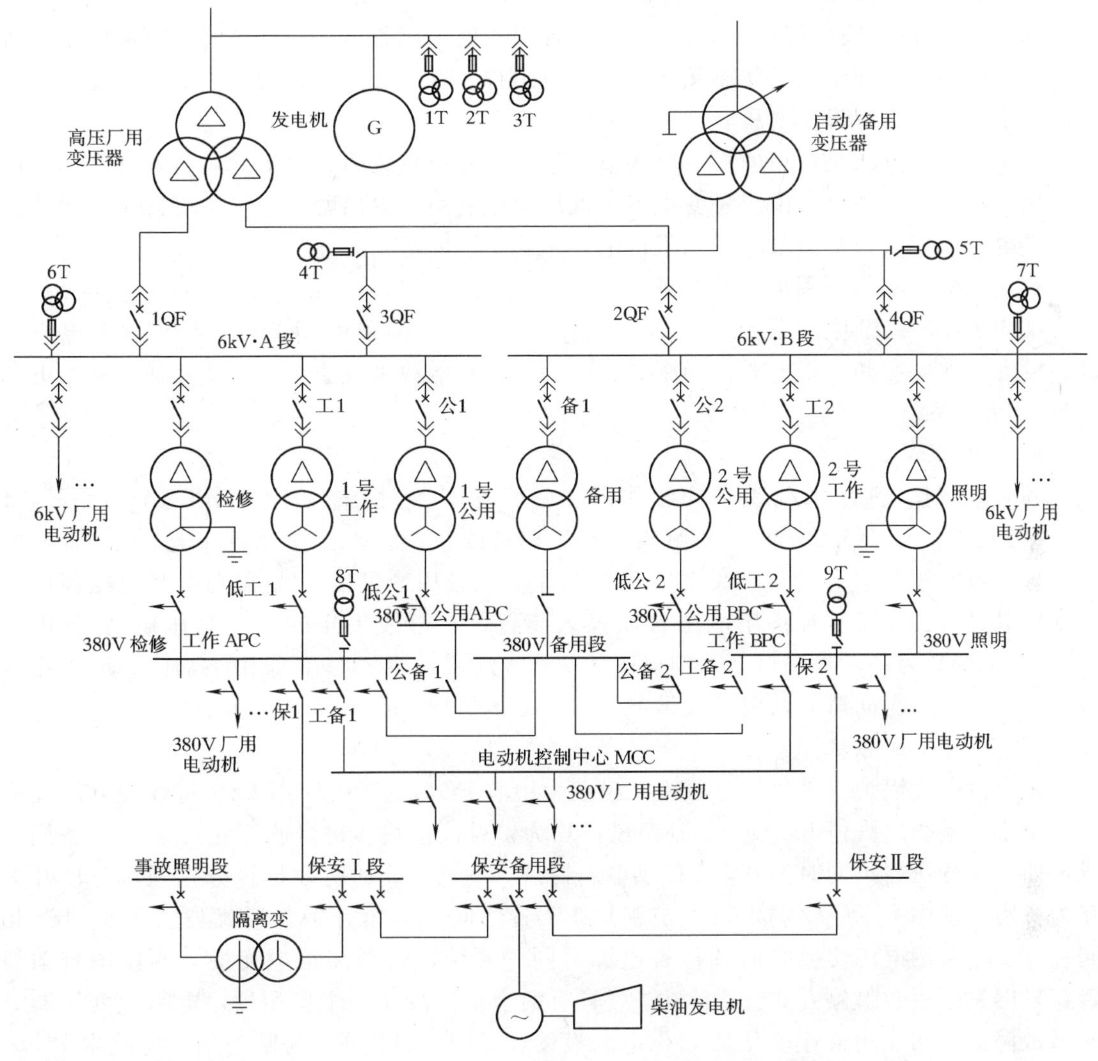

图 2.8 厂用电系统接线

电动机启动对照明的影响，厂用电系统将照明、检修与动力负荷分开供电，设置了专用的照明变压器、检修变压器。为了供给 220V 电压的照明、检修电源，照明变、检修变中性点直接接地。

（3）为了保证在事故停电时能安全地停机，大型机组一般设置两段保安电源，正常时由 380V 工作 A 段和 B 段分别向保安Ⅰ段和Ⅱ段供电。工作电源故障时启动柴油发电机，通过保安备用段向保安Ⅰ段或Ⅱ段供电。

（4）380V/220V 厂用电系统还设置了电动机控制中心，简称 MCC。电动机控制中心采用单母线，双电源。正常时，一路电源工作，另一路电源备用。两个电源分别引自 380V/220V 工作 A 段和 B 段母线。MCC 负责向 40kVA 以下的电动机和其他设备供电。

3. 厂用电系统的运行方式

厂用电系统的运行方式有正常运行方式和非正常运行方式两种。在正常运行方式下，高厂变、低厂变、低压公用变及其相应的保护、联锁全部投入。高厂变两个分支分别向6kV系统A段和B段母线供电。高压启动/备用变处于热备用状态，有的系统还要求高备变的高压侧断路器处于闭合状态让备用变充电运行，以防止工作电源失去、备用变压器投入时的励磁涌流引起母线电压较大的波动。

非正常运行方式是机组或厂用电气设备停运检修或者故障状态下的运行方式，如高厂变停用时，高压厂用母线由启备变供电；低厂变或公用变退出时，由低备变向工作段或公用段供电，保安段失电由柴油发电机供电等。

2.2.4 600MW机组厂用电系统接线

某600MW机组厂用系统如图2.9所示。厂用电系统采用6kV和380V两个电压等级，设置工作电源和备用电源。如图2.3所示，工作电源来自主变压器低压侧，备用电源来自220kV系统。

1. 厂用6kV系统

6kV系统按负荷性质分为厂用工作段和公用段，1号机组设1A、1B两个工作段，1号、2号机组共设1C、2C两个公用段，均为单母线接线。在正常情况下，1A、1B两段由1号机组高压厂用变供电，1C段由1号机组高压公用变供电，2C段由2号机组高压公用变供电。各段母线装有备用电源自动投入装置，在母线失压时可由高压启动/备用变（简称高备变）为各段母线供电。但对于如图2.3所示的系统，在选用的高压启动/备用变容量有限时，不得同时向两段母线供电。

2. 厂用380V系统

每台机组设锅炉、汽机、电除尘三组动力中心PC，电源由厂用6kV母线经低厂变降压后供给。锅炉、汽机PC设A、B两段，均为单母线接线。每台低厂变具有50%备用容量，即一台变压器可同时为两段PC供电。锅炉、汽机PC的两段母线分别通过分段开关互为备用（图中指示了锅炉PC1A与锅炉PC1B之间的分段开关，形式与图2.6（b）相同）。工作/备用电源切换时必须检查电源为同一系统，否则需停电切换，或使用自动装置，采用先断后合瞬停方式。电除尘PC具有两个工作段和一个备用段，电除尘变压器A或B故障时，可由电除尘变压器C供电。显然，锅炉、汽机PC为暗备用，电除尘PC为明备用，形式与图2.6（a）类似。此外，系统还通过等离子变压器为等离子点火系统单独设置了一段PC。

与300MW机组类似，在锅炉、汽机PC下还分别设有锅炉、汽机MCC，除汽机MCCA和MCCB外，其他均采用双路电源供电，一路工作；另一路备用。运行时一要注意负荷均匀分配；二要注意不要使低厂变并列运行。有的系统MCC母线装有备用电源自动投入装置，在工作电源失去时，可自动投入备用电源。

3. 厂用保安电源系统

每台机设有四段保安电源，即锅炉保安MCCA、MCCB和汽机保安MCCA、MCCB，均为单母线接线。正常时锅炉PC1A、PC1B分别向锅炉保安MCCA、MCCB供电，汽机PC1A、PC1B分别向汽机保安MCCA、MCCB供电。备用电源投入过程与图2.7表示的系统类似，当锅炉、汽机MCC任一段母线失压或厂用电源消失时，柴油发电机自启动，在建立起电压后合上柴油发电机出口开关，断开失压母线工作电源开关，再合上备用电源开关。

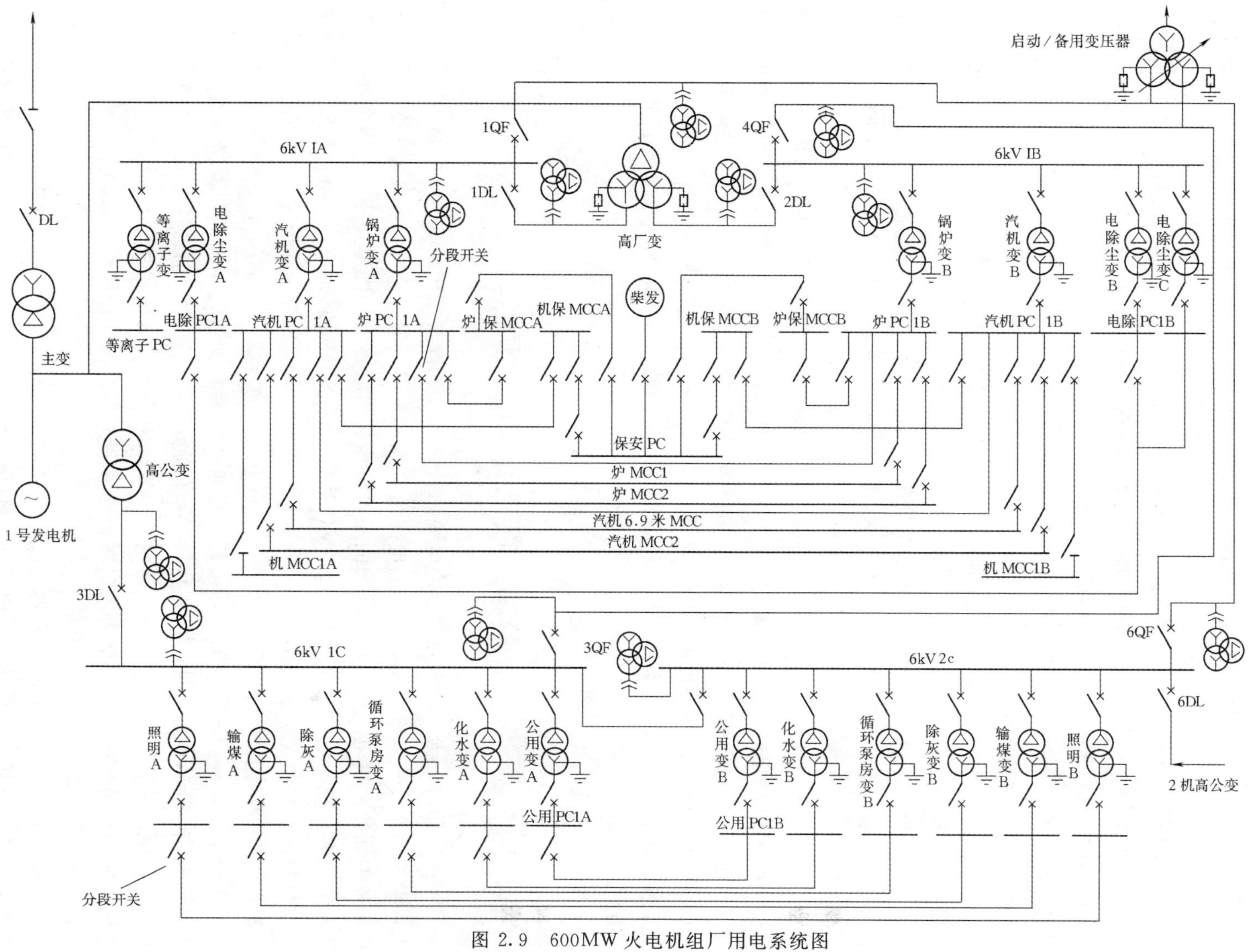

图 2.9 600MW 火电机组厂用电系统图

4. 公用电源

公用电源分公用 6kV 系统和公用 380V 系统。两台机共设 1C、2C 两个公用段，由两台机的高压公用变提供工作电源，由高压启动/备用变提供备用电源。图中，高公变经断路器 3DL 为 6kV1C 提供工作电源，高备变经断路器 3QF 为 6kV1C 提供备用电源。公用 380V 系统的电源来自 6kV 公用段，两台机组经公用变压器 A、B 设两段公用 PC，即公用 PC1A 和公用 PC1B。全厂根据辅助车间负荷分布情况还设有其他公用动力中心，如除灰 PC、输煤 PC、照明 PC、化学水 PC、综合泵房 PC 等。一般每组 PC 为 A、B 两段，通过分段开关互为备用，与锅炉、汽机 PC 类似。

5. 厂用电系统特点

（1）6kV 系统中性点经电阻接地方式，能及时切除系统中设备接地故障，虽然可能会影响机组出力，但可以防止事故扩大，提高了母线供电的可靠性。

（2）锅炉、汽机 PC 不设明备用的低厂变，而采用暗备用，一般也不设备用电源自动投入功能，这样可以防止备用电源重合于故障母线给系统带来的再次冲击。反映出保证设备和系统安全优于保机组负荷的设计思想。

（3）厂用电系统的同期问题在运行中应特别关注。600MW 及以上机组的电能一般输送到 500kV 或更高电压等级的系统，且出线回数也不多。为了得到独立、可靠的备用电源，高压启动/备用电源较多不是从发电机变压器组出口高压电网引入，而是就近（如老厂的系统）从 220kV 或 110kV 系统引接。这样，厂用工作电源和备用电源可能不满足同期条件。所以，厂用电就不得采用并联切换（如先合备用电源，再分工作电源），而是要采用先断后合的切换方式。

保安电源切换也必须采用先断后合的切换方式。

2.3　直　流　电　源

直流电源可分为控制电源和动力电源。控制电源是指向二次系统中的控制、信号、继电保护和自动装置供电的电源。动力电源为直流油泵、交流不停电电源装置等负荷以及直流事故照明负荷供电。动作电流较大的操作机构、如电磁操作机构，开关储能电动机也采用动力电源。控制电源电压一般为 110V，动力电源电压一般为 220V。直流电源设备主要由蓄电池组和整流充电装置组成，是发电厂厂用电源的重要组成部分。

2.3.1　蓄电池的基本工作原理

蓄电池是储存直流电能的一种设备，它能把电能转变为化学能储存起来（充电），使用时再把化学能转变为电能（放电），供给直流负荷，这种能量的变换过程是可逆的。根据电极和电解液所用物质的不同，蓄电池一般分为铅酸蓄电池和碱性蓄电池两种，下面是以电厂使用较多的铅酸蓄电池为例，对蓄电池的工作原理进行简要介绍。

2.3.1.1　铅酸蓄电池的充、放电过程

蓄电池由极板、电解液和容器构成，如图 2.10 所示。极板分正极板和负极板，在正极板上的活性物质是二氧化铅（PbO_2），负极板上的活性物质是灰色海绵状的金属铅（铅绵），电解液是浓度为 27%～37%的硫酸水溶液（稀硫酸），其比重在 15℃时为 1∶21，

放电时比重稍为下降。

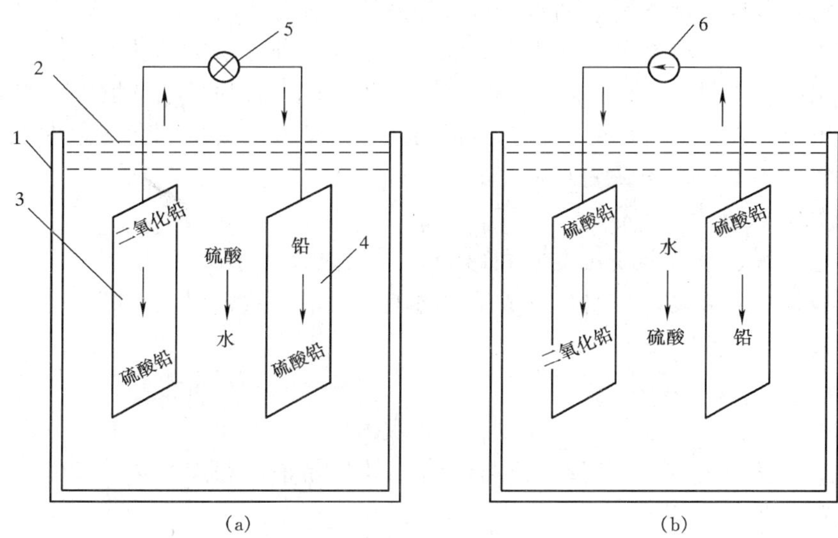

图 2.10 蓄电池工作原理

(a) 蓄电池放电；(b) 蓄电池充电

1—容器；2—电解液；3—二氧化铅板（正极）；4—铅板（负极）；5—灯泡；6—直流电源

1. 放电

把正、负极板互不接触浸入容器的电解液中，在容器外用导线和灯泡把两种极板连接起来，如图 2.10（a）所示，此时灯泡点亮。这是因为二氧化铅板和铅板都与电解液中的硫酸起了化学变化，使两极板之间产生了电势，在导线中有电流流过，即化学能变成了使灯泡发光的电能。这种由于化学反应而输出电流的过程称为蓄电池放电。放电时，正负极板上的活性物质与硫酸发生化学变化，生成硫酸铅（$PbSO_4$）小晶块。当两极板上大部分活性物质变成硫酸铅后，蓄电池的端电压就下降。当端电压降到 1.8～1.75V 以后，放电不宜继续下去，此时两极板间的电压称为终止放电电压。

在整个放电过程中，蓄电池中的硫酸逐渐减少而形成水，硫酸的浓度降低，电解液比重下降，蓄电池内阻增大，电势下降，端电压随之减小。此时，正极为浅褐色，负极为深灰色。

必须注意，蓄电池不宜过度放电。因为过度放电会形成体积较大的硫酸铅晶块，晶块不均匀时，会使极板产生不能恢复的翘曲，增大了极板间的电阻。放电过程中产生的硫酸铅大晶块很难还原，不仅会妨碍充电过程的进行，还会影响蓄电池的寿命。

2. 充电

若把外电路中的灯泡换成直流电源，即接直流发电机或硅整流设备，把正极板接外电源的正极，负极板接外电源的负极如图 2.10（b）所示。当外接电源的端电压高于蓄电池的电势时，外接电源的电流就会流入蓄电池，电流的方向与放电时相反，于是在蓄电池内产生了与放电过程相反的化学反应，即硫酸从极板析出，正极板又转化为二氧化铅，负极板又转化为纯铅，而电解液中硫酸增多，水减少。经过这种转化，蓄电池两极之间的电势恢复了，蓄电池又具备了放电条件。由于充电过程化学反应逐步深入到极板上活性物质内部，硫酸浓度增加，水分减少，溶液的密度增加，内阻减小，电势增大，端电压随之升高。

当充电电压上升到大约 2.3V 时，极板上开始有气体析出，正极板上逸出氧气，负极板上逸出氢气，形成强烈的冒气现象，这种现象称为蓄电池的沸腾。这是因为极板上的硫酸铅已很少了，化学反应逐渐转变为水的电解。上述两种反应同时进行，需要消耗电能和蒸馏水。析出的气体吸附在极板表面上，使内阻大大增大，为了维持恒定的充电电流，必须提高外加电压。在充电终了时，正、负极的颜色由暗淡变为鲜明，当蓄电池电压在 2.5～2.7V 并经 1h 不变，即可认为充电完成。

3. 蓄电池自放电

由于蓄电池所含金属杂质沉淀在负极板上，加之极板本身活性物质中也含有金属杂质，因此在极板上形成局部短路，形成了蓄电池的局部自放电现象。通常在 24h 内，由于自放电会使其容量减少 0.5%～1%。

2.3.1.2　蓄电池的电势和容量

蓄电池的电势大小与蓄电池极板上活性物质的电化学性质和电解液的浓度有关。当极板上的活性物质已固定后，铅蓄电池的电势主要由电解液的浓度决定。蓄电池的电势可近似由下式决定，即

$$E = 0.85 + d(\mathrm{V}) \tag{2.1}$$

式中：d 为电解液的密度（典型值为 1.21）；E 为蓄电池的电势；0.85 为铅蓄电池电势的常数。

蓄电池的容量表征蓄电池的蓄电能力，通常以充足电的蓄电池在放电期间端电压降低 10%时的放电量来表示。当蓄电池以恒定电流放电时，其容量等于放电电流和放电时间的乘积，即

$$Q = It \tag{2.2}$$

式中：Q 为蓄电池的容量，单位为安・时（A・h）；I 为放电电流；t 为放电时间。

蓄电池在使用过程中，其容量主要受放电率和电解液温度的影响。

（1）放电率对蓄电池容量的影响。蓄电池容量的大小随放电率的大小变化，一般放电率越高、放电速度越快、容量越小。因为蓄电池的放电电流过大时，极板上的活性物质与周围硫酸迅速反应，生成晶粒较大的硫酸铅，硫酸铅晶粒易堵塞极板的细孔，使硫酸扩散到细孔深处更为困难。因此，细孔深处的硫酸浓度降低，活性物质参加化学反应的机会减少，电解液电阻增大，电压下降很快，电池不能放出全部能量。所以，蓄电池的容量较小。当蓄电池放电率较小时，极板上细孔内的电解液浓度与容器周围电解液浓度相差较小，硫酸铅形成也较慢，生成的晶粒较小，硫酸易扩散到细孔深处，使细孔深处的活性物质都参加化学反应。所以，电池的容量也大。

（2）电解液温度对蓄电池容量的影响。电解液温度越高，稀硫酸黏度越低，运动速度越大，渗透力越强，因此电阻越小，扩散程度增大，电化学反应增强，从而使电池容量增大。当电解液温度下降时，渗透力减弱，电阻增大，扩散程度降低，电化学反应滞缓，从而使电池容量减小。电解液温度与电池容量的关系为

$$Q_{25} = \frac{I_{25}t}{1 + 0.008(\theta - 25)} \tag{2.3}$$

式中：Q_{25} 为电解液平均温度 25℃时的容量，A・h；θ 为放电过程电解液的实际平均温

度,℃；I_{25}为电解液温度 25℃时的放电电流，A。

2.3.2 直流系统及其绝缘监察

利用直流母线，将蓄电池组、整流设备、闪光装置等设备和直流用户连接在一起，构成直流系统。为了直流系统的安全运行，还配有绝缘检察装置。

2.3.2.1 直流系统的运行方式

单元控制室直流系统接线如图 2.11 所示。蓄电池组有两种运行方式。一种是充电、放电方式；另一种是浮充电方式。蓄电池采用充电、放电方式运行时，蓄电池接在直流母线上供负荷用电。在充电时，起动充电电源，一方面向蓄电池充电；另一方面供负荷用电。非充电时间充电装置断开。蓄电池采用浮充电方式运行时，用硅整流器作为浮充电源，浮充电源与蓄电池并列运行于直流母线上。浮充电源一方面供直流负荷用电；另一方面以很小的电流向蓄电池充电，以补偿蓄电池自放电的损耗。

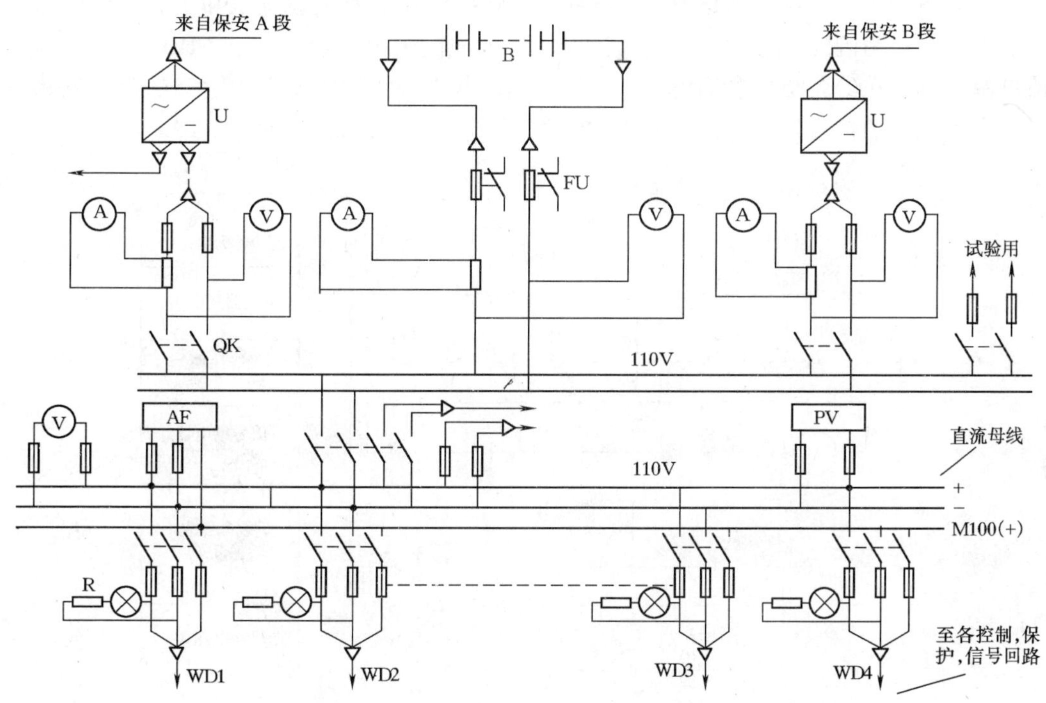

图 2.11 单元控制室直流系统图

B—蓄电池组；U—可控硅整流装置；FU—熔断器；PV—绝缘电压监视装置；AF—闪光装置；QK—开关；V—电压表；A—电流表；WD—直流馈线

浮充电流的大小，一般以 GG—36 型蓄电池为基数，其浮充电流 $I_c = (0.01 - 0.03)$A，对于其他标号的蓄电池，浮充电流可根据下式按容量的倍数推算，即

$$I_c = (0.01 - 0.03)Q_N/36 \tag{2.4}$$

式中：Q_N为蓄电池的额定容量。

浮充电流是决定电池寿命的关键参数。浮充电流过大，会使电池过充电，造成正极板脱落物增加而加速损坏；浮充电流过小，会使电池欠充电，造成负极板脱落物增加，以及

使负极板硫化，同时还会降低蓄电池的容量。因此，必须使浮充电流处于良好状态。影响浮充电流的因素很多，其中主要的是电池的电压，浮充电压应在 2.1～2.2V 之间。

为了避免由于浮充电电流控制不好，造成硫酸沉积在极板上，影响蓄电池的输出容量和使用寿命，一般每三个月进行一次放电，释放出蓄电池容量的 50%～60%，终止电压为 1.9V。放电后立即进行一次充电。

对于 200MW 及以上机组，直流系统一般采用两段单母线，图 2.11 所示为其中的一段。每段接一组蓄电池和两台硅整流充电器，一台运行；另一台备用。充电电源从保安电源取得。若采用充电、放电方式运行，当对一组蓄电池进行充电时，该段母线的直流负荷可由另一组蓄电池供电。

直流电源通过接在母线上的馈线（WD1～WD4）送给用户，为单元机组内各断路器的控制、保护和信号回路提供电源。

闪光装置 AF 的主要作用是为闪光母线 M100 提供在电源正极电压和接近负极电压之间交变的电压，作为闪光信号源，它将直流电压转换成闪光电压后输出到 M100 闪光母线，与直流电源一起，送给各个控制回路。凡跨接于 M100 小母线和电源负极之间的信号回路接通时，就会使相应的信号灯闪光，如图 1.22 所示中的断路器位置指示灯 HG 和 HR。

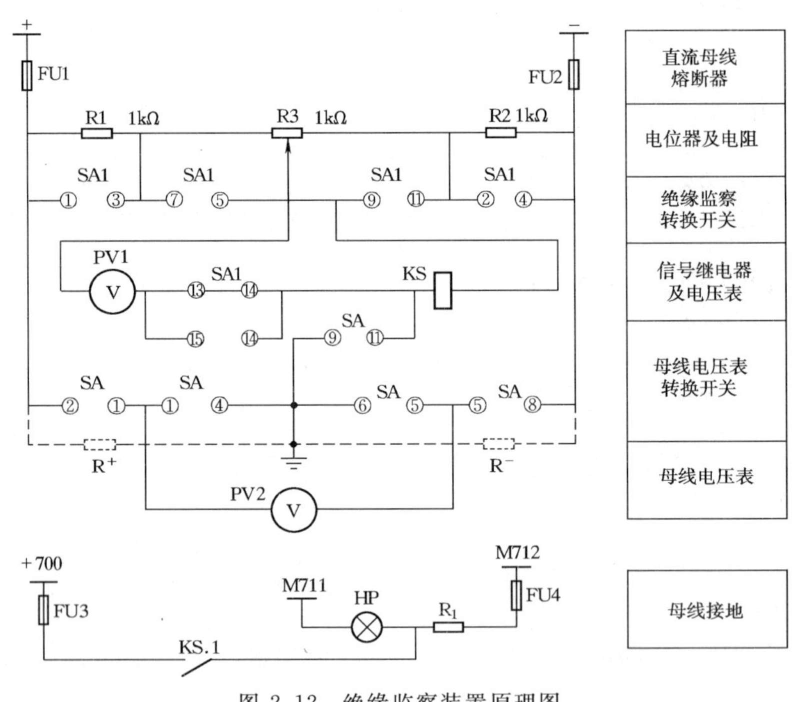

图 2.12　绝缘监察装置原理图

2.3.2.2　直流绝缘监察装置的工作原理

发电厂直流系统的供电网络比较复杂，分布范围也较广，发生接地的机会较多。在直流系统发生一点接地时并不会引起任何危害，但长期一点接地是不允许的。因为在同一极的另一点再发生接地后，可能会造成信号装置、继电保护和控制电路的误动作。如图 1.22 中，若发生 d_1 和 d_2 两点同时接地，就会使跳闸线圈 YT 励磁、使断路器误跳。另外，在有一极接地时，假如再发生另极接地，就将造成直流系统短路。因此，不允许直流系统长期带一点接地运行，为此必须对直流系统绝缘进行监察。

1. 信号部分

直流绝缘监察装置的原理如图 2.12 所示。装置分为信号和测量两部分，且均按直流电桥的原理工作。母线电压表转换开关 SA 有“母线”、“正对地”、“负对地”三个位置。平时手柄在竖直的“母线”位置，触点⑨-⑪、②-①和⑤-⑧接通，电压表 PV2 可测正母线与负母线之间的电压，正常时指示为 220V。若 SA 手柄逆时针方向旋 45°到“负对地”位置，则 SA 的触点⑤-⑧和①-④接通，电压表 PV2 接到负极与地之间。若将 SA 手柄顺时针方向旋 45°到“正对地”位置，SA 的触点①-②和⑤-⑥接通，电压表 PV2 接到正极与地之间。若两极对地绝缘良好，正、负对地绝缘电阻 R^+、R^- 均较大且基本相等，正对地电压约为 110V，负对地电压约为－110V。测量时，若电压表 PV2 的输入阻抗和对地绝缘电阻相比不是足够大，表的读数要小于 110V。如果正极发生接地，R^+ 变为 0，则正对地电压等于 0，而负对地电压为－220V；反之，当负极发生接地时，R^- 变为 0，负对地电压等于 0，而正极对地电压为 220V。如果绝缘电阻只是下降而没有到零，则电压读数小的那一极对地绝缘下降。所以，根据 PV2 的读数，可以判断母线是否接地及接地的极别。

绝缘监视转换开关 SA1 也有三个位置、即“信号”、“测量位置Ⅰ”和“测量位置Ⅱ”。平时，其手柄置于“信号”位置，SA1 的触点⑤-⑦和⑨-⑪接通，使电阻 R_3 短接。R_1、R_2、R_3 的阻值均为 1kΩ。SA 在母线位置时其触点⑨-⑪是接通的。这样，信号部分就组成如图 2.13（a）所示的电路，其主要组成元件为电阻 R_1、R_2 和接地信号继电器 KS。电阻 R_1 和 R_2 与直流系统正、负极对地绝缘电阻 R^+ 和 R^- 组成电桥的四个臂。信号继电器 KS 接在电桥的对角线上。正常时 R^+ 与 R^- 相等，R_1 又等于 R_2，电桥处于平衡状态，KS 中无电流（实际上仅有微小的不平衡电流）流过，KS 不动作。当绝缘下降使 R^+ 或 R^- 减小时，电桥失去平衡，KS 的线圈中有较大的电流流过，KS 动作，其动合触点 KS.1 闭合，经如图 2.12 所示的信号系统发出“直流接地”灯光及音响信号。这种信号电路的缺点是：当 R^+、R^- 同时下降且相等时，电桥仍处于平衡状态，KS 不会动作。

2. 测量部分

当发现直流系统对地绝缘下降时，测量部分能测量正对地和负对地绝缘电阻。根据阻值大小可以进一步判断绝缘情况。测量步骤如下：

（1）当某极绝缘下降，信号部分发出信号后，用电压表 PV2 测量正对地和负对地电压，并从电压表读数中判断是哪一极绝缘下降。

（2）如果正对地绝缘电阻 R^+ 下降，将 SA1 投至“测量 I”的位置，此时 SA1 的触点①-③和⑬-⑭接通，组成如图 2.13（b）所示电路，R_1 被短接，调节 R_3，使 PV1 指示为零时，电桥处于平衡状态。此时读出电位器 R_3 所指示的电阻百分数，若设电位器 R_3 滑动触点左边部分的电阻为 XkΩ，则 R_3 滑动触点右边部分的电阻为 $1-X$kΩ。电桥平衡时有

$$\frac{X}{R^+}=\frac{1-X+R_2}{R^-}=\frac{2-X}{R^-} \tag{2.5}$$

式（2.5）用到了 R_2、R_3 等于 1kΩ，式中有 R^+ 和 R^- 两个未知数，为了求得 R^+ 和

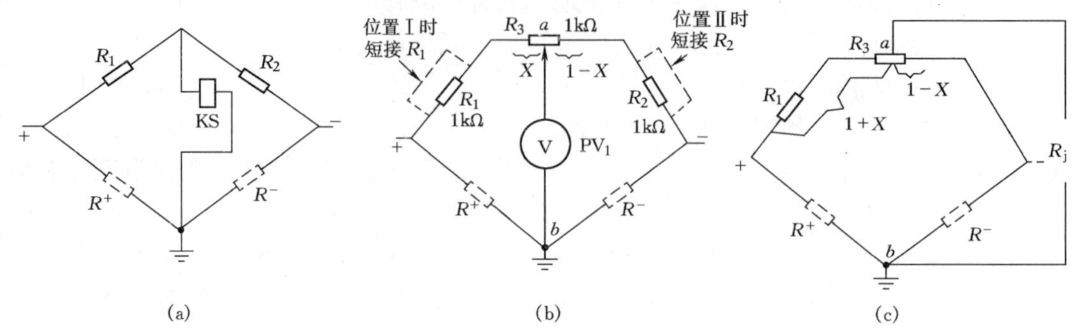

图 2.13　绝缘监察装置的测量电桥

(a) 信号部分等值电路；(b) 对地绝缘下降时的等值电路；(c) 测量电桥的等效电阻

R^-得的值，还必须建立另一个独立方程，才能联立求解。

(3) 保持电位器 R_3的触头位置不变，将 SA1 切换到“测量 II”的位置，此时 SA1 的触点②-③和⑮-⑭接通，R_2被短接。此时，电压表 PV_1 指示（电阻档的读数）即为直流系统对地的总绝缘电阻 R_j，如图 2.13（c）所示。R_j实际上是从电桥的两个端点 a、b 两点看进去的等效电阻。一般来说，即使 R^+ 对地绝缘下降，其阻值也在十几 kΩ 以上，两个桥臂电阻（$1+X$）和（$1-X$）与之相比可忽略不计，故 R_j近似为

$$R_j = \frac{R^+R^-}{R^+ + R^-} \tag{2.6}$$

将式（2.5）与式（2.6）联立求解，可得正极对地绝缘下降时的绝缘电阻为

$$R^+ = \frac{2}{2-X}R_j, \quad R^- = \frac{2}{X}R_j \tag{2.7}$$

用类似的方法，可以求得负极对地绝缘下降时的绝缘电阻为

$$R^+ = \frac{2}{1-X}R_j, \quad R^- = \frac{2}{2+X}R_j \tag{2.8}$$

2.3.2.3　微机直流绝缘监察装置

微机直流系统绝缘监察装置的基本功能与上述电磁型装置一致。WZJ 微机型直流系统绝缘监察装置原理方框图如图 2.14 所示，该装置具有以下基本功能。

(1) 常规监测。如图 2.14（a）所示，通过电压信号采集单元取出直流母线“+对地”和“−对地”电压，送入 A/D 转换器经微机作数据处理后，数字显示正、负母线对地电压值和绝缘电阻值。当电压过高或过低、绝缘电阻过低时发出报警信号，报警整定值可自行选定。

(2) 对各分支回路绝缘的巡回检查。各分支回路的正、负出线上都套有一小型电流互感器（如 TA1)，并用一低频交流信号源作为发送器，通过两隔直耦合电容 C 向直流系统正、负母线发送交流信号。由于通过互感器的直流分量大小相等，方向相反，它们产生的磁场相互抵消，而通过发送器发送至正、负母线的交流信号电压幅值相等、相位相同。图 9.14（b）是交流等效电路。当绝缘正常时，绝缘电阻 R_j^+、R_j^- 很大，流过隔直电容的电流 i_1、i_2（也就是流过 TA 一次侧的电流）约等于零，TA 二次侧感应电压 e 约等于零。当某负荷分支对地绝缘下降时，R_j^+ 或 R_j^- 变小，电流 i_1 或 i_2 增大，在 TA 二次侧感应出

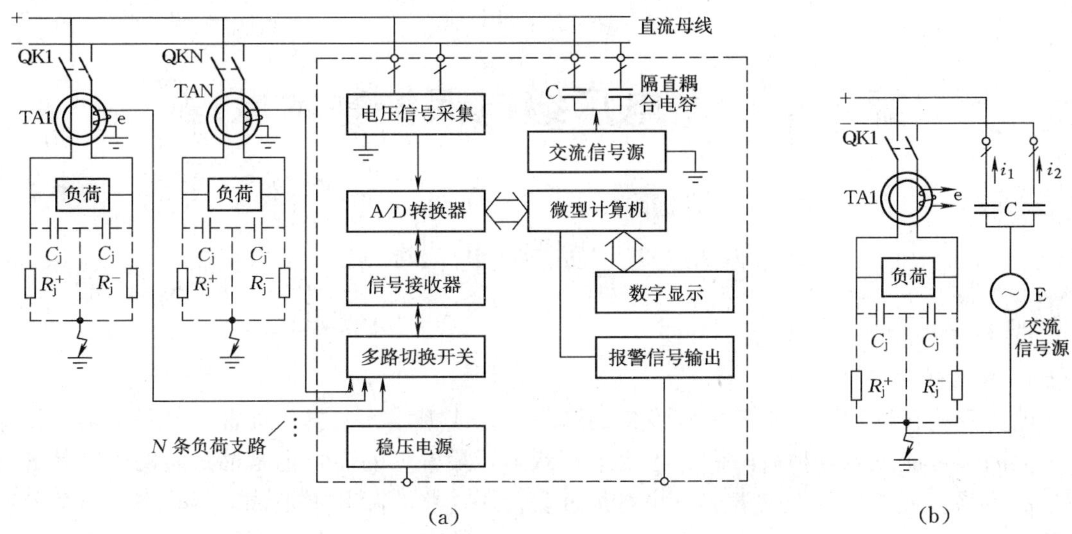

图 2.14 WZJ 微机型绝缘监察装置原理图

(a) 原理方框图；(b) 交流等效电路

电压 e。这样，通过测量 e 的大小就可反映负荷和线路对地绝缘情况。在微机的控制下，多路切换开关轮流将 N 个直流负荷支路的互感器 TA 二次侧信号取出，送入 A/D 转换器，经微机作数据处理后，数字显示绝缘电阻值和支路序号。整个绝缘监测是在不切断分支回路的情况下进行的，因而提高了直流系统的供电可靠性。

复 习 思 考 题

1. 对电气主接线有哪些基本要求？
2. 背画电气主接线与厂用电接线。
3. 简述双母线和 3/2 接线的大型机组电气主接线的组成与特点。
4. 简述 300MW 机组与 600MW 机组典型厂用电系统的组成与特点，比较其异同。
5. 高压厂用备用电源取用方式有哪些？它们对运行有什么影响？
6. 厂用低压备用电源有哪两种备用方式？各有何特点？试述保安电源的两种工作方式及其切换注意事项。
7. 厂用电系统中性点有哪几种接地方式？各有何特点？
8. 何谓“PC”？何谓“MCC”？它们如何分工？如何取得电源？
9. 在发电厂电气设备倒闸操作中，哪些地方要考虑同期问题？
10. 简述铅酸蓄电池的充、放电过程。
11. 试述直流系统的组成。
12. 简述直流绝缘监察装置的基本原理。

第3章　发电厂继电保护基本原理

3.1　继电保护概述

3.1.1　继电保护的作用与基本原理

1. 继电保护的作用

电力系统在运行中，由于电气设备的绝缘老化或损坏、雷击、鸟害、设备缺陷或误操作等原因，可能发生各种故障和不正常运行状态，最常见的而且也是最危险的故障是各种类型的短路。最常见的不正常运行状态是过负荷。这些故障和不正常运行状态严重危及电力系统的安全可靠运行。除了应采取提高设计水平、提高设备的制造质量、加强设备的维护检修、提高运行管理质量、严格遵守和执行电业规章制度等项措施，尽可能消除和减小发生故障的可能性之外，还必须做到一旦发生故障，能够迅速、准确、有选择性地切除故障设备，防止事故的扩大，迅速恢复非故障部分的正常运行，以减小对用户的影响。当电力系统出现不正常运行状态时，应能及时发现并尽快处理，以免引起设备故障。由于不少故障几乎是瞬间即逝的，要在极短的时间内实现对故障的正确处理，只能借助于继电保护装置才能实现。

所谓继电保护装置，就是指能反应电力系统中电气设备所发生的故障或不正常状态，并动作于断路器跳闸或发出信号的一种自动装置。它的基本作用是：

（1）当电力系统发生故障时，能自动地、迅速地、有选择性地将故障设备从电力系统中切除，以保证系统其余部分迅速恢复正常运行，并使故障设备不再继续遭受损坏。

（2）当系统发生不正常工作情况时，能自动地发出信号通知运行人员进行处理。

可见，继电保护装置是电力系统必不可少的重要组成部分，对保障系统安全运行、保证电能质量、防止事故的发生和故障的扩大，都有极其重要的作用。

2. 继电保护的基本原理

电气设备从正常工作到不正常工况或故障状态，它的电气量（如电流、电压的大小和它们之间的相位角等）往往会发生显著的变化，其显著特征就是电流增加、电压下降。根据故障时电流显著大于正常负荷值而动作的保护称为电流保护。

如图3.1所示，线路在正常工作时通过负荷电流，电流互感器TA的二次侧连接电磁型电流继电器KA的线圈，负荷电流所产生的电磁力小于继电器弹簧的拉力，因而继电器不动作，它的动合触点KA.1处于断开位置。当线路上d点发生短路时，电源供给的电流$\dot{I}_1$比正常负荷电流大得多，通过继电器线圈的电流$\dot{I}_2$和它所产生的电磁力都相应显著地增大，衔铁被吸合，使继电器KA的动合触点KA.1闭合，电源经L＋、保险FU、继电器触点KA.1断路器的辅助触点QF.1、跳闸线圈YT、保险FU到L－，形成回路，接通了断路器QF的跳闸线圈YT，铁芯被吸向上运动，撞开锁扣机构LO，断路器QF在弹

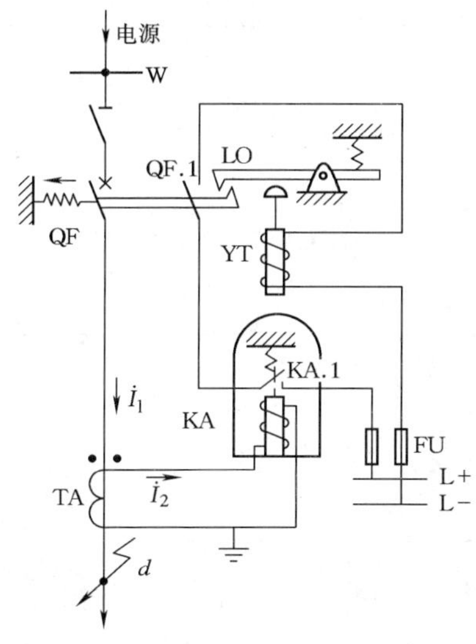

图 3.1 继电保护原理示意图

簧力作用下跳闸，切断了线路和电源的联系，故障即被切除。QF 跳闸时，它的辅助触点 QF.1 断开，切断了跳闸线圈中的电流，以防止 YT 长时间通电而烧损。故障点的短路电流消失后，继电器线圈中的电流也随即消失，继电器的触点在弹簧力的作用下返回断开位置。

可见，继电器是一种自动电器，当它的输入量达到其动作整定值时，它的输出状态发生突变而使断路器跳闸。

实际设备与系统的保护回路比图 3.1 的要复杂得多，一般要用二次回路图来描述。二次回路图是用二次设备特定的图形符号和文字符号，表示二次设备相互连接关系的电气接线图。在二次回路图中，为了说明各元件的连接状态，每个元件必须用具有一定特征的图形和文字符号来表示。表 3.1 列出了一些国际通用的二次设备图形符号，在表中称为新符号。在国家颁布新的图形符号的同时，旧的图形符号还在工程中大量采用，故将新旧符号对照列入表中，以便于读者查找。

表 3.1　　二次设备常用新旧图形符号对照

序号	名称	图形符号 新	图形符号 旧
1	一般继电器及接触器线圈		
2	热继电器驱动器件		
3	指示灯		
4	机械型位置指示器		
5	电容		
6	电流互感器		
7	仪表电流线圈		
8	仪表电压线圈		
9	电阻		
10	电铃		

序号	名称	图形符号 新	图形符号 旧
11	限位开关的动合（常开）触点		
12	限位开关的动断（常闭）触点		
13	机械保持的动合（常开）触点		
14	机械保持的动断（常闭）触点		
15	热继电器的动断（常闭）触点		
16	动合按钮		
17	动断按钮		
18	蜂鸣器		
19	切换片		

续表

序号	名　称	图形符号		序号	名　称	图形符号	
		新	旧			新	旧
20	连接片			27	接触器的动合（常开）触点		
21	动合（常开）触点			28	接触器的动断（常闭）触点		
22	动断（常闭）触点			29	非电量继电器的动合（常开）触点		
23	延时闭合的动合（常开）触点			30	非电量继电器的动断（常闭）触点		
24	延时断开的动合（常开）触点			31	继电器电压线圈		
25	延时闭合的动断（常闭）触点			32	继电器电流线圈		
26	延时断开的动断（常闭）触点			33	断路器辅助开关的动断触点		
				34	断路器辅助开关的动合触点		

顺便指出，在表 3.1 中，只表示了继电器的电压（电流）线圈，没有画出它的输出触点。实际上，线圈与触点是配合使用的，线圈通电时，它的动合触点闭合，动分触点断开；线圈失电时，它的动合触点断开，动分触点闭合。例如，在图 1.22 中，当合闸继电器 KO 通电时，它的动合触点 KO.1、KO.2 闭合，使合闸线圈 YC 通电。这样，用线圈与触点的组合既传递了控制信号，又实现了电气上的隔离，便于多种信号的综合。

3.1.2　对继电保护装置的基本要求

为完成继电保护的基本任务，对于动作于断路器跳闸的继电保护装置，必须满足以下四项基本要求。

1. 选择性

选择性是指电力系统发生故障时，继电保护仅将故障部分切除，保障其他无故障部分继续运行，以尽量缩小停电范围。例如，图 3.2 中线路 L4 上 d_1 点短路时，应只跳开断路器 QF4，仅将故障线路 L4 切除，而其他非故障线路应仍继续运行，而不能因为变压器 T 也有短路电流通过而将断路器 QF2 跳开，这就是保护的选择性。此时，如果 QF2 跳闸了，就称为“误动作”，因为这将造成母线 W3 失电，扩大了停电范围。但是，当 d_1 点短路时，由于某种原因（如跳闸回路某点接触不良导致跳闸回路不通）导致 QF4 拒动时，再跳开断路器 QF2 切除故障则是正确的，

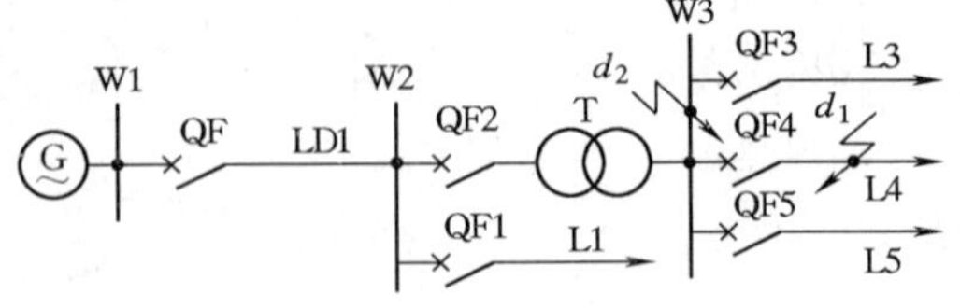

图 3.2　继电保护选择性说明图

仍属于有选择性。继电保护的这种功能称为后备保护，即变压器 T 的保护装置起到了对相邻元件（此处为 L3、L4、L5 线路）后备保护的作用。当后备保护动作时，停电范围虽有所扩大，但仍是必要的，否则，当保护装置或断路器拒动时，故障无法消除，后果将更严重，例如可能将变压器 T 烧毁，或 QF 跳闸。若 QF 跳闸，造成的停电范围更大。

如果在 d_2 点发生短路，应当只跳开断路器 QF2，切除故障，让母线 W2 及线路 L1 继续运行。

继电保护装置的选择性，是依靠采用适当类型的继电保护装置和正确选择其整定值，使各级保护相互配合而实现的。如 d_1 点短路时，变压器检测到外部故障，经延时等待 QF4 跳闸，若在等待时间内 QF4 跳闸，则故障切除，QF2 不跳；若规定的延时时间到而 QF4 未动，则线路的后备保护，即变压器过电流保护动作使 QF2 跳闸而切除故障。这种本应由 QF4 跳闸，QF4 拒动而要 QF2 跳闸称为越级跳闸。

2. 快速性

为了保证电力系统运行的稳定性和对用户可靠供电，以及避免或减轻电气设备在事故时所遭受的损害，要求继电保护装置尽快地动作，切除故障部分。但是，并不是对所有的故障情况，都以同样的速度快速切除故障。因为提高快速性会使继电保护装置变得复杂，增加投资，有时也可能影响选择性。如上例 d_1 点短路时，QF2 的过流保护就应延时动作，在设定的等待时间内 QF4 不动时，才启动 QF2 跳闸。因此，应根据被保护对象在电力系统中的地位和作用以及故障的程度来确定其保护的动作速度。例如：对大容量的发电机和变压器要求保护装置的动作时间在工频几个周期之内；对高压和超高压输电线路，要求保护装置的动作时间在工频 1～2 个周期之内，但对于某些电压等级较低的线路，则允许 1～2s，甚至更长些。后备保护的动作时间，要求大于主保护的动作时间。还有，为减小短路电流对电气设备的伤害，同一设备的保护，通过短路电流越大时，要求保护动作越快。

3. 灵敏性

灵敏性是继电保护装置对其保护范围内发生的故障或不正常工作状态的反应能力，一般以灵敏系数 K_S表示。例如：某线路电流保护的电流继电器的整定值为 6A，短路时测量到短路电流值为 12A，那么它的灵敏系数就为 2。灵敏系数 K_S越大，说明保护的灵敏度越高。

4. 可靠性

可靠性是指当保护范围内发生故障或不正常工作状态时，保护装置能够可靠动作而不致拒绝动作；而在电气设备无故障或在保护范围以外发生故障时，保护装置不发生误动。保护装置拒绝动作或误动作，都将扩大事故或直接产生事故。因此，提高保护装置的可靠性是非常重要的。继电保护装置的可靠性，主要取决于接线的合理性、继电器的制造质量、安装维护水平、保护的整定计算和调整试验的准确度等。

以上对继电保护装置所提出的四项基本要求是互相紧密联系的，有时是相互矛盾的。例如：为了满足选择性，有时就要求保护动作必须具有一定的延时，影响了快速性；为了保证灵敏度，有时就允许保护装置先无选择地动作，再采用自动重合闸装置进行纠正；有时需要降低整定值（如过电流定值），这在一定程度上降低了选择性；为了保证快速性和灵敏性，有时就采用比较复杂和可靠性稍差的保护。总之，要根据具体情况（被保护对象、电力系统条件、运行经验等），分清主要矛盾和次要矛盾，统筹兼顾，力求相对最优。

为了提高保护的可靠性，设备或线路配置的保护往往不止一种，一般有主保护和后备保护。主保护是满足系统稳定和设备安全要求，能以最快速度有选择性地切除被保护设备或线路故障的保护。后备保护是当主保护或断路器拒动时，用来切除故障的保护。后备保护又分为远后备保护和近后备保护。远后备保护是当主保护或断路器拒动时，由相邻设备或线路的保护来实现的后备保护；近后备保护是当主保护或断路器拒动时，由本设备或本线路的另一套保护来实现的后备保护。对于重要的被保护元件（如发电机和主变压器）或线路，还要求主保护双重化，即同一被保护对象配置有两套相互独立的主保护。

3.2　电流保护与阻抗保护

根据选择性的要求，当输电线路或设备发生故障时，保护装置应不仅能动作，还要根据故障发生的地点和程度有选择地动作。为使保护动作具有选择性，必须有针对性地选用不同类型的保护，阶段式电流保护与阶段式阻抗保护是能实现选择性的最基本的保护。

3.2.1　电流速断保护

为使保护满足快速性的要求，常在电气设备或线路中选用电流速断保护。当设备或线路发生短路故障时，流过设备或线路的电流大大增加，反应电流增大而瞬时动作的保护称为瞬时电流速断保护，简称电流速断保护。

1. 电流速断保护的工作原理

如图 3.3 所示的单侧电源电网中，各段线路的始端都装有电流速断保护。图中，假定线路 L1 和 L2 分别装有电流速断保护①和保护②。根据选择性要求，电流速断保护的动作范围不能超出自身被保护线路。对保护①而言，在相邻线路 L2 首端 d_2 点发生短路时不应动作跳开 QF_1，而应由保护②动作跳开 QF_2 来切除故障。因此，电流速断保护①的动作电流应大于 d_2 点短路时流过保护①安装处的最大短路电流。而在相邻线路 L2 首端 d_2 点短路时的最大短路电流和线路 L1 末端（即 W_B 母线上）短路时的最大短路电流几乎相等，因此保护①电流速断保护的动作电流应按大于本线路末端短路时流过保护①安装处的最大短路电流来整定，即

$$I_{\mathrm{OP1}}^{\mathrm{I}} = K_{\mathrm{rel}}^{\mathrm{I}} I_{\mathrm{kBmax}} \tag{3.1}$$

式中：$I_{\mathrm{OP1}}^{\mathrm{I}}$为保护①瞬时电流速断保护动作电流；$K_{\mathrm{rel}}^{\mathrm{I}}$为可靠系数，考虑到继电器的整定误差、短路电流计算误差等而引入的大于 1 的系数，一般取 1.2～1.3；I_{kBmax}为被保护线路 L1 末端 W_B 母线上三相短路时流过保护①安装处的最大短路电流。

由于输电线路阻抗的存在，短路点离保护安装点越远，即线路 l 越长，短路电流越小。按式（3.1）整定的保护只能保护本线路靠首端的一部分（一般为从线路首端开始，线路全长的 30%～40%）。故线路末端发生短路时，该保护不能动作，把这部分不能动作的区域称为电流速断保护的死区。也就是说，电流速断保护不能保护线路的全长，因此，线路上只有电流速断保护是不够的。

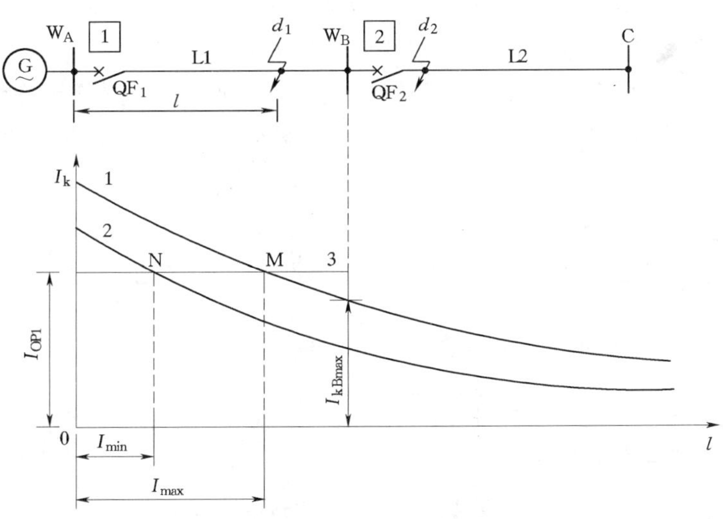

图 3.3　瞬时电流速断保护动作特性分析

2. 电流速断保护的原理接线

电流速断保护单相原理接线如图 3.4 所示，由电流继电器 KA、中间继电器 KM、信号继电器 KS 组成。当线路正常运行时，流过线路的电流是负荷电流，经电流互感器 TA 二次侧流入电流继电器 KA 的电流小于 KA 的动作电流 I_{OP1}^{I}，电流继电器 KA 不动作。当被保护线路电流速断保护范围内发生短路时，短路电流大于电流速断保护的动作电流值，KA 线圈励磁，其动合触点 KA.1 闭合，接通中间继电器 KM 的电源。KM 的动合触点 KM.1 闭合，接通起动信号继电器 KS 和跳闸线圈 YT 的电源（通过断路器的动合辅助触点 QF.1），YT 励磁使断路器 QF 跳闸切除故障线路。KS 的动合触点 KS.1 闭合发出保护动作掉牌信号，指示该套保护已动作。当靠近线路的末端发生短路时，由于流入电流继电器 KA 的电流小于 KA 的动作电流，电流速断保护不动作。

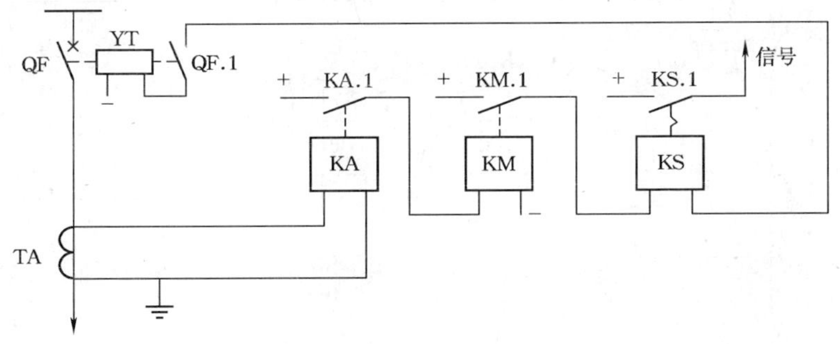

图 3.4　瞬时电流速断保护原理接线

3.2.2　阶段式电流保护

1. 限时电流速断保护

由于瞬时电流速断保护不能保护线路的全长，必须设置另一保护，来切除本段线路速断保护区外的故障。以较小的延时快速切断本段线路全范围以内故障的电流保护，称为限时电流速断保护。由于要求限时电流速断保护必须保护本段线路的全长，它的保护范围必然要延伸到下一段线路。这样，当下一段线路入口处发生短路时，它也要启动，如图 3.5 所示中的 d_2 点短路，保护①的限时电流速断保护要启动。为了保证选择性，保护必须有一定的动作时限，当 d_2 点短路时，让保护②的瞬时电流速断保护先出口，跳开断路器 QF2。

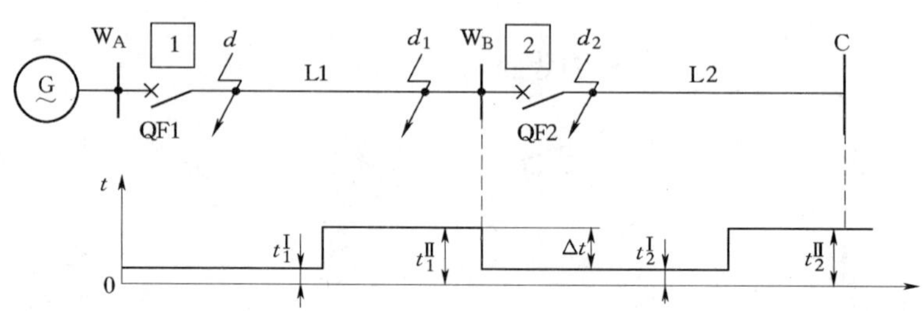

图 3.5　限时电流速断保护与瞬时电流速断保护动作时限的配合

如图 3.5 所示，设保护①电流速断保护的固有动作时间为 t_1^{I}，限时电流速断保护的动作时间为 t_1^{II}；保护②电流速断保护的固有动作时间为 t_2^{I}，限时电流速断保护的动作时间为 t_2^{II}。当保护①的下一段线路 L2 入口 d_2 点短路时，为保证保护的选择性，应 t_1^{II} 比 t_2^{I} 长一个时限级差 Δt，即

$$t_1^{\mathrm{II}} = t_2^{\mathrm{I}} + \Delta t \tag{3.2}$$

在保证选择性的条件下，Δt 应尽可能小，其大小取决于断路器的跳闸时间与保护装置的误差，一般取 0.3～0.6s。t_1^{I} 反映保护装置本身的性能，一般小于 0.1s。

限时电流速断保护原理接线与瞬时电流速断保护相似，在图 3.4 中，只要将中间继电器 KM 换成时间继电器 KT，让其延时闭合的触点 KT.1 接通断路器分闸回路即可，如图 3.6 所示。

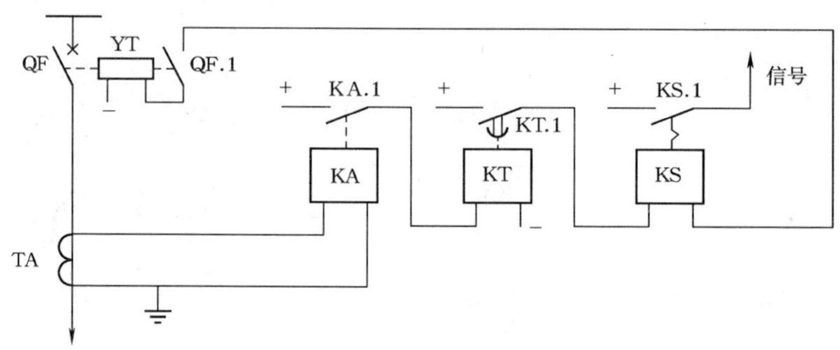

图 3.6　限时电流速断保护原理接线图

2. 定时限过电流保护

为防止本段线路电流速断保与限时电流速断保护拒动，以及下一级线路的保护或断路器拒动，可以装设定时限过电流保护，作为后备保护。定时限过电流保护的动作电流按躲过最大负荷电流整定。正常运行时它不应起动，而在电路中发生短路时启动，并以延时来保证动作的选择性，保护动作于跳闸。

如图 3.7 所示，过电流保护①、②、③分别装设在线路 L1、L2、L3 靠电源的一端。当线路 L3 上 d_3 点发生短路时，短路电流流过保护①、②、③。短路电流一般大于保护装置①、②、③的定时限过电流动作整定值。所以，保护①、②、③将同时启动。但根据选择性的要求，应该由距离故障点最近的保护③动作，使断路器 QF3 跳闸切除故障。而保护①、②则应在断路器 QF3 跳闸，L3 上的故障切除后立即返回，防止 QF1、QF2 误跳。要满足故障切除后，保护①、②立即返回的要求，必须依靠保护装置不同的动作时限来保证。用 t_1、t_2、t_3 分别表示保护装置①、②、③的动作时限，则有

$$t_1 > t_2 > t_3;\ t_1 = t_2 + \Delta t;\ t_2 = t_3 + \Delta t \tag{3.3}$$

Δt 一般取 0.5s。由图 3.7 可知，各保护装置动作时限的大小是从用户到电源逐级增加的，越靠近电源，过电流保护动作时限越长，其形状类似阶梯，故称为阶梯形时限特性。定时限过电流保护的原理接线与限时电流速断保护的相同，只是各段时间继电器的动作时限不同而已。

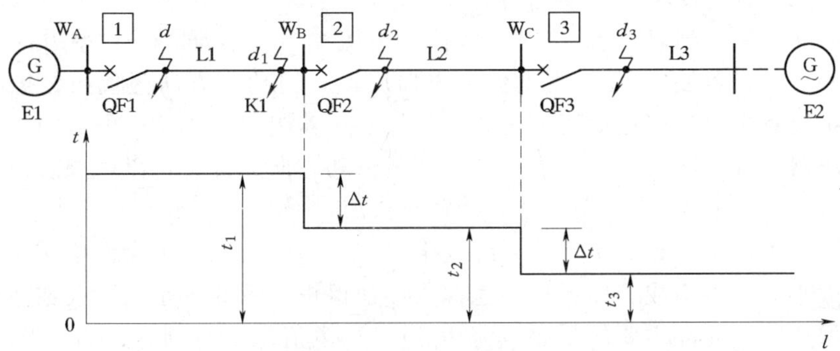

图 3.7 定时限过电流保护工作原理图

3. 阶段式电流保护

电流速断、限时电流速断和定时限过电流保护都是反应电流增大而动作的保护。电流速断保护能快速切除故障，但不能保护本段线路的全长；限时电流速断可以保护本段线路全长，但保护范围要延伸到下一段线路；过电流保护能保护本段和下一段线路的全长，但动作时限较长。为了迅速而又有选择性地切除故障，可将三种保护组合在一起构成一整套保护装置，称为阶段式电流保护。具体使用时，可三种保护都采用构成三段式保护，电流速断称为第Ⅰ段，限时电流速断称为第Ⅱ段，过电流保护称为第Ⅲ段。也可以采用电流速断与过电流保护、或限时速断与过电流保护，构成两段式电流保护。

在图 3.7 中，假定保护①和保护②都是三段式电流保护。在线路 L1 首端 d 点短路时，保护①的Ⅰ、Ⅱ、Ⅲ段都启动，由Ⅰ段将故障瞬时切除，Ⅱ段和Ⅲ段返回；在线路 L1 末端 d_1 点短路时，Ⅱ段、Ⅲ段启动，Ⅱ段以 0.5s 时限切除故障，Ⅲ段返回；若Ⅰ段、Ⅱ段拒动，则Ⅲ段以较大的延时跳开 QF1 切除故障。因此，过电流保护起到了近后备保护的作用。当线路 L2 的 d_2 点发生故障时，应由保护②动作跳开 QF2 切除故障，但若保护②或 QF2 拒动，则保护①的Ⅲ段（或Ⅱ段）动作使 QF1 跳闸，即远后备保护作用。这种本应由 QF2 跳闸切除的故障因故由 QF1 跳闸来切除，称为越级跳闸，扩大了故障停电

的范围。

4. 方向电流保护与零序电流保护

（1）方向电流保护。阶段式电流保护，为了保持其选择性，必须采用不同的动作整定值和不同的动作时限，构成比较繁琐，当电网参数变化时，特别是对于双侧电源供电（在图 3.7 中接入电源 E2）的系统，难以满足要求。若能测量短路电流的流向，保护选择性就容易满足。例如，在图 3.7 中，当线路 L2 的 d_2 点发生短路时，对于母线 W_B 和保护②而言，流经保护的电流（功率）是增加的，且为正（由母线流向线路设定为正，由线路流向母线为负）；对于母线 W_C 和保护③而言，流经保护的电流（功率）是减少的，或为负（当电源 E2 接入时）。若能判别短路电流（功率）的方向，就能定位故障是发生在哪段线路，使主保护能有选择地动作。但是，电流保护测量的是正弦电流的有效值，无法判定电流流向。功率表的测量值是有正、负的，母线流向线路的功率为正，反之为负。电路功率的方向是由电压与电流的相位决定的，可以利用功率的正、负来判别电流的流向。判别电流方向的测量元件称为功率方向继电器。

有了方向元件后，当 d_2 点短路时，保护②电流继电器启动，且功率方向为正，保护动作；对于保护③，若接入 E2，则电流继电器启动，但功率方向为负，保护不动作。方向元件在保护装置中得到广泛应用，例如，测量变压器出口短路功率的流向，可以判断短路是发生变压器内部、还是在外部。利用电流元件和方向元件，可以构成阶段式方向电流保护。

（2）零序保护。中性点直接接地系统发生单相接地时，系统中会产生零序电流。测量零序电流的大小，可以构成零序保护，也称为接地保护。图 3.8 是三段式零序电流保护原理接线图。保护电流元件需要的零序电流 I_0 由三相电流求和得到。1KA、2KA、3KA 和 1KS、2KS、3KS 分别为零序电流速断、限时零序电流速断、零序过电流的电流元件和信号继电器，1KT、2KT 分别是Ⅱ段、Ⅲ段的时间继电器。当线路首端接地时，1KA、2KA、3KA 同时动作，1KA 经 KM、1KS 接通跳闸线圈 YT，使 QF 跳闸。当线路末端接地时，2KA、3KA 同时动作，时间继电器 1KT、2KT 同时启动，但 1KT 以较小的延时使其触点 1KT.1 闭合，经 2KS 接通跳闸线圈 YT，使 QF 跳闸。零序Ⅲ段作为本段线

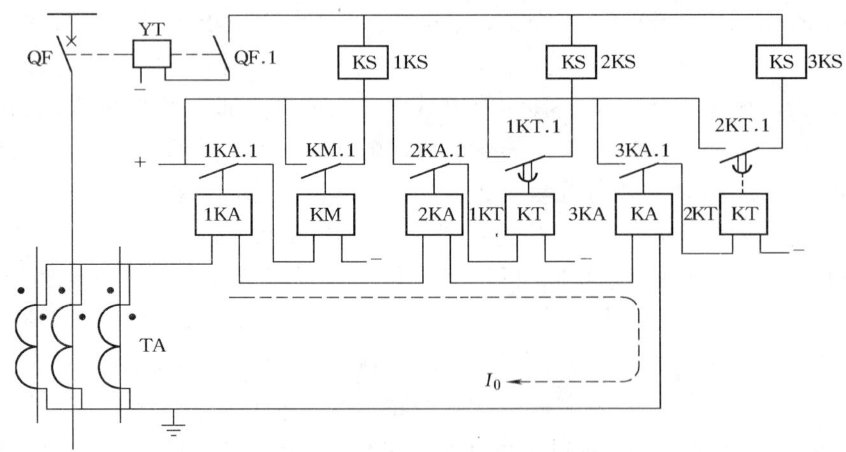

图 3.8　三段式零序电流保护原理接线

路和下一段线路的后备保护。

3.2.3 阻抗保护

1. 阻抗保护的基本原理

系统发生短路故障时，电流增大和电压降低是同时存在的，但电流保护仅根据电流增大而动作，有时灵敏度不能满足要求，特别是系统运行方式发生变化时。若根据母线电压和线路电流的比值动作，则灵敏度更高，这种保护称为阻抗保护。如图 3.9 所示，设保护①和保护②都为阻抗保护，保护②安装处母线电压为 $\dot{U}_2$，从母线流向线路的电流为 $\dot{I}_2$，当线路 L2 的 d 点短路时，保护②测量得到的阻抗为

$$Z_k = \frac{\dot{U}_2}{\dot{I}_2} = L_k(r + jx) = z_k \angle \varphi_d \tag{3.4}$$

式中：L_k 为母线 W_B 到短路点 d 的距离；r、x 分别为单位长度输电线路电阻和电感；z_k 为 Z_k 的模；φ_d 为 Z_k 的阻抗角。

可见，短路点离保护安装点越近，短路阻抗 z_k 越小。所以，阻抗保护又称为距离保护。设 L1 的线路阻抗为 Z_{AB}，L2 的线路阻抗为 Z_{BC}，若 z_{zd} 为保护②的阻抗整定值，则 $z_{zd} \leqslant |Z_{BC}| = z_{BC}$。当保护②测量的阻抗值

$$|Z_K| = z_k \leqslant z_{zd} \tag{3.5}$$

时，就可以判断保护范围内发生了短路故障，保护②动作出口使断路器 QF2 跳闸。

由于测量阻抗 Z_K 只与故障点到保护安装处的距离有关，所以系统运行方式变化对阻抗保护的影响较小。值得一提的是，阻抗保护是反应电压降低和电流增大而动作的保护，当母线电压互感器故障使保护失去电压时，测量电压为零，处理不当保护可能误动，运行中应予以注意。

阻抗保护的动作时限 t 与故障点至保护安装处之间距离的 l 的关系，如图 3.9 (a) 所示，称为阻抗保护的时限特性。与电流保护类似，也可以采用三段式阶梯时限特性。为了保证选择性，瞬时动作的距离Ⅰ段保护范围为被保护段线路全长的 80%～85%，对于保护②而言，距离Ⅰ段的整定值应 $z_{zd1}^{\mathrm{I}} < z_{BC}$，$t_2^{\mathrm{I}}$ 是保护②的固有动作时间。距离Ⅱ段的保护范围不超过相邻下一段线路距离Ⅰ段的保护范围，在时限上与下一段线路距离Ⅰ段的动作时限配合，即 $t_2^{\mathrm{II}} = t_3^{\mathrm{I}} + \Delta t$。Ⅰ段、Ⅱ段共同作为线路的主保护。距离Ⅲ段作为主保护的后备保护，按躲过正常运行时最小负荷阻抗整定，其动作时限为 $t_2^{\mathrm{III}} = t_3^{\mathrm{II}} + \Delta t$。

按保护检测故障的性质分，有接地距离保护和相间距离保护。接地距离保护测量相电压与相应相电流的比，反应接地短路故障，相间距离保护测量线电压与相应线电流的比，反应相间短路故障。

2. 阻抗继电器的动作特性

由式 (3.4) 可知，在复平面上，测量阻抗 Z_K 可以表示成 $R+jX$ 的复数形式，若线路 L1 与 L2 的阻抗相等，$Z_{AB}=Z_{BC}$。以线路 L2 的起点（W_B 母线）为复平面原点，将线路阻抗表示在复平面上，则保护②正方向故障时的测量阻抗 Z_K 在第一象限，落在直线 BC 上，BC 线与 r 轴的夹角 φ_d 为线路的阻抗角，保护②反方向故障时的测量阻抗在第三象限，即落在 AB 线上，如图 3.9 (b) 所示。由此看来，若保护②距离Ⅰ段的整定值 z_{zd2}^{I}

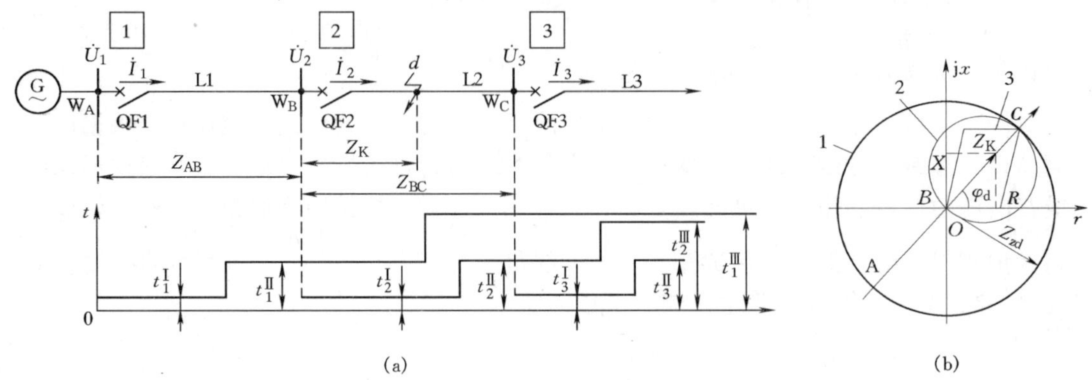

图 3.9　阻抗保护的动作特性与时限特性

(a) 三段式距离保护的阶梯时限特性；(b) 阻抗继电器动作特性

1—全阻抗继电器；2—方向阻抗继电器；3—微机中的阻抗继电器

$<0.85z_{BC}$，整定阻抗角 $\varphi_{zd2}=\varphi_d$，则 Z_{zd2}^{I} 在复平面上的位置必然在 BC 线上，即直线 BC 为保护动作区。直线以外为非动作区。

这实际上是不可能的，因为互感器的测量误差、故障点并非一定为金属性短路，可能存在一定过渡电阻，测量阻抗不可能正好落在 BC 线上。为使保护范围内故障时阻抗继电器能可靠动作，必须扩大动作区。实际上，式（3.5）表示的动作特性，从数学上看，是一个以 z_{zd} 为半径的圆，圆内为动作区，圆外为非动作区，称为全阻抗继电器，如图 3.9（b）所示中的曲线 1。

采用全阻抗继电器时，在保护的反方向发生故障时，保护也会动作，如图 3.9 所示，当保护②的反方向，即线路 L1 上发生短路时，保护②的测量阻抗落在 AB 线的附近，即全阻抗特性圆在第三象限的区域。为保证选择性，又不另加方向元件，可以采用方向阻抗继电器，它是以 BC 线中点为圆心，以 $Z_{zd}/2$（$Z_{zd}\leqslant Z_{BC}$）为半径的圆，如图 3.9（b）所示中的曲线 2。其数学表达式为

$$\left|Z_K-\frac{Z_{zd}}{2}\right|\leqslant Z_{zd}/2 \tag{3.6}$$

从图中可以看出，方向阻抗继电器的动作区在第一象限阻抗圆内，不包括第三象限，即保护的反方向故障时不会动作。在微机保护中，用代数方程式规定保护动作区，简单方便，其动作区设计更加灵活，图 3.9（b）中曲线 3 表示四边形规定的阻抗继电器的动作特性，显然具有很好的方向性。

3.3　变压器保护

电力变压器的继电保护是根据变压器可能发生的故障和不正常工作状态而配置的。

变压器的故障可分为变压器内部故障和外部故障。内部故障有：绕组的相间短路与匝间短路、中性点直接接地系统绕组的接地短路等。变压器内部故障是很危险的，因故障点的电弧会损坏绕组绝缘与铁芯，而且使绝缘物质剧烈气化，由此可能引起油箱爆炸。变压

器外部的故障主要有：绕组引出线和套管上发生的相间短路和接地短路。变压器的不正常运行状态主要有过负荷、外部短路引起的过电流、外部接地故障引起的中性点过电压、油箱油面降低、系统过电压或频率降低引起的过励磁等。针对上述情况，变压器一般配备如下保护：

（1）瓦斯保护（也称气体保护）。瓦斯保护用来反应变压器内部各种短路故障及油面降低，其中轻瓦斯动作于信号，重瓦斯保护作用于跳开变压器各侧断路器。

（2）纵差保护或电流速断保护。对于变压器绕组、引出线及套管的各种短路故障，装设纵差保护或电流速断保护。

（3）过电流保护或负序电流保护。对变压器外部相间短路引起的过电流，采用过电流保护。当过电流保护的灵敏性不满足要求时，可采用复合电压起动的过电流保护或负序电流保护。过电流保护同时作为变压器内部相间短路的后备保护。

（4）零序电流保护。对于直接接地系统中的变压器，一般装设零序电流保护，用以反应变压器外部接地短路引起的过电流，同时作为变压器内部接地短路的后备保护。

（5）过负荷保护。过负荷保护用以反应由于对称性过负荷引起的过电流。保护延时动作于信号。

（6）过励磁保护。过励磁保护用于大容量变压器，反应变压器过励磁，动作于信号或跳开变压器。

3.3.1 变压器的主保护

3.3.1.1 变压器纵差保护

1. 变压器纵差保护的基本原理

纵差保护是利用比较被保护元件两侧电流幅值和相位的原理构成的。在发电机、变压器、母线及大容量电动机上获得了广泛的应用。满足保护的选择性要求，对纵差保护来说，就是要在变压器内部故障时，保护动作；正常运行和变压器外部故障时，保护不动作。如图 3.10 所示，为实现变压器纵差保护，要在变压器的高压侧和低压侧出口分别设电流互感器 TA1 和 TA2，并按图中所示的同名端关系进行连接。图 3.10（a）表示正常运行或外部故障、如 d 点故障时，电流 $\dot{I}_1$ 经高压母线 W1、开关 QF1 流入 TA1 和变压器一次侧。按同名端约定，TA1 的二次侧电流 $\dot{I}'_1$ 应从同名端流出，方向如图 3.10 所示；变压器二次侧电流 $\dot{I}_2$ 则经 TA2、QF2 流入母线 W2，由于 $\dot{I}_2$ 是从 TA2 的同名端流出的，根据同名端的含义，TA2 的二次侧电流 $\dot{I}'_2$ 应从 TA2 的同名端流入，如图 3.10 所示。于是，流过差动继电器 KD 的电流为

$$\dot{I}_D = \dot{I}'_1 - \dot{I}'_2 \tag{3.7}$$

若母线 W1 和 W2 的电压相等，$\dot{I}_2$ 应等于 $\dot{I}_1$，变压器一次、二次侧电压不等时，适当选择 TA1、TA2 的变比，可使

$$\dot{I}_D = \dot{I}'_1 - \dot{I}'_2 = 0 \tag{3.8}$$

综上所述，若正确选择电流互感器的变比和接入时的极性，则当变压器正常运行或外部故障时，流过差动继电器的电流等于零，保护不动作。

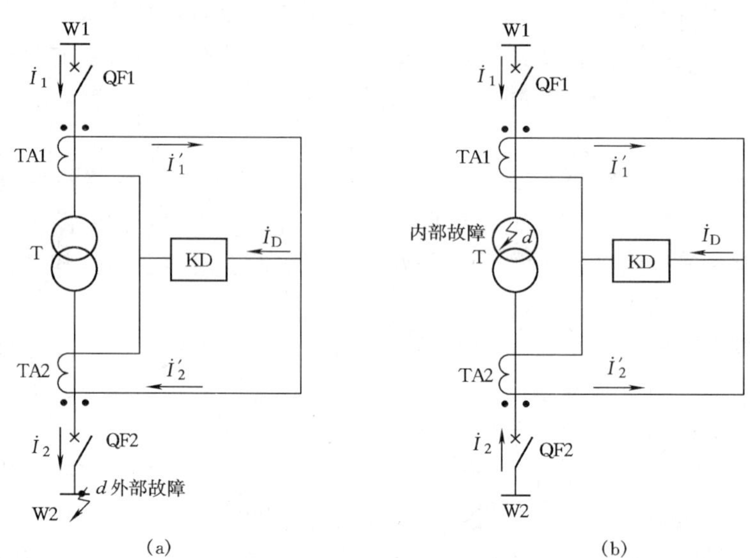

图 3.10　纵差保护原理

图 3.10（b）表示的是变压器内部故障时的情况。这时，变压器一侧、二侧电流 $\dot{I}_1$、$\dot{I}_2$ 均由母线流向变压器，与图 3.10（a）相比，$\dot{I}_2$ 的相位变化 180°，$\dot{I}'_2$ 的相位也应相应变化 180°，如图 3.10 所示。于是，流过差动继电器 KD 的电流为

$$\dot{I}_D = \dot{I}'_1 + \dot{I}'_2 \tag{3.9}$$

其值为短路点的总电流，当 I_D 大于预先设定的整定值时，将使保护动作，开关 QF1、QF2 跳闸。可以看出：两个 TA 任何一个极性接错，都会使保护拒动或者误动。

需要指出的是，三相变压器常采用 Y，d11 连接方式，这时一次、二次侧电流有 30° 相位差，在变压器正常运行时式（3.8）就不能成立。为此要进行相位补偿，即在变压器接成星形的一侧，TA 要采用三角形连接；而变压器接成三角形的一侧，TA 要采用星形连接，从而使正常运行时高压、低压二次侧相应相的电流同相位。

2. 影响纵差保护性能的因素

保护的可靠性，就是指保护装置该动时不拒动，不该动时不误动。纵差保护要满足可靠性的要求，还有一些问题需要考虑。例如，在变压器空载合闸时，励磁涌流的存在就有可能使保护误动。因为此时变压器二次侧没有电流，一次侧的励磁涌流无法得到平衡，可能使差动继电器动作。虽然励磁涌流只在空载合闸时几秒到二十几秒内存在，可以通过延时躲过这段时间，但这又不满足继电保护快速性的基本要求，因为该动作时动作慢了，也会扩大事故。此外，由于 TA1、TA2 的电压等级、额定电流不同，电流互感器型号不同，测量误差的存在等因素，在变压器正常运行条件下也会有不平衡电流，尤其是当变压器保护区外故障时，流过差动继电器的不平衡电流可能使保护误动。对于互感器测量误差引起的不平衡电流，可以通过提高差动保护整定值来解决，使差动保护的动作电流大于正常运行和保护范围外故障时最大可能不平衡电流。但是，如果整定值过高，又会影响继电保护灵敏性。如果差动保护动作电流过大，可能使它不能反映变压器较轻的短路，使之发展成

严重故障。所以，要提高保护性能，必须设法克服不平衡电流的影响。下面简要介绍两种方法。

（1）比率制动的差动保护。如图 3.11 所示，比率制动式差动保护由电抗变压器 TX1、TX2 两个整流桥 UB1 和 UB2、滤波电路 C_1、R_1、C_2、R_2等组成。TX1 和 TX2 各有一个相同匝数的二次线圈。TX1 的一次线圈 W_{cd} 称为工作线圈（或称差动线圈）；TX2 有两个相同匝数的一次线圈 W_{zd1} 和 W_{zd2}，称为制动线圈，两线圈的极性如图 3.11 所示。TX1 的二次侧输出经 UB1 整流、R_1、C_1 滤波，形成差动电压 U_{cd}，TX2 的二次侧输出经 UB2 整流、R_2、C_2 滤波，形成制动电压 U_{zd}。启动电压 $U_{qd}=U_{cd}-U_{zd}$。在正常运行以及外部短路时，

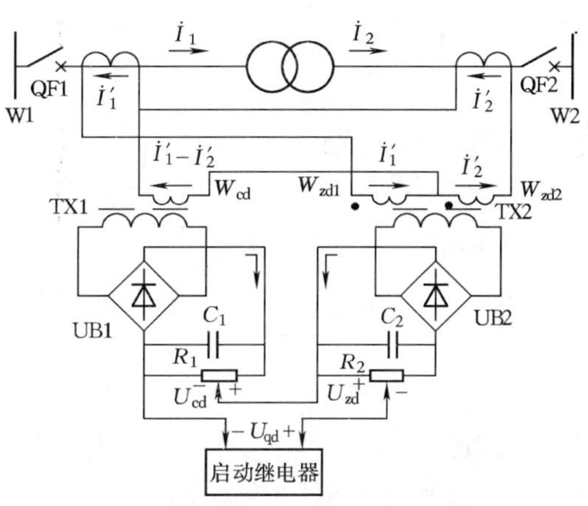

图 3.11 比率制动式差动保护

流过工作线圈 W_{cd}的电流为 $\dot{I}'_1-\dot{I}'_2$。其差值是不平衡电流，数值较小，U_{cd}也小。而流过制动线圈电流是 $\dot{I}'_1+\dot{I}'_2$，无论正常运行或是在外部事故状态，它都反映变压器高、低压侧电流之和，其数值较大，U_{zd}也大，故启动电压 U_{qd}小于零，启动继电器不动。当内部短路时，$\dot{I}_2$ 的实际流向是由母线 W2 流向变压器，$\dot{I}_2$、$\dot{I}'_2$ 的实际流向与图示方向相反，流过工作线圈 W_{cd}的电流为 $\dot{I}'_1-\dot{I}'_2$，由于此时 $\dot{I}'_1$与 $\dot{I}'_2$ 相位相差 180°，其值为 $|\dot{I}'_1-\dot{I}'_2|=|\dot{I}'_1|+|\dot{I}'_2|$ 数值较大，U_{cd}也大，而制动电流为 $|\dot{I}'_1+\dot{I}'_2|=|\dot{I}'_1|-|\dot{I}'_2|$，其值很小，$U_{zd}$也小，启动电压 $U_{qd}=U_{cd}-U_{zd}$较大，故启动继电器能较灵敏地动作。

（2）二次谐波制动的差动保护。从对变压器空载合闸时的电流波形分析中知道：变压器励磁涌流明显偏向时间轴的一边，这说明励磁涌流中具有大量非周期分量和高次谐波。分析表明，励磁涌流中二次谐波占有较大比例，而变压器正常运行和故障时电路中几乎不含二次谐波。于是，可以把电路中出现二次谐波作为闭锁保护动作的条件，以防止变压器保护在空载合闸时或外部故障切除后电压恢复过程中时误动，据此可以构成二次谐波制动的差动保护。其原理线路与如图 3.11 所示的比率制动的差动保护类似，也是采用了一个差动线圈，一个制动线圈。与比率制动的差动保护不同的只是制动回路。在制动回路中，采用 LC 谐振电路，其谐振频率为 100Hz，即二次谐波频率，使其对二次谐波特别敏感。当变压器空载合闸时，励磁涌流中的二次谐波传递到制动回路，产生较大的制动电压，有效地防止了差动保护误动。

实际上，有的保护装置同时含有比率制动和二次谐波制动两种功能，其工作电压仍为差动电压，制动电压是以上两个制动电压的和。

3.3.1.2 瓦斯保护

在油浸式变压器油箱内发生故障时，由于故障点电弧的作用，变压器油及其他绝缘材料分解产生气体，利用这种气体实现的保护称为瓦斯保护（或气体保护）。图 3.12 是瓦斯

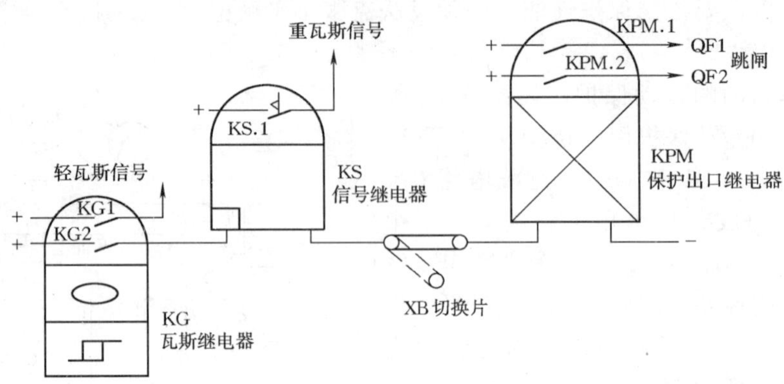

图 3.12　瓦斯保护原理图

保护原理图。当瓦斯继电器 KG 的轻瓦斯触点 KG1 闭合时，延时发出“轻瓦斯动作”信号。当重瓦斯触点 KG2 闭合时，经信号继电器 KS，发出“重瓦斯动作”信号，并通过切换片 XB，启动保护出口继电器 KPM，经动合触点 KPM.1 和 KPM.2，作用于变压器跳闸回路，跳开变压器的高、低压侧开关 QF_1 和 QF_2，使变压器与系统隔离。切换片 XB 的作用是改变重瓦斯的出口方式。信号继电器的触点 KS 具有自保持功能，重瓦斯信号动作后，必须由运行人员手动复归，“重瓦斯动作”信号才消失。这样做是为了告诉运行人员开关跳闸的原因是“重瓦斯动作”，便于分析事故。

瓦斯保护能反应变压器内部的各种故障，且动作迅速、灵敏度高、接线简单，但它不能反应变压器油箱外的引出线和套管上的故障。因此不能单独作为变压器的主保护。新安装或大修后的变压器投运前充电时，应投入重瓦斯保护，充电后可将重瓦斯保护出口连接片 XB 打开，待变压器中气体排放完成、瓦斯继电器工作正常后再投入。运行中当变压器换油、清理呼吸器、气体继电器试验时，经申请允许，可将跳闸信号断开，以防重瓦斯误动作跳闸。

在现场，电流互感器一般装在断路器旁，而断路器与母线相连，和变压器之间有一定距离（如图 2.2 所示），变压器出口套管与电流互感器之间用引线连接。所以，差动保护的保护范围包括从变压器内部到高、低压侧出口套管、引线到两侧电流互感器。只要故障发生在各侧电流互感器之间，差动保护就能动作。而瓦斯保护只反应变压器本体内部故障，从这个意义上说，差动保护的保护范围比瓦斯保护大。但是，这并不意味着差动保护可以代替瓦斯保护。这是因为瓦斯保护能反应油箱内的任何故障。有些故障，如铁芯过热烧灼、油面降低，差动保护对此可能无反应；有些故障，如一相绕组内的线匝匝间短路时，虽然短路匝内部短路电流很大会造成绕组局部过热，但流过电流互感器的电流却不大，差动保护也可能不反应，瓦斯保护对此有灵敏的反应。因此，差动保护不能代替瓦斯保护。

3.3.2　变压器的后备保护

瓦斯保护和差动保护是变压器的主保护，变压器的后备保护包括相间短路的后备保护和接地短路的后备保护。变压器相间短路的后备保护既是变压器主保护的后备保护，又是相邻母线和线路（负载）的后备保护。所谓相邻母线和线路（负载），是指与变压器各侧出口开关相连的母线，以及与这些母线相连的线路，如图 3.10 中的母线 W1 和 W2。一般来说，如果母线、如 W2 本身设置了保护，母线短路，如图 3.10（a）所示中 d 点短路时，母线的保护就应将与母线相连的所有开关跳闸。如果母线保护拒动，短路电流要由变压器持续提供，引起变压器持续过电流，如果流过变压器的电流大到一定程度且持续一定的时间，变压器的过电流保护动作，使变压器跳闸，切除了母线上的故障电流。于是，变压器的过电流保护起到了保护母线的作用，所以称为母线的后备保护。当然，若变压器内部故障而主保护拒动、且持续一定时间，变压器的过电流保护也会动作，这时它就对变压器起后备保护作用。变压器相间短路的后备保护可采用过电流保护、低电压起动的过电流保护、复合电压起动的过电流保护和负序电流保护等。

1. 变压器过电流保护

变压器过电流保护的单相原理接线如图 3.13 所示。保护的动作电流按躲开变压器的最大负荷电流整定，即当电流互感器检测到的电流大于变压器最大负荷电流时，过电流继电器 KA 动作，启动时间继电器 KT，经延时，KT.1 闭合，起动信号继电器 KS 和跳闸继电器 KPM，使变压器跳闸并发出保护动作信号。

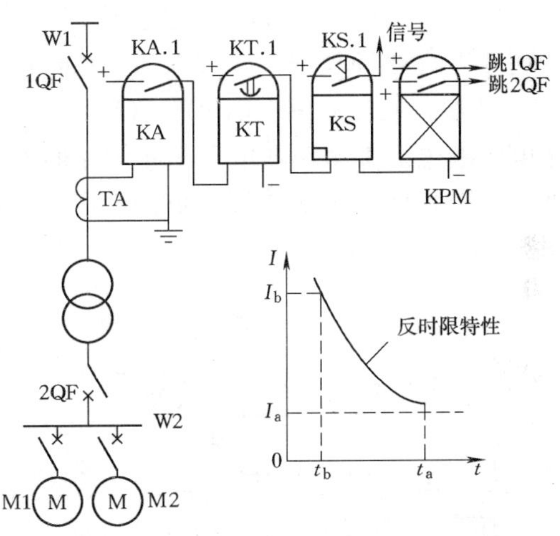

图 3.13 变压器过电流保护原理

保护的动作时限应比相邻元件保护的最大动作时限大一个时限 Δt（约 0.5s），之所以要延时，是为了满足保护选择性的要求。例如，当接在母线 W2 上的电动机 M1 故障时，应由 M1 的保护无延时地跳开 M1 切除故障，以保证接在 W2 上的其他设备和变压器运行。当 M1 故障时，故障电流是由变压器提供的，如果变压器过流保护无延时动作，就会使母线 W2 停电，扩大了事故。过流保护的延时时间，就是等待 M1 保护动作的时间，如规定的时间到，流过变压器的电流仍然大，表明电动机 M1 的主保护拒动，这时后备保护才动作，使变压器跳闸。可见，保护的选择性和快速性之间是有矛盾的，必须根据具体情况分析决定。

电机所能承受的发热容量是有限的，过电流数值越大，允许过电流的时间越短，故微机过电流保护多具有反时限特性，即过电流数值越大，保护动作的时间越短，动作越快。反时限继电器的动作特性如图 3.13 中曲线所示。该特性由上限定时限、反时限和下限定时限三部分组成。当 $I \geq I_a$，反时限保护又未启动时，动作的延时时间为 t_a秒，为下限定时限；当 $I > I_b$时，延时时间为 t_b秒，为上限定时限；当 $I_a < I < I_b$时，故障电流 I 越大，动作延时时间越短，即反时限。

2. 复合电压启动的过电流保护

电力系统在实际运行过程中，短路电流的大小与很多因素有关。如短路点的位置，变压器内部短路时，若短路点在一次侧，则越接近出口，短路电流越大；短路电流的大小还与系统运行方式有关，如两台变压器并联运行时同一故障点的短路电流比单台变压器运行时大；此外，还与短路性质有关，如金属性接地的短路电流比经过渡电阻接地的短路电流要大等。仅用电流作为启动保护的条件，很难同时兼顾选择性、灵敏性的基本要求。

为了提高保护的灵敏度，多采用复合电压（或低电压）启动的过电流保护，其原理接线如图 3.14（a）所示。保护的启动元件包括电流继电器和复合电压继电器。电流继电器 KAa、KAb、KAc 的动作电流按躲开变压器的额定电流整定。复合电压继电器由低电压继电器 KV 和负序电压继电器 KVN 组成。ZVN 是负序电压滤过器，它的作用是从三相不对称电压中提取负序分量。当系统正常运行时，三相电压是对称的，负序电压滤过器 ZVN 的输出电压为零，负序电压继电器的动断触点 KVN.1 闭合，线电压 U_{ac} 加在低电压继电器 KV 上，其动断触点 KV.1 断开，中间继电器 KM 失电，KM.1 断开。当系统中发生不对称短路时，负序电压滤过器 ZVN 有输出，KVN 动作，其动断触点 KVN.1 断开，低电压继电器 KV 失电，KV.1 闭合，KM 励磁，KM.1 闭合。若此时 KAa、KAb 或 KAc 动作，则时间继电器 KT 启动，经延时使变压器跳闸。若系统发生三相对称短路负序电压继电器不动作，由于三相短路时 U_{ac} 很低，也会使 KV.1 闭合而接通 KM，实现跳闸。所以，保护启动的条件是：负序电压或低电压启动，且至少有一相过流，逻辑关系如图 3.14（b）所示。

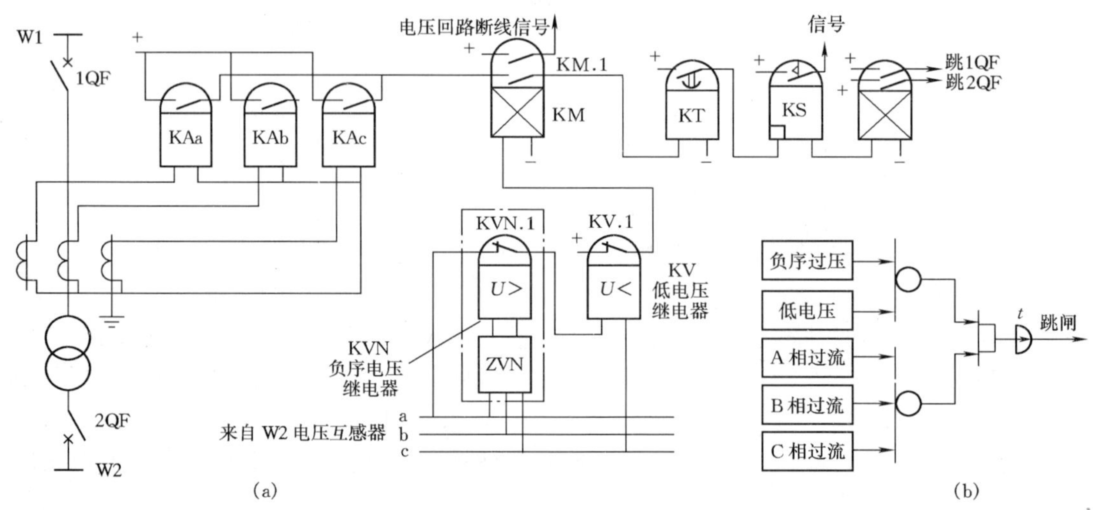

图 3.14 复合电压启动过电流保护原理接线图

由于启动条件中加入了反应故障状态的负序电压或低电压，可以把过流保护的整定值取小一些，故采用复合电压可提高过流保护动作的灵敏度。

低电压继电器 KV 的动作电压为 0.5～0.6 倍额定电压，负序电压继电器的动作电压一般取 0.06 倍额定电压。如果取消负序电压继电器，低电压继电器直接取电压信号，就称为低电压启动的过流保护，一般用于电压较低、容量较小的变压器，如 380V 厂用变压器的后备保护。

在图 3.14 中，如果电压互感器 A、B、C 相任意一相断线，负序电压滤过器 ZVN 有输出，低电压继电器就会动作，此时只要电路中的电流处于正常范围，保护就不会启动，但低电压继电器动作发出电压回路断线信号，提醒运行人员及时检查电压测量回路，使其恢复正常，保证保护可靠工作。

3. 变压器接地短路的后备保护

在中性点直接接地系统中，接地故障的短路电流很大。因此，直接接地电网中的变压器应装设接地保护，用其作为变压器主保护的后备保护及相邻元件接地故障的后备保护。

图 3.15 示出了双绕组变压器的零序电流保护原理图。保护用电流互感器 TA1 经隔离开关 QS 接于中性点引出线上。正常运行时，系统中无零序电流，零序电流继电器 KA_{01} 不启动。发生接地故障时，若 QS 在合位，中性点引出线上出现零序电流，零序电流继电器 KA_{01} 启动，经延时切除变压器。

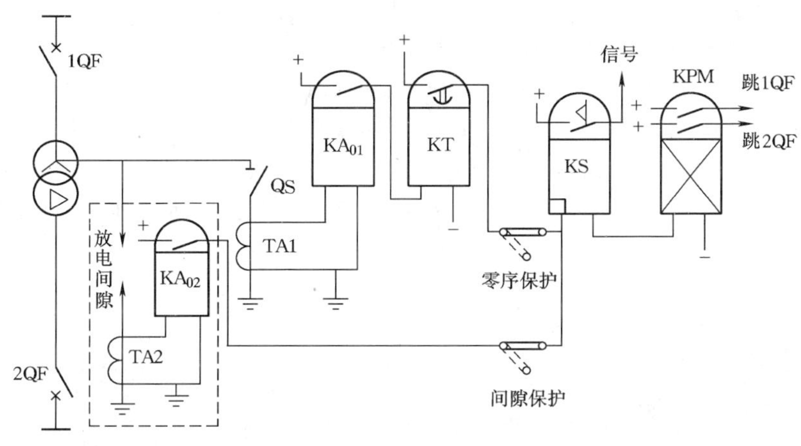

图 3.15　变压器零序电流保护原理

当两台变压器并联运行时，为了限制短路电流，并保持系统零序阻抗的稳定，一般使一台变压器的中性点直接接地，而另一台中性点通过放电间隙接地，如图 3.15 中虚线框内所示。对于分级绝缘的变压器，中性点附近绝缘较薄弱，为防止中性点过电压损坏绝缘，在发生接地故障时，应先跳开中性点不直接接地的变压器，若故障切除，则保护返回，中性点接地的变压器继续运行，若故障仍存在，则经延时使中性点接地的变压器跳闸。为了运行方便，设计时使每台变压器都既可按直接接地运行，也可按不直接接地运行，并在放电间隙设置间隙保护。当某种原因使中性点电压上升到不允许值，或者电网发生单相接地故障，且造成全系统的变压器失去接地点时，不接地的变压器中性点将出现过电压，放电间隙击穿，放电电流使零序电流元件 KA_{02} 启动，瞬时切除变压器。对于不接地变压器，除了采用间隙保护外，还可以在变压器高压侧母线电压互感器二次回路加装零序电压元件，监测系统的单相接地，并在必要时启动变压器跳闸。

3.4　三相异步电动机保护

在发电机组机、炉系统中，有着大量用三相异步电动机驱动的辅机，保证它们的正常运行，并在发生事故时迅速将其从厂用电系统中切除是十分重要的。

电动机的主要故障有定子绕组相间短路、绕组匝间短路及单相接地。有关规程规定：容量小于 2000kW 的电动机，装设瞬时电流速断保护；容量为 2000kW 及以上的电动机或装设瞬时电流速断灵敏度不够的电动机，均设纵差保护；对于中性点不接地系统，当接地电容电流大于 5A 时，应设单相接地保护。接地电容电流为 10A 以上时，保护一般动作于跳闸；接地电容电流为 10A 以下时，保护可动作于跳闸或信号。

电动机的不正常工作状态主要是过负荷。可设过负荷保护，保护带时限（或采用反时限）动作于信号或跳闸。

3.4.1　电动机相间短路保护

1. 瞬时电流速断保护

电动机的保护原理与变压器类似，典型的瞬时速断保护原理接线如图 3.16 所示。当电动机发生相间短路时，总有两相存在短路电流。为简化系统接线，这里电流互感器采用不完全星形接线，只有两相装 TA。当电动机 A 相或 C 相电流达到动作整定值时，电流继电器 KIa 或 KIc 动作，通过中间继电器 KM 放大，通过继电器 KS 启动开关 QF 跳闸，并发出保护动作信号。电流速断保护一般按电动机出口两相短路电流值整定。

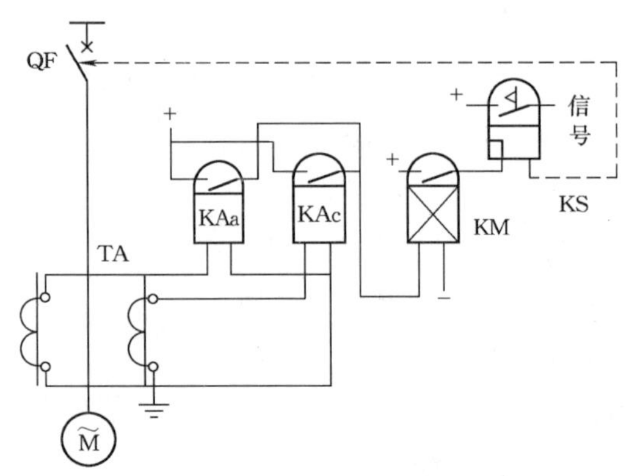

图 3.16　电动机瞬时电流速断保护

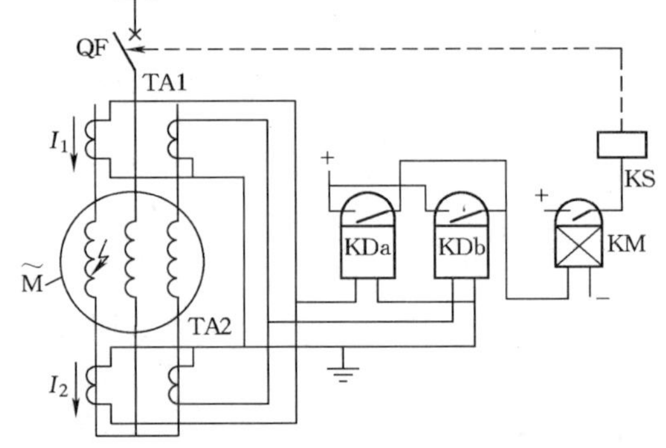

图 3.17　电动机纵差动保护的原理接线

如果中间继电器 KM 采用时间继电器，则成为过电流保护，带延时作用于信号或跳闸。还有的配置反时限过流保护，短路电流越大，保护延时时间越短，与如图 3.13 所示的变压器反时限过流保护类似。这种保护能及时切除电动机严重的短路故障。为了防止电动机启动时过流保护误动，过流保护启动值一般按两倍的启动电流整定。有的电动机保护中，还在启动时增加过流保护的延时，以躲过启动电流可能引起的误动。

2. 纵差保护

电动机纵差保护的原理接线如图 3.17 所示。电流互感器 TA1、TA2 分别接在电源入口处和中性点的引出线上，TA 采用不完全星形接线。电动机正常运行时，每一相从电源流入电动机的电流 I_1 等于由电动机流向中性点的电流 I_2，纵差保护不动作；当电动机内部故障时，故障相从电源流入电动机的电流 I_1 增大，由电动机流向中性点的电流 I_2 减小或接近于零，纵差保护动作。为躲过启动时的不平衡电流，常使出口中间继电器带 0.1s

的延时动作于跳闸，有的也与变压器保护类似，采用比率制动和谐波制动。

3.4.2 电动机单相接地保护

电动机单相接地保护接线如图 3.18 所示。电流互感器 TA_0套在电动机三相电源进线电缆上，i_0感应的是三相电流的和，即零序电流。当电动机内部发生单相接地时，接地电流使流过进线电缆的三相电流发生不平衡，TA_0检测到零序电流，当零序电流大于整定值时，继电器 KA_0动作，使电动机跳闸。在电容电流较小的系统，只设电动机单相接地信号，不作用于跳闸，以提醒运行人员及时寻找故障点，以防故障扩大，其原理是一致的，只是 KA_0的整定值较小而已。

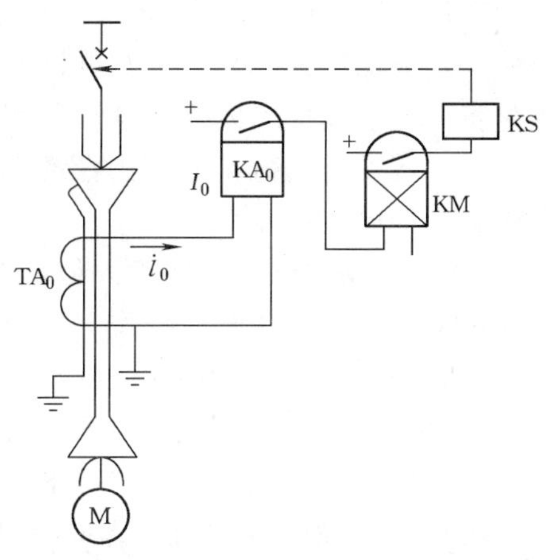

图 3.18 电动机单相接地保护接线图

3.5 同步发电机保护

3.5.1 发电机的故障和不正常运行状态及其保护方式

1. 发电机的故障和不正常运行状态

发电机的故障主要有：定子绕组的相间短路、定子绕组同一相的匝间短路、定子绕组单相接地、转子绕组一点接地或两点接地、转子回路励磁电流异常下降或消失等。

发电机的不正常运行状态主要有：由于外部短路引起的定子绕组过电流；由于负荷超过发电机的额定容量引起的对称过负荷；由于外部不对称短路或不对称负荷引起的负序过电流；由于突然甩掉负荷引起的发电机定子绕组过电压；由于励磁回路故障或强行励磁的时间过长引起的转子绕组过负荷；由于汽轮机主汽门突然关闭而引起的发电机逆功率等。

2. 发电机应装设的保护

(1) 纵差动保护。用于容量大于 1000kW 的发电机，反应定子绕组及引出线的相间短路。

(2) 匝间短路保护。用于反应定子绕组相同一相的匝间短路。当发电机定子绕组每相在中性点侧有并联分支引出时，应装设横差保护，否则应采用零序电压原理构成匝间短路保护。

(3) 单相接地保护。用以反应定子绕组单相接地故障。对于大型发电机组，一般应装能灵敏反应定子从中性点到发电机出口全范围接地故障的 100%定子绕组接地保护。

(4) 过电流保护或对称过负荷保护。用以反应发电机外部短路或对称过负荷引起的发电机定子绕组过电流，并作为发电机内部短路的后备保护。

(5) 负序过电流保护。为了反应不对称过负荷或外部不对称短路，一般在 50MW 及以上的发电机上应装设负序过电流保护。

(6) 过电压保护。对于大型汽轮发电机，应装设过电压保护，反应定子绕组过电压。

(7) 转子接地保护。对大型汽轮发电机，一般应装设作用于信号的一点接地保护。对两点接地故障，应装设作用于跳闸的两点接地保护。

(8) 失磁保护。为防止发电机低励或失去励磁后从系统吸收无功功率，导致发电机发生失步，应装设反应失磁时电气参数变化的失磁保护。

(9) 转子过负荷保护。在容量为100MW及以上的发电机上，一般应装设转子过负荷保护。

(10) 逆功率保护。对于大型发电机，当汽轮机主汽门关闭而发电机未解列时，发电机变电动机运行，从电网吸收有功功率（即逆功率）。这对发电机本身无害，但汽轮机内的摩擦鼓风会使叶片过热，使汽轮机遭到损坏，所以一般要求逆功率运行不得超过3min。为此，可装设逆功率保护。对某些非短路电气故障，为防止发电机组跳闸引起汽轮机超速，也可以先关主汽门，由逆功率保护动作跳发电机。

为快速消除发电机的内部故障，在保护动作于发电机断路器跳闸的同时，应动作于灭磁开关自动跳闸，并进行灭磁，使定子绕组不再产生供给故障点短路电流的感应电势。

注意，对于采用发电机变压器组单元接线的机组，跳发电机断路器实际上是跳发电机变压器组出口断路器，以下的叙述也相同。

3.5.2 发电机的纵差动保护

发电机纵差动保护原理与变压器差动保护一样，是用来反应发电机定子绕组及引出线的相间短路的，是发电机的主保护。

发电机纵差动保护原理接线如图3.19所示，图中2TA、1TA分别是安装在发电机出口和中性点的电流互感器，$2TA_A$、$2TA_B$、$2TA_C$和$1TA_A$、$1TA_B$、$1TA_C$分别是2TA、1TA的二次侧线圈。KD1、KD2、KD3为差动继电器，KS为信号继电器，KCO为差动保护出口继电器，LP为保护投入或退出的连接片。KMN为断线监视继电器，YT为跳闸线圈，QF.1为发电机出口断路器的辅助触点。SH是试验端子。

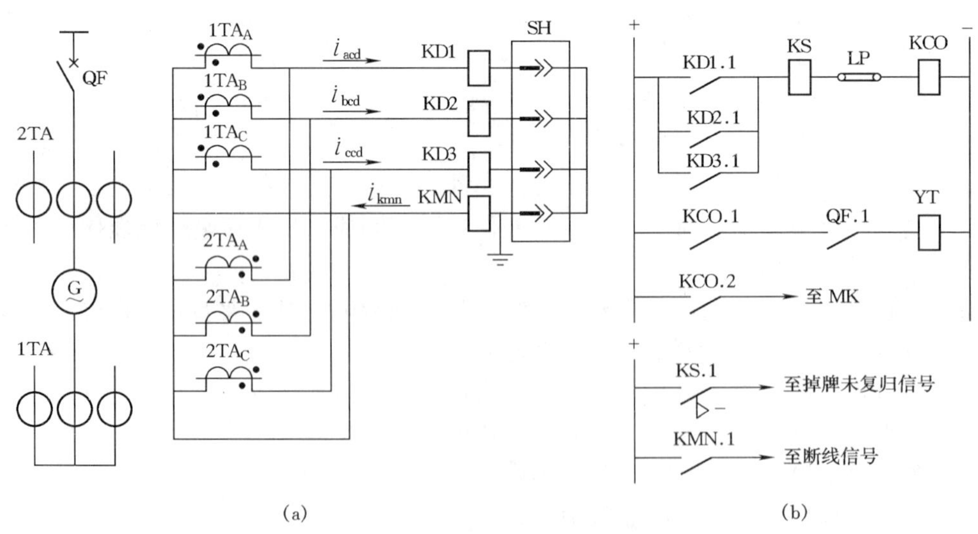

图3.19 发电机差动保护原理图

在正常情况下，流过电流互感器2TA和1TA一次侧的是同一个电流，每相差动回路两臂电流基本相等，而两侧二次线圈（如 $1TA_A$ 与 $2TA_A$）的同名端相反，所以流入差动继电器 KD1—KD3 的电流近似等于零，小于继电器的动作电流，差动继电器不动作。差动回路三相电流之和流入断线监视继电器 KMN，正常情况下流入 KMN 的电流亦近似于零，它小于 KMN 的动作电流，KMN 不会动作。

如果发电机定子绕组及引出线发生相间短路，则短路相的差动继电器中流过短路电流使之启动，其触点 KD1.1、KD2.1、KD3.1 中有两个闭合。电路［图 3.19（b)］经电源正极、KD1.1（或 KD2.1、或 KD3.1)、KS、LP、KCO 到电源负极，形成回路，启动 KS 和 KCO。KS 动作于信号，告诉值班人员，差动保护已动作。KCO 动作后，经触点 KCO.1、QF.1 接通跳闸线圈 YT，作用于跳开发电机出口断路器 QF，触点 KCO.2 作用于跳开发电机的灭磁开关 FMK，使发电机转子灭磁。外部相间短路时，流过 1TA 和 2TA 的电流仍然相等，差动回路的三相电流之和仍然接近于零，因此继电器 KCO 和 KMN 都不会动作。

装设于发电机中性点侧的电流互感器，由于发电机的振动，其二次接线端子可能松动，造成二次回路断线，可能引起保护误动。如 $1TA_A$ 断线时，流过 KD1 的电流仅为 $2TA_A$ 的电流，如该值大于 KD1 的动作值，差动保护就会误动。安装断线监视继电器 KMN 后，任意一相断线时，流过 KMN 线圈的二次电流大于其动作值，KMN.1 闭合经延时发出断线信号。在微机差动保护中，可通过计算三相不平衡电流和负序电压来判断是否发生 TA 断线，由于不对称短路时发电机出口有负序电压，所以当不平衡电流大于动作值且无负序电压时，即可认为是 TA 断线，并用该信号闭锁保护动作。

“掉牌未复归”信号是为了使运行人员在记录、分析保护动作的过程中，不致发生遗漏造成误判断而设置的。每个设备的保护装置动作后，都有一个带自保持的触点信号（如图中的 KS.1)，即“掉牌”信号。该触点信号送到中央信号系统，点亮主控室电气控制屏上的“掉牌未复归”信号灯，提醒运行值班人员相应的回路有保护动作。只有当运行值班人员查到该保护回路，记录保护动作情况，并将该保护装置复归后，该回路送到中央信号系统的“掉牌”信号触点才返回（如进行复归操作使图中的触点 KS.1 断开)。

3.5.3 发电机的匝间短路保护

容量较大的发电机每相都有两个并联绕组（双星形接线)。定子绕组的匝间短路，包括同一相绕组的匝间绝缘损坏，或并联绕组同相不同分支间的绝缘损坏故障，如图 3.20 中的 d_1 和 d_2 两点所示。这种故障，只能使流过故障相的电流增加，流过故障相中性点侧和发电机出口侧的电流仍然相等，故纵差动保护是不能反映的。定子绕组匝间短路后，短路环内的电流可能很大，若不及时处理，将导致定子绕组单相接地或发展成为相间短路。所以，在大型机组发电机组上装设匝间短路保护是完全必要的。

1. 横差动保护

对于每相有并联分支，而每一分支绕组在中性点侧都有引出端的发电机，可以采用单继电器式的横差动保护，其原理接线简图如图 3.20 所示。每相的两个并联分支分别接成星形，两星形接线的中性点间用导线连接起来，电流互感器 TA 接在两中性点的连线上，电流继电器接在电流互感器的二次侧。

在正常运行或外部短路时，每一分支绕组流出该相电流的一半，因此流过中性点连线

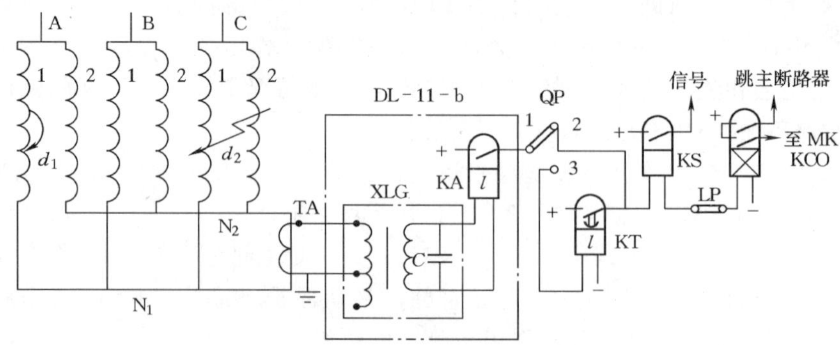

图3.20　采用横差动的发电机匝间短路保护

的电流只是很小的不平衡电流，故保护不动作。若发生定子绕组匝间短路，则故障相绕组的两个分支的电势将不相等，因而在定子绕组故障相两个分支与中性点连线中将出现环流，该电流通过中性点连线使横差保护动作。在图中，两个星形中性点 N_1 和 N_2 间的连接线上接入电流互感器TA，其二次侧接到继电器DL－11－b上。该继电器由高次谐波滤过器XLG和执行继电器KA组成。XLG的作用是阻止正常运行或外部短路时通过 N_1、N_2 间不平衡电流中的高次谐波（主要是3次谐波）进入电流继电器KA。切换片QP有两个位置，正常时投入1－2位置，保护不带延时。当发电机转子绕组发生一点接地而被发现后，将QP换接成1－3位置，使保护的动作具有0.5～1s延时。带延时的目的是防止转子绕组发生偶然性的瞬间两点接地时，由于转子磁通的对称性遭到破坏，使同一相两并联分支的电势不等，而在 N_1、N_2 间通过环流，造成保护误动作。

保护出口继电器KCO动作后，跳开发电机断路器，并同时跳开灭磁开关FMK。

2. 反应零序电压的匝间短路保护

对于大容量的发电机，由于结构紧凑，并联分支在中性点侧只引出三个端子，因而无法装设横差动保护。在此情况下，可以采用反应零序电压的匝间短路保护。

为了提高供电的可靠性，发电机的中性点是不直接接地的，如图2.2所示，中性点经高电阻变压器 T_0 接地。对于中性点经高阻接地的系统，为便于分析定子单相接地的零序电压，可视为中性点不接地系统。普通的电压互感器，如图3.21中的TV2，为了检测相对地电压，TV_2 一次侧中性点是直接接地的。若A相 d 点接地，U_{2A} 为0，$\dot{U}_{2B}=\dot{E}_B-\dot{E}_A$、$\dot{U}_{2C}=\dot{E}_C-\dot{E}_A$，其幅值会上升到线电压，并在TV2的开口三间形中出现零序电压，如图3.21（b）所示。当发电机匝间短路时，如若发电机A相短路，发电机A相电势变为 $\dot{E}'_A=(1-\alpha)E_A$（α 为短路部分占定子线圈总长度的百分比），发电机三相电势不平衡，TV2二次侧的电压 $\dot{U}_{2a}$、$\dot{U}_{2b}$、$\dot{U}_{2c}$ 及 $\dot{U}'_{2a}$、$\dot{U}'_{2b}$、$\dot{U}'_{2c}$ 也不平衡，因而在TV2的开口三间形中也会出现零序电压。所以，TV2不能区别单相接地与匝间短路，因而不能用于匝间短路保护。

图3.21（b）给出了中性点不接地系统发生单相接地时，电压互感器TV2一次、二次侧电压相量图，供分析发电机和厂用6kV系统单相接地故障时参考。

图3.21（a）是匝间短路保护的电压互感器原理接线图，图中TV1是专门用来检测

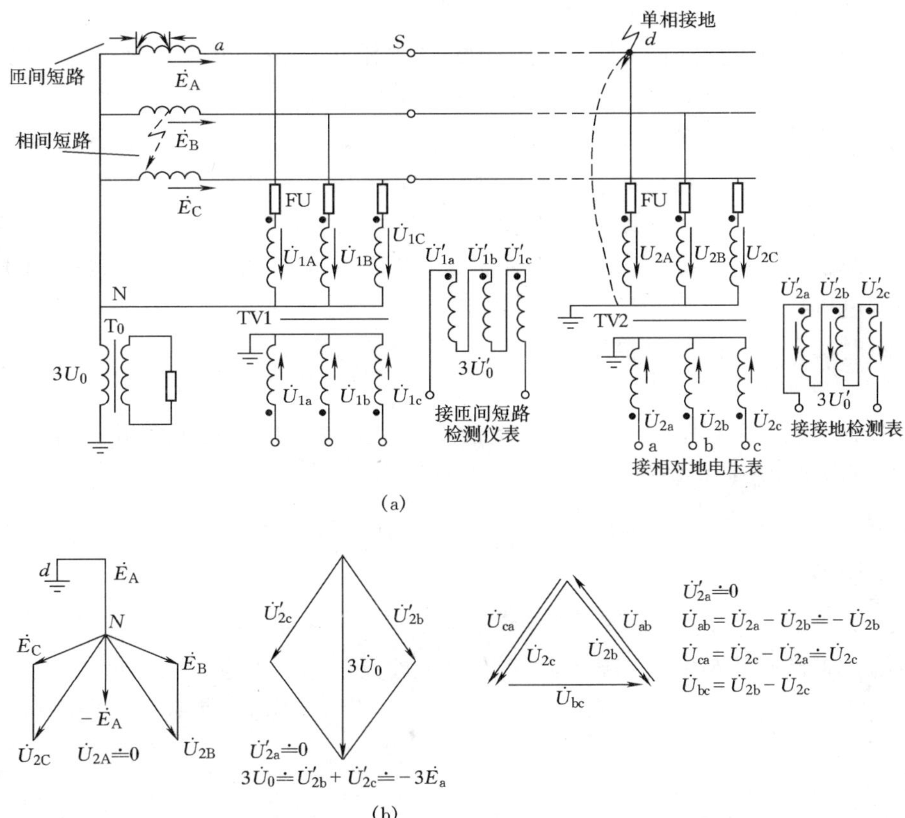

图 3.21 单相接地与采用零序电压的匝间短路保护 TV 接线

(a) 匝间短路检测专用 TV 接线；(b) 中性点不接地系统单相接地时 TV_2 一次、二次侧电压相量图

匝间短路的零序电压的。与 TV2 不同，TV1 一次侧的中性点不是直接接地的，而是与发电机中性点 N 相接。中性点不接地系统发生单相接地时，中性点 N 电压上升为相电压，如图中的 d 点接地，$\dot{U}_{Nd}=-\dot{E}_A$ 。但接地相与非接地相之间的线电压并没有变化，三相线电压仍然是对称的，三相电势对中性点 N 也仍然对称。由于 TV1 中性点与 N 相连，$\dot{U}'_{1a}$、$\dot{U}'_{1b}$、$\dot{U}'_{1c}$ 分别感受的仍然发电机三相对称电势 $\dot{E}_A$、$\dot{E}_B$、$\dot{E}_C$，因而 TV1 的开口三间形中无零序电压。而当发电机内部发生匝间短路，或发电机内部相间短路时，三相电势 $\dot{E}_A$、$\dot{E}_B$、$\dot{E}_C$ 不平衡，TV1 的二次侧电压 $\dot{U}_{1a}$、$\dot{U}_{1b}$、$\dot{U}_{1c}$ 及 $\dot{U}'_{1a}$、$\dot{U}'_{1b}$、$\dot{U}'_{1c}$ 也会不平衡，在其开口三间形绕组中出现零序电压 $3U'_0$。当 $3U'_0$ 大于其动作整定值时，保护出口元件动作。可见，零序电压原理的保护不仅能反应匝间短路，还能反应发电机相间不对称短路故障。

从上面的分析可以看出，普通接法的电压互感器如 TV2，对匝间短路和系统接地都能反应，而专用电压互感器（如 TV1）只反应发电机内部匝间短路与相间短路。

3.5.4 发电机定子绕组单相接地保护

为了安全起见，发电机的外壳总是接地的。因此，定子绕组绝缘损坏时所发生的对外壳短路就是单相接地。单相接地发生的机会比相间短路与匝间短路要多。单相接地的故障电流主要是分布电容的电容电流，数值并不大，主要危害是故障点的电弧可能烧坏定子铁芯，并可能进一步发展成匝间短路或相间短路，使发电机定子遭受更为严重的破坏。

单相接地故障时，定子铁芯烧伤的程度与接地电流的大小和故障持续的时间密切相关。有关规程规定：当接地电流等于或大于 5A 时，应装设动作于跳闸的单相接地保护；当接地电流小于 5A 时，一般装设作用于信号的接地保护。对于大型机组而言，中性点附近由于定子漏水而发生绝缘机械磨损的可能性增大。因此，对大型机组应装设无死区、从中性点到发电机出口（机端）100%范围的定子接地保护，而且要求在保护区内任一点发生接地故障时都有足够高的灵敏度。

1. 利用零序电压构成的接地保护

发电机定子绕组单相接地，如图 3.22 所示。设故障点位于定子绕组 A 相，距中性点的距离为 α（取值 0 - 1），则故障时各相对地电压为

$$\dot{U}_a = (1-\alpha)\dot{E}_a,\ \dot{U}_b = \dot{E}_B - \alpha\dot{E}_A,\ \dot{U}_c = \dot{E}_C - \alpha\dot{E}_A$$

故障点的零序电压为

$$\dot{U}_0 = (\dot{U}_a + \dot{U}_b + \dot{U}_c)/3 = -\alpha\dot{E}_A \tag{3.10}$$

显然，系统的零序电压与 α 成正比，故障点离中性点越远，零序电压越高。

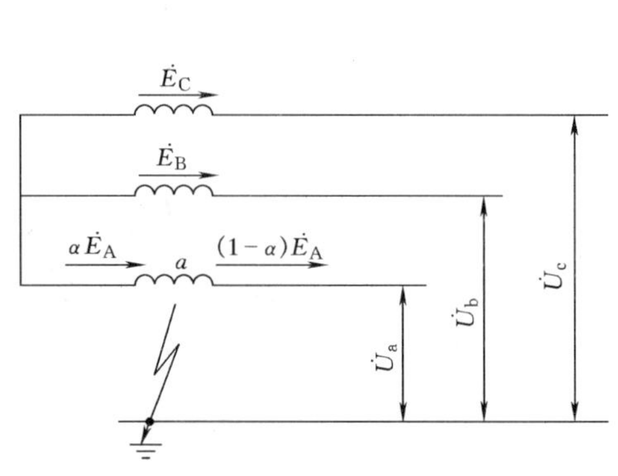

图 3.22　定子绕组单相接地

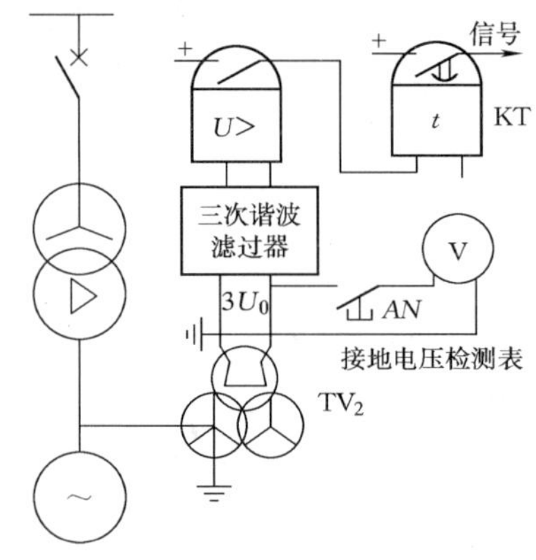

图 3.23　零序电压定子接地保护

利用零序电压构成的接地保护如图 3.23 所示，是反应发电机定子绕组接地故障时出现零序电压而动作的保护，一般保护动作作用于信号。零序电压可取自发电机出口电压互感器（图 3.21 中变压器 TV_2）的输出开口三角形绕组，也可取自发电机中性点电压互感器的二次侧（图 3.21 中变压器 T_0的输出）。

由于发电机气隙中的磁通分布并非完全正弦形，因而发电机正常运行时，定子绕组感应电势中存在有 2%～10%左右的 3 次谐波电压，在开口三角形绕组中产生一定的零序电压。为了减少 3 次谐波电压对保护动作的影响，在保护电路中设置了 3 次谐波电压滤过器。另外，变压器高压侧发生接地短路时，由于变压器高、低压绕组之间分布电容存在，发电机机端也会产生零序电压。为了保证保护动作的选择性，其整定值应躲开上述 3 次谐波电压与变压器高压侧接地时的零序电压。根据运行经验，电压继电器的动作电压一般定

为 15～30V 左右。

当靠近中性点附近发生接地故障时，零序电压低。如果零序电压小于电压继电器的动作电压，保护将不动作，因此该保护存在死区。保护范围约为由机端向中性点绕组的 85%左右。也就是说，若在中性点附近约 15%的范围内发生接地故障，零序电压接地保护不能可靠动作，还必须采取其他措施。

2. 利用 3 次谐波电压构成的 100%接地保护

由于发电机定子绕组感应电势中存在有 3 次谐波分量。设发电机中性点为 N 端，机端为 S 端，在正常运行时，发电机 3 次谐波电动势为 $\dot{E}_3$，设发电机每相对地电容为 C_G，等值在 N 及 S 端，各为 $1/2C_G$，机端其他连接元件，如发电机引出线，主变压器及高厂变等，对地电容为 C_T，如图 3.24（a）所示。

图 3.24（b）表示发电机正常运行时一相的等值电路，中性点端电容 $C_N=1/2C_G$，机端电容 $C_S=1/2C_G+C_T$。中性点电压 $\dot{U}_{N3}$ 和机端电压 $\dot{U}_{S3}$ 可看成是三次谐波电压 $\dot{E}_3$ 经电容 C_N、C_S分压后分别在 S 端和 N 端对地的压降。由于 $C_S>C_N$，所以在正常情况下，$U_{N3}>U_{S3}$。

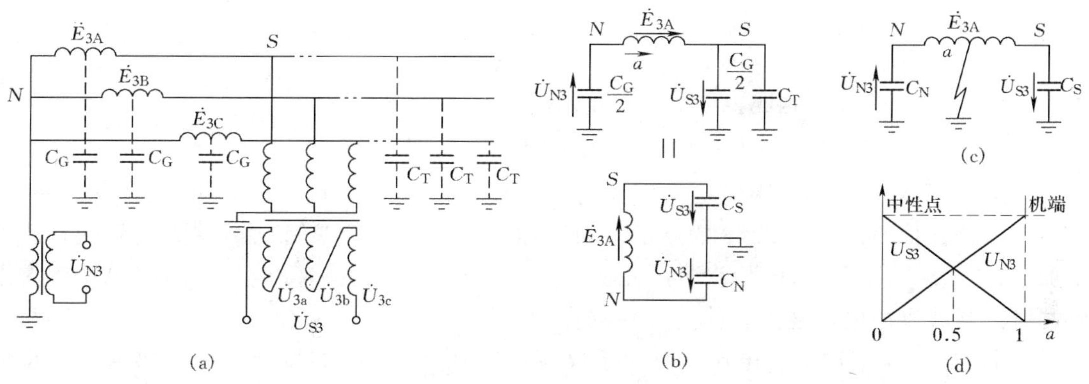

图 3.24 定子绕组中的三次谐波

(a) 三次谐波与对地电容；(b) 一相等值电路（正常时）；(c) 接地时等值电路；(d) 三次谐波与接地点的关系

图 3.24（c）是定子接地时的等值电路，在距中性点 α 处发生短路时有

$$U_{N3}=\alpha E_3\,,U_{S3}=(1-\alpha)E_3\,,\frac{U_{S3}}{U_{N3}}=\frac{1-\alpha}{\alpha}\tag{3.11}$$

所以，当 $\alpha>0.5$ 时，$U_{S3}<U_{N3}$；当 $\alpha=0.5$ 时，$U_{S3}=U_{N3}$；当 $\alpha<0.5$ 时，$U_{S3}>U_{N3}$。U_{S3}、U_{N3}随 α 变化的情况如图 3.24（d）所示。

结合正常状态与接地状态两种情况，可以看出，如果检测到 $U_{S3}>U_{N3}$，就是说明在中性点与 $\alpha=0.5$ 之间发生了接地。所以，若以 U_{S3}作为动作量，以 U_{N3}作为制动量，则发电机在 $\alpha<0.5$ 范围内接地时此套保护能可靠动作。再加装一套基波零序电压构成的接地保护，两者同时使用，便可获得 100%范围的保护效果。

利用 3 次谐波电压和基波零序电压构成的双频式 100%定子接地保护，其原理接线如图 3.25 所示。图中，U_N和 U_S 分别表示由中性点和机端取得的交流电压，由电抗变压器

1TL 的一次绕组与电容 C_1 组成对 3 次谐波串联谐振电路，由电感 L_1 和电容 C_3 组成基波串联谐振电路（相当于将 50Hz 基波信号短路），因此加于整流桥 ZL1 的交流电压基本上是 3 次谐波电压，该电压与机端 3 次谐波电压成比例。ZL1 的输出电压经 C_5 滤波后作为动作量 I_S 加入执行元件。电抗变压器 2TL 的一次绕组与电容 C_2 组成 3 次谐波串联谐振电路，电感 L_2 与电容 C_4 组成基波串联谐振电路，因此加于整流桥 ZL2 的交流电压基本上也是 3 次谐波电压，该电压与中性点 3 次谐波电压成比例。ZL2 的输出电压经 C_6 滤波后作为制动量 I_N 加入执行元件。流过执行元件的电流为 I_S-I_N。当正常情况下，$U_{S3}<U_{N3}$，$I_S<I_N$，执行元件不会动作；而当在 $\alpha<50\%$ 范围内发生单相接地故障时，$U_{S3}>U_{N3}$，$I_S>I_N$，执行元件动作。调节电位器 R_{w1} 便可改变保护的整定值。

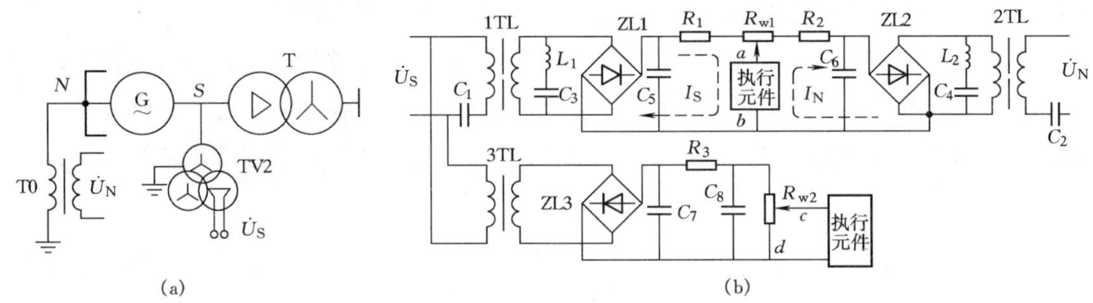

图 3.25　双频式 100％定子接地保护原理接线图

(a) 一次系统接线示意图；(b) 保护原理接线图

电抗变压器 3TL 的一次侧接至机端电压互感器 TV2 的开口三角形侧，反应机端基波零序电压，保护原理与图 3.23 表示的一致。经整流桥 ZL3 整流和滤波器滤波后的直流电压加于电位器 R_{w2}，调节其滑动端，可以改变基波零序部分的启动电压。当接地点越靠近机端时，基波零序电压越高，执行元件动作越灵敏。

由上述可见，3 次谐波电压部分用于反应 $\alpha<50\%$ 范围内的接地故障，故障点越接近中性点，该保护的灵敏性越高；基波零序电压部分用于反应 $\alpha>15\%$ 范围内的接地故障，故障点越接近机端，该保护的灵敏性越高。这样，双频式保护构成了有 100％保护区的定子绕组单相接地保护。

3.5.5　发电机励磁回路两点接地保护

发电机励磁回路因为绝缘损坏而发生一点接地是常见的故障。由于一点接地不会形成接地电流通路，励磁电压仍然正常，因此对发电机无直接危害，可以继续运行。但当励磁绕组发生两点接地时，励磁绕组的一部分被短接；另一部分绕组中的电流增加，破坏了转子磁场的对称性，使气隙磁通失去平衡，引起机组振动，同时使机组输出无功功率下降。两点接地时，故障点形成了短路电流的通路，造成转子局部过热，可能使转子变形，甚至可能烧坏转子绕组和铁芯。因此，两点接地故障的后果是严重的。对于大型汽轮发电机，要求装设一点接地保护和两点接地保护。一点接地保护动作于信号，并在一点接地后投入两点接地保护，使之在发生两点接地时，动作于跳闸。

图 3.26 是利用直流电桥原理构成的转子两点接地保护。这种保护只有当发电机转子出现一点接地后才投入。如图 3.26 所示，接地点 d_1 将转子绕组 FLQ 的直流电阻 R_L 分成

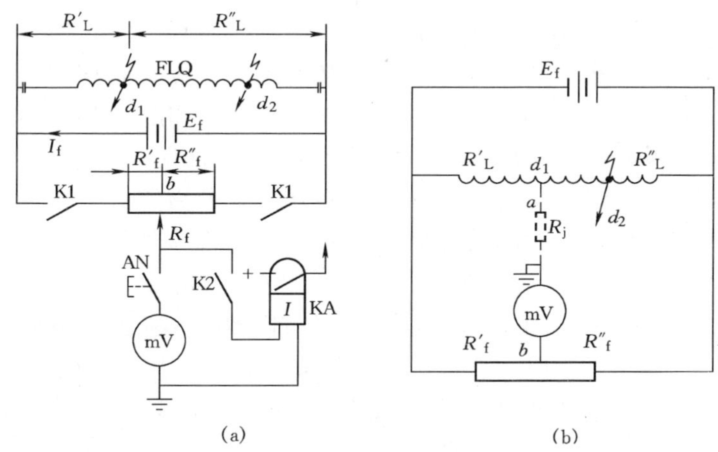

图 3.26 转子两点接地保护原理

(a) 接地保护原理；(b) 两点检测投入时的等效电路（d_1 点已接地，电桥处于平衡状态）

R'_L和 R''_L，滑动头（b 点）将 R_f 分成 R'_f 和 R''_f，构成直流电桥的四个桥臂。毫伏表 mV 和电流继电器 KA 接于滑动触头与地（发电机大轴）之间，即在电桥的对角线上。

当一点接地监测装置发现 d_1 点接地后，合上开关 d_1，并按下按钮 AN，调节电阻 R_f 的滑动触头，使毫伏表 mV 的指示为零。此时由 d_1 点分开的励磁绕组的两个直流电阻 R'_L、R''_L与 R_f 滑动头分开的两个电阻 R'_f、R''_f组成的四臂直流电桥处于平衡状态。各臂电阻的关系为 $R'_L/R'_f=R''_L/R''_f$，$U_a=U_b$，如图 3.26（b）所示，图中 R_j 为接地点 d_1 对地电阻。然后合上开关 k_2，接入电流继电器 KA，使两点接地保护投入工作。此时，由于电桥已经平衡，处于对角线上的电流继电器 KA 无电流通过，保护不会动作。

当转子回路发生第二点（d_2 点）接地时，R''_L的部分电阻被短接，电桥平衡遭到破坏，$U_a>U_b$，电流继电器中将有电流通过。如果该电流大于继电器 KA 的启动电流，继电器 KA 将动作，断开发电机。d_2 点离 d_1 点越远，保护的动作越灵敏。

这种装置当 d_2 点离 d_1 较近时，电桥平衡破坏不严重，保护可能不会启动，同时，若 d_1 点在转子绕组 R_L 的两端，即接地点在励磁线圈滑环附近，一点接地后无法形成平衡电桥，则 d_2 无论在何处，保护也不会动作。

新型的微机接地保护装置能自动检测励磁绕组的绝缘电阻，根据绝缘电阻的变化发出一点接地信号，并能在一点接地时自动投入两点接地保护。

3.5.6 发电机的失磁保护

1. 发电机的失磁运行

发电机正常运行时，是转子磁场拉着定子磁场一起以同步速 n_1 旋转的，通过气隙磁场，原动机机械转矩与有功负荷形成的电磁转矩平衡。失磁后，由于发电机的励磁电势 E_0 随着励磁电流的减小而减小，其电磁转矩也将小于原动机的机械转矩。电磁转矩减小，从而引起转子加速，使发电机的功角 δ 增大。在发电机转子转速 n 超过同步转速 n_1 后，转子磁场与电枢磁场之间产生相对运动，即产生了转差 $s=(n-n_1)/n_1$。这样，转子导体以 sn_1 转速（线速度为 v）切割定子磁场，在转子线圈、转子表面、阻尼绕组中感应出低

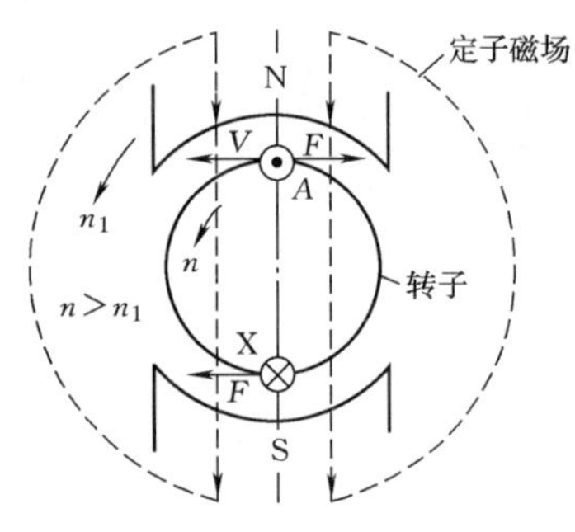

图 3.27　同步发电机异步运行

频交流电流。当 $n>n_1$ 时，转子导体中的感应电流方向如图 3.27 所示，在 A 点是穿出纸面的。这个电流产生的转子旋转磁场，同时又受到定子旋转磁场的作用力 F，并产生异步力矩，如图 3.27 所示。用左手定则可以判断作用力 F 的运动方向与转子运动方向相反，故异步力矩是个阻力矩，与原动机力作用在转子上的力矩方向相反。于是发电机仍向系统送出有功功率。如果异步转矩能与原动机转矩达到新的平衡，发电机就进入稳定的异步运行状态；反之，如果异步转矩小于原动机转矩，就使发电机的功角 δ 进一步增大。当 δ 超过静态稳定极限时，发电机与系统失去同步。与电动机相似，异步运行时，转子中存在感应电流是实现力矩平衡的必要条件。不同的是，电动机异步运行时 $n_1>n$，定子磁场拖着转子旋转，发电机异步运行时 $n_1<n$，转子磁场拖着定子磁场旋转。

显然，失磁后转子中的电流是因滑差经电磁偶合从定子绕组中传递过去的。所以，发电机失磁后将从并列运行的电力系统中吸取感性无功功率，以建立发电机的气隙磁场。

发电机失磁后，如果机组的一次调频控制比较灵敏，超速运行时，调节器能及时关小汽门，使汽轮机的输出功率与发电机的异步功率及时达到平衡，发电机就有可能在较小的转差率下恢复稳定运行。

汽轮发电机在很小的转差下异步运行一段时间，原则上是允许的，但此时是否需要并允许其异步运行，主要取决于电力系统的具体情况。如果电力系统中无功功率储备较大，发电机失磁后，系统能够供给它所需要的无功功率，并能保证电网的电压水平，则失磁后可以继续运行；反之，如果系统中无功功率储备不足，则失磁后就不应该继续运行。

为此，在发电机上，尤其是在大型发电机上应装设失磁保护，以便及时发现失磁故障，并采取必要的措施，例如发出信号由运行人员及时处理、自动减负荷或动作于跳闸等，以保证电力系统的稳定和发电机的安全。

2. 发电机失磁保护的构成方式

由上述分析可知，发电机失磁后，将从系统吸收无功功率，机端电压和电流的相位关系会发生变化，可以用机端电压 $\dot{U}$ 与电流 $\dot{I}$ 的比，即机端阻抗 Z 的变化来反映发电机失磁状态。因为 $S^2=(UI)^2=P^2+Q^2$，$r=\dfrac{P}{I^2}=\dfrac{PU^2}{P^2+Q^2}$，$x=\dfrac{Q}{I^2}=\dfrac{QU^2}{P^2+Q^2}$，$Z=r+\mathrm{j}x$，所以，当发电机从系统吸收无功功率时，$Q$ 为负值，$x<0$。若以 r 为横轴，x 为纵轴形成 Z 平面，则失磁前 $r>0$，$x>0$，Z 在复平面第一象限；失磁后 $r>0$，$x<0$，Z 变为 Z'，进入第四象限，如图 3.28（a）所示。因此，可通过测量发电机机端阻抗来判别是否发生失磁故障。利用阻抗判别元件构成的失磁保护如图 3.28（b）所示。

当发电机失磁时，阻抗元件 Z 和励磁低电压元件 U_f 动作，启动与门 Y2，立即发出发电机失磁信号，并经 YS2 延时 t_2 后，通过或门 H 动作于跳闸。延时 t_2 用以躲过系统振荡或自同期并列的影响。如果失磁后，机端电压下降到低于发电机安全运行的允许值，则母线低电压元件动作，与门 Y1 开放，经 YS1 延时 t_1 后，通过或门 H 动作于跳闸。延时 t_1 用以躲过振荡过程中的短时低电压或自同期并列的影响。

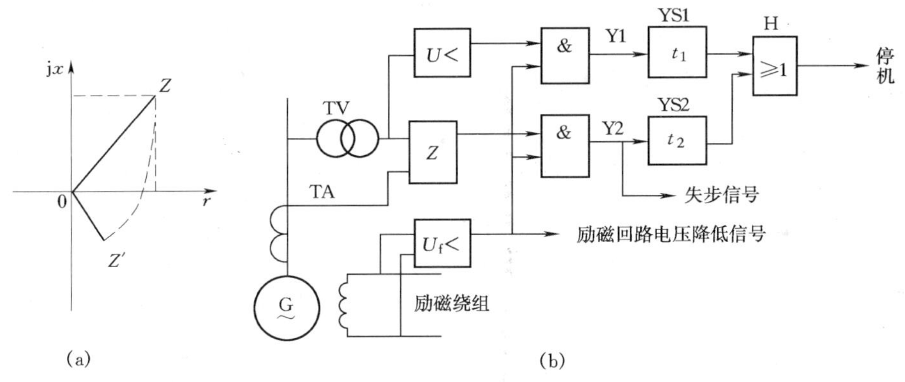

图 3.28 失磁保护原理图

由于励磁低压元件 U_f 的闭锁，在短路故障及电压互感器断线时，Y1 和 Y2 都无输出，因而保护不会误动。仅当励磁回路电压降低时，励磁低压元件 U_f 动作，发出信号。

3.6 输电线路保护

3.6.1 高频保护的作用及组成

1. 高频保护的特点

对于 110kV 及以上电压等级的输电线路，为缩小故障造成的损坏程度，满足系统运行稳定性的要求，常常要求线路两侧瞬时切除被保护线路上任何一点故障，或者说要求继电保护能实现全线速动。为此，在 110kV 及以上电压等级的输电线路上，常利用输电线路传递代表两侧电量的高频信号，构成高频保护。高频保护具有如下特点：

(1) 在被保护线路两侧各装半套高频保护，通过高频信号的传送和比较实现保护的目的。它的保护范围只限于本线路，在参数选择上不需要与相邻线路的保护相配合，可瞬时切除被保护线路上任何一点的故障。

(2) 高频保护不能反映被保护线路以外的故障，故其不能作下一段线路的后备保护。所以还需装设其他保护如距离保护作为本线路及下一段线路的后备保护。

(3) 选择性好，灵敏度高。广泛用作 110kV 及以上输电线路的主保护。

(4) 保护因有收、发信机等部分，接线比较复杂，价格比较昂贵。

在高频保护中，为了实现被保护线路两侧电量（如短路功率方向、电流相位等）的比较，必须把被比较的电量转变为便于传递的高频信号，然后，通过高频通道自线路的一端传送到线路的另一侧去进行比较。高频通道是利用输电线路传送高频载波信号的。目前所使用的载波频率一般为 30～500kHz。因为载波频率低于 30kHz 时干扰太大，高频阻波器制造困难，而高于 500kHz 时在线路上能量衰耗太大。

2. 高频通道的构成

高压输电线路的主要用途是输送工频电流。当它用来作高频载波通道时，必须在线路两端装设高频耦合和分离设备，将同时在输电线路上传输的工频和高频电流分开，并将高频收发信机与高压设备隔离，以保证二次设备和人身安全。利用输电线路构成的高频通道的一般采用相—地制，即利用输电线路的一相和大地形成高频回路。

相—地制高频载波通道的原理接线如图3.29所示。其中各主要元件的作用分述如下：

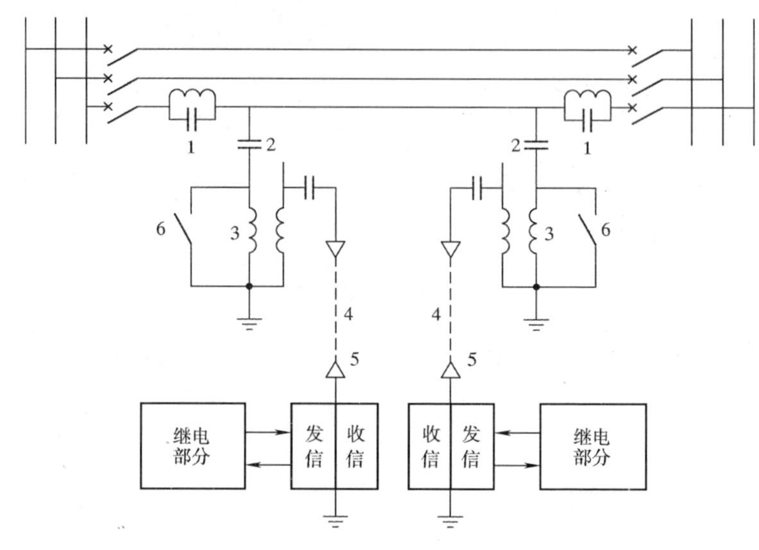

图3.29　相—地制高频载波通道的原理接线图

1—阻波器；2—结合电容器；3—连接滤波器；4—高频电缆；5—高频收、发信机；6—接地开关

(1) 阻波器。阻波器由电感和电容组成，并在载波工作频率下并联谐振。因而对高频载波电流呈现很高的阻抗（大于1000Ω），对50Hz的工频电流呈现的阻抗很小（<0.04Ω），因此不影响工频电流的传输。

(2) 结合电容器。结合电容器是高压输电线路和通信设备之间的耦合元件。由于它的电容量很小，对工频电流呈现很大的阻抗，可防止工频高压对高频收发信机的侵袭。但对高频电流呈现的阻抗很小，不妨碍高频电流的传送。另外，结合电容器还与连接滤波器组成带通滤波器。

(3) 连接滤波器。它由一个可调节的空心变压器和电容器组成，改变电容或变压器抽头，即可达到两侧阻抗的匹配，使其在载波工作频率下，传输功率最大。

(4) 高频电缆。它将位于集控室内的收、发信机与位于高压配电装置中的连接滤波器连接起来。因为其工作频率很高，如果用普通电缆将引起很大衰减，因此一般采用单芯同轴电缆。

(5) 高频收、发信机。其作用是发送和接收高频信号。通常两侧发信机发出的频率相同。收信机同时收到本侧和对侧发信机发出的信号，这种方式叫做单频制。

(6) 接地开关。它的作用是在检修或调整收、发信机及连接滤波器时进行安全接地。

3. 高频保护的分类

高频保护按比较信号的方式可分为直接比较式高频保护和间接比较式高频保护两类。直接比较式高频保护是将两侧的交流电量经过转换后直接传送到对侧去，装在两侧的保护装置直接对交流电量进行比较。例如，若检测到两侧电流同相位，即两侧电流由母线相向流入线路同一故障点时保护动作，则称为电流相位比较式高频保护，简称相差高频保护。

间接比较式高频保护是两侧保护设备各自只反映本侧的交流电量，而高频信号只是将本侧保护装置对故障判断的结果传送到对侧去。线路每一侧的保护根据本侧和对侧保护装置对故障判断的结果进行间接比较，确定是否跳闸。这类高频保护有高频闭锁方向保护、高频闭锁距离保护等。

高频信号按作用分，可分为闭锁信号、允许信号和跳闸信号。闭锁信号是制止保护动作将保护闭锁的信号。本侧保护动作，且没有收到对侧闭锁信号，则保护动作于跳闸。采用这种信号的保护，当系统发生故障时启动发信，若保护判断为内部故障，则停止发闭锁信号，若判断为外部故障，则连续发闭锁信号。

允许信号是允许保护动作于跳闸的信号。本侧保护动作，且收到对侧允许信号时，保护作用于跳闸。

3.6.2 输电线路高频保护

1. 高频闭锁方向保护

高频闭锁方向保护是利用高频信号比较线路两端功率方向，进而决定其是否动作的一种保护。保护采用故障时发信方式，并规定：线路两端功率 S_k 由母线指向线路方向为正，由线路指向母线方向为负，且当系统发生故障时，若短路功率方向为负，则高频发信机启动发信；若短路功率方向为正，则高频发信机不发信。

图 3.30 中，在线路 d 点发生短路时，通过故障线路两端 B、C 的功率方向均为正，两端发信机都不发信，保护[3]、保护[4]分别作用于跳闸，切除故障线路。此时，保护[2]和保护[5]也通过故障电流，但其功率的方向为负，保护[2]和保护[5]本身不动作，还经发信机发出高频信号，送到线路对端，将保护[1]和保护[6]闭锁。因为高频信号起闭锁保护的作用，故这种保护称为高频闭锁方向保护。

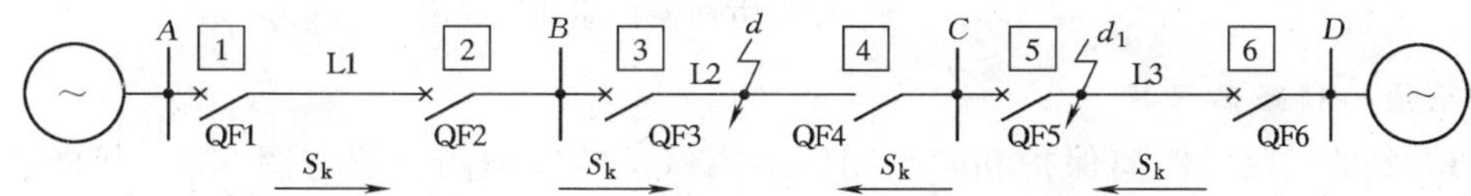

图 3.30 高频闭锁方向保护原理

高频闭锁方向保护是利用非故障线路一端发出的信号，闭锁该线路两端保护出口的高频保护。而对于故障线路，两端不需要发出高频闭锁信号，这样就可以保证在内部故障并伴随高频通道破坏时（例如通道所在的一相接地或断线），保护装置仍然能够正确地动作。这是它的主要优点，也是高频闭锁方向保护得到广泛应用的主要原因。

图 3.31 是高频闭锁方向保护原理接线图。保护装置由以下主要元件组成：①启动元件 KA1 和 KA2，其灵敏度选择得不同。灵敏度较高的启动元件 KA1 只用来启动高频发信机，发出闭锁信号，而灵敏度较低的启动元件 KA2 则用于接通跳闸回路；②功率方向元件 KP3，根据故障时母线电压 U_k 与故障电流的相位差，判别短路功率 S_k 的方向；③中间继电器 KM4，用于内部故障时停止发高频闭锁信号；④带有工作线圈和制动线圈的继电器 KM5，用以控制保护的跳闸回路，继电器 KM5 只用在工作线圈中有电流而制动线圈中无电流时才动作。当正方向发生短路时，S_k 为正，KA2 和 KP3 动作，KM5 的工

作线圈带电；收信机收到高频闭锁信号时，KM5 的制动线圈带电。现将发生线路内、外故障时保护的工作情况分述如下：

(1) 外部故障。如图 3.30 所示保护①和保护②的情况，在 d 点发生短路时，A、B 两端的启动元件 KA1、KA2 都动作，触点 KA1.1、KA2.1 闭合。A 端的保护①功率方向为正，KP3 动作，KP3.1 闭合，A 端 KM4 励磁，KM4.1 断开，A 端发信机不发闭锁信号。B 端的保护②功率方向为负，其功率方向元件 KP3 不动作，KP3.1 在断开位，KM4 不励磁，KM4.1 闭合，B 端发信机发闭锁信号。此时，A 端收到 B 端的闭锁信号，KM5 的制动线圈中有电流，即把 A 端保护①闭锁。而 B 端因功率方向为负，方向元件不动作，KP3.1 断开，KM5 工作线圈无电流。于是，两侧的 KM5 均不能动作，保护一直被闭锁。直到故障切除后返回原态。

(2) 内部故障。d 点发生短路时，保护③和保护④的启动元件 KA1 和 KA2 均动作，两端的功率方向元件 KP3 和 KM4 也动作，停止了发信机的工作。这样 KM5 中就只有工作线圈中有电流。因此能立即动作，分别使两端的断路器跳闸。

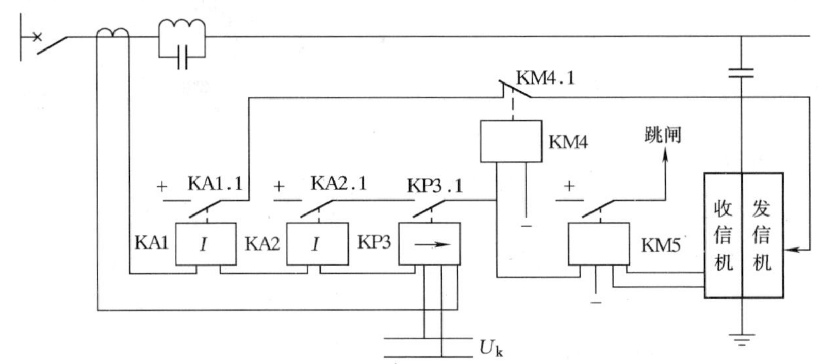

图 3.31　高频闭锁方向保护原理接线图

2. 高频闭锁距离保护

图 3.32 是三段式距离保护和高频闭锁距离保护的原理图。假定图 3.30 中的保护③和保护④都安装了该保护。图 3.32 虚线框以外部分是三段式距离保护，Z_{I}、Z_{II}、Z_{III} 分别是距离Ⅰ段、Ⅱ段、Ⅲ段的测量元件，为方向阻抗继电器，I_2 是负序电流启动元件。因为发生不对称短路时，系统中就会有负序电流产生。在实际生产过程中，即使是对称短路，也会存在非对称的过渡过程。所以，负序电流能灵敏地捕捉系统中的任何故障状态。Z_{I} 能够反应全线路 80%范围内的故障，当 Z_1 和 I_2 同时动作时，瞬时启动本侧断路器跳闸；Z_{II} 能够反应本段全线路 100%范围内的故障，当 Z_{II} 和 I_2 同时动作时，经 t_{II} 延时启动本侧断路器跳闸，并能对下一段线路起到后备保护作用；Z_{III} 作为本段线路和下一段线路的后备保护，必要时以较大的延时 t_{III} 作用于跳闸。

图 3.32 虚线框内的部门是高频闭锁距离保护，用 I_2 作为反应短路故障（不分区内还是区外）的启动元件。为了能反应本段线路全范围内的短路故障，用带方向的阻抗元件 Z_{II} 作为内部故障的判别元件。在图 3.30 中若线路 L2 的 d 点发生短路故障，保护③、保护④的启动元件 I_2 启动，其输出经或门 E、延时返回元件 t_2 和与门 H 去启动发

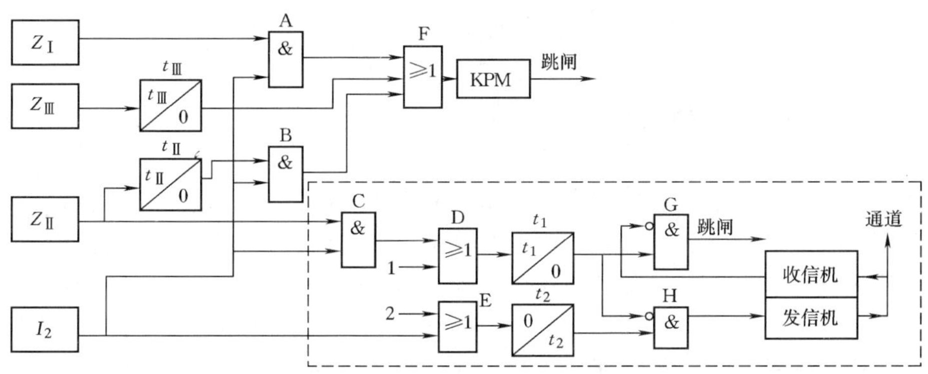

图 3.32 高频闭锁距离保护原理方框图

信机向对侧发信。保护③的测量元件 Z_{II} 判断为保护③正方向的故障，其输出经与门 C、或门 D 和很小的延时 t_1，送与门 G 去启动跳闸出口，并送与门 H 去停止发信。与门 G 收到该启动信号，且没有收到来自对侧保护④的闭锁信号，则输出本侧断路器 QF3 跳闸指令。相应地，保护④的 Z_{II} 也判别为保护④正方向故障，且没有收到保护③发出的闭锁信号，启动断路器 QF4 跳闸。两侧断路器跳闸，及时切除了线路 L2 的故障。

若线路 L3 的 d_1 点短路，则保护③、保护④的启动元件都启动发信。保护③判断为保护正方向故障，但保护④判断为保护反方向故障。保护③总能收到保护④的发来的信号(即无闭锁)，因反方向故障，保护④的 Z_{II} 不启动，故两侧断路器都不会跳闸。

可见，高频闭锁距离保护只能作为本段线路的全线快速保护，不能作为相邻线路的后备保护。这就是高频闭锁距离保护和三段式距离保护要同时配置的原因。

与高频闭锁距离保护类似，还有一种称为高频闭锁零序电流方向保护。在图 3.32 中，只要将 I_2 换成零序电流启动元件，把 Z_{II} 换成零序功率方向元件即可。

3. *线路光纤差动保护*

除用载波通道组成高频保护外，还可用微波通道组成微波保护，用光纤通道组成光纤保护。微波通道，将保护信号变成微波信号用发信机经天线发射，对端天线接收后再传给接收机。微波频率一般为 2000MHz。光纤通道将保护信号用光发送器送出，经光纤传输到对端光接收器。目前，新型光纤保护成为高压输电线路的主保护。

根据基尔霍夫电流定律设计的差动保护，作为发电机、变压器、电动机的主保护，得到广泛应用。随着通信技术的发展，用光纤通道实时传送输电线路两侧电流信号已成为成熟技术，使线路光纤差动保护装置得以应用。在图 3.10 中，只要将变压器 T 换成输电线路，就构成了线路差动保护原理图，式（3.9）同样可以作为线路差动保护计算的基本依据。所以，线路差动保护用比较被保护线路两侧电流的大小与相位的方法来计算差动电流，能实现对线路正常运行、区内故障与区外故障的正确判断。一般用分相电流差动保护和零序电流差动保护构成全线速动主保护，用三段式相间距离和接地距离构成后备保护。

3.7　母线保护与失灵保护

3.7.1　母线保护与充电保护

1. 母线保护

如图 2.2 所示，在发电厂，作为汇集和分配电能的设备，母线上连接着线路、电源进线开关及相应的隔离开关、互感器、避雷器等多种电气设备。母线本身或连接在母线上的上述设备故障使母线失压时，可能导致全厂停电，还可能扩大事故范围，破坏系统稳定，严重危及系统安全。

对母线保护的基本要求是快速地、有选择性地切除故障母线，保护装置必须可靠、并有足够的灵敏度。母线保护的基本原理，基于基尔霍夫电流定律。如图 3.33（a）所示，把虚线范围内的母线及开关设备看着一个封闭面，流出该封闭面的电流为 $\dot{I}_1$、$\dot{I}_2$、$\dot{I}_3$、$\dot{I}_4$（假定电流的正方向为从母线流出），分别由电流互感器 TA1、TA2、TA3、TA4 测得。当母线正常运行或外部故障（如 d_1 发生接地故障）时，根据节点电流定律有

$$\dot{I}_1+\dot{I}_2+\dot{I}_3+\dot{I}_4=0$$

即流入流出母线电流的相量和为 0。而当封闭面内部任意一点发生短路故障（如母线 W1 的 d_2 点发生接地）时，由于封闭面多了一条经 d_2 点流向大地的支路，故有

$$\dot{I}_1+\dot{I}_2+\dot{I}_3+\dot{I}_4+\dot{I}_{d2}=0$$

$\dot{I}_{d2}$为从母线流向接地点的电流。显然此时 $\dot{I}_1+\dot{I}_2+\dot{I}_3+\dot{I}_4\neq 0$，与变压器保护类似，该电流称为差动电流，用 I_{cd}表示，当 I_{cd}大于整定值 I_{dzd}时，就可认为是封闭面内部、也就是母线及其相关设备发生了故障。所以当母线保护装置检测到差动电流大于整流值时，就可启动母线跳闸，切除与母线相连的所有断路器。因为故障时各电源同时向短路点提供短路电流，各电流的相位趋于一致，故 $I_{cd}=|\dot{I}_{d2}|$。由于测量误差等原因，正常运行和外部故障时，会存在不平衡电流，整定值要躲过外部故障时的最大不平衡电流。

$$I_{cd}=|\dot{I}_1+\dot{I}_2+\dot{I}_3+\dot{I}_4|=|\dot{I}_{d2}|>I_{dzd} \tag{3.12}$$

图 3.33（b）是母线保护原理图，其中母线大差动继电器是按式（3.12）动作的。但保护仅按式（3.12）动作不能满足选择性要求。如图 3.33（a）所示，当 d_2 点发生故障时，若能及时切除接在母线 W1 上的线路（包括电源线路），并断开母联开关 QF5，就能使母线 W2 继续运行。这就不致造成两条母线同时停电，提高了供电的可靠性。为此就要求保护能区分是 W1、还是 W2 发生了故障。利用基尔霍夫电流定律，很容易实现这一点。把母线 W1、W2 视为两个独立的节点，用 I_{cd1}、I_{cd2}分别表示从母线 W1、W2 流出电流相量和的大小，则当

$$I_{cd1}=|\dot{I}_1\cdot QS_{11}+\dot{I}_2\cdot QS_{21}+\dot{I}_3\cdot QS_{31}+\dot{I}_4\cdot QS_{41}+\dot{I}_5\cdot QS_{51}|\geqslant I_{d1zd} \tag{3.13}$$

或

$$I_{cd2}=|\dot{I}_1\cdot QS_{12}+\dot{I}_2\cdot QS_{22}+\dot{I}_3\cdot QS_{32}+\dot{I}_4\cdot QS_{42}-\dot{I}_5\cdot QS_{52}|\geqslant I_{d2zd} \tag{3.14}$$

时，就可启动 W1 母线或 W2 母线及母联断路器跳闸。

电路中，线路是接在 W1，还是接在 W2，是由相应的隔离开关决定的。如 QS11 合上，QS12 断开时，电源 G1 接在 W1 上。式中 QS_{11}、QS_{12}、QS_{21}、QS_{22}…分别表示隔离开关 QS11、QS12、QS21、QS22…的辅助触点，当隔离开关合上时取值为 1，断开时取值为 0。例如，当 QS11、QS31、QS22、QS42、QS51、QS52 合上，QS12、QS32、QS21、QS41 断开时有

$$I_{cd1}=|\dot{I}_1+\dot{I}_3+\dot{I}_5|,I_{d2}=|\dot{I}_2+\dot{I}_4-\dot{I}_5|$$

图 3.33（b）中的 W1 母线、W2 母线分差动继电器分别是按式（3.13）、式（3.14）整定的，值得注意的是，为使表达式在正常运行和外部故障时满足节点电流定律，加入了流过母联的电流 $\dot{I}_5$，应用时要注意电流的极性。

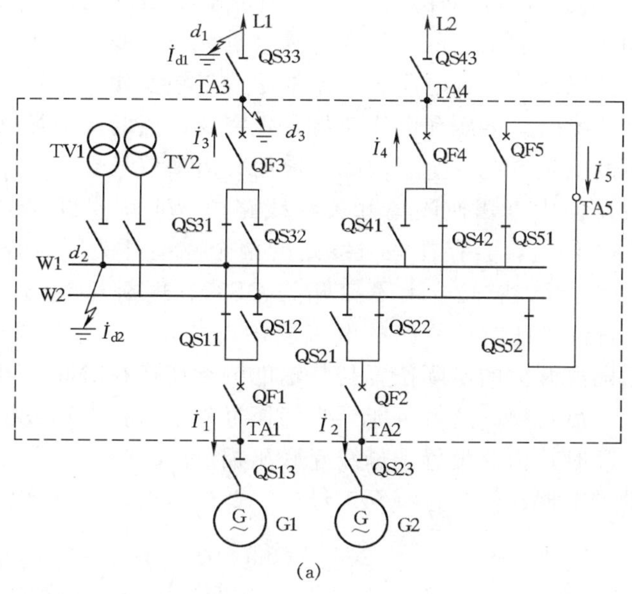

（a）

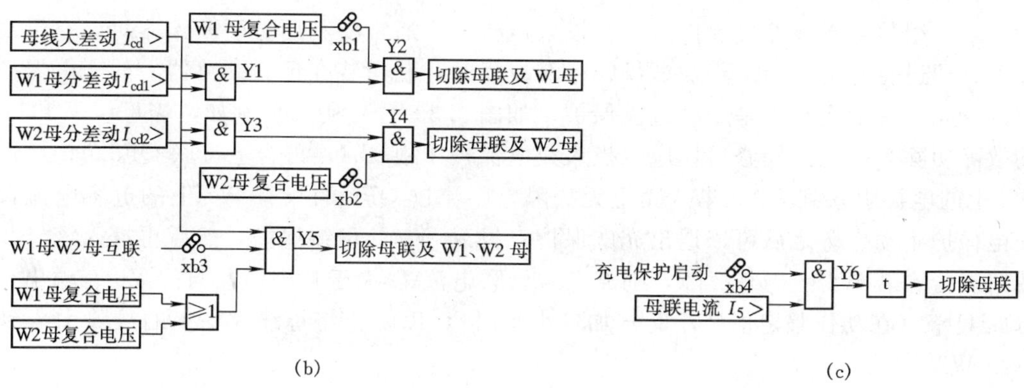

（b）

（c）

图 3.33 母线保护

（a）一次系统；（b）母线差动保护逻辑；（c）母线充电保护逻辑

当 d_2 点故障时，从 W1 流出的电流除 $\dot{I}_1$ 、$\dot{I}_3$ 和 $\dot{I}_5$ 外，还有故障点电流 $\dot{I}_{d2}$，当 $I_{cd1}=I_{d2}\geqslant I_{d1zd}$ 时，W1 母线分差动与大母差同时动作，跳开 QF1、QF3 和 QF5，切除母联 QF5、发电机 G1 和线路 L1，使接在 W2 上发电机 G2 和线路 L2 继续运行。切除 W1 母线的信号发出后，跳哪些断路器，也是由隔离开关的位置确定的，若某断路器接在 W1 母线，那与它相连的且处于合位的隔离开关，其下标编号的末位数必定为“1”。

当电流互感器二次回路断线时，母线正常运行时差动电流也将不为零，可能引起保护误动。为消除此影响，在输出回路中还加入了母线复合电压闭锁，经连接片 xb1 和 xb2 引入。复合电压包括低电压、零序电压和负序电压，与变压器后备保护中复合电压的概念是一致的。所以，切除某一母线的条件是：大差动和该母线分差动继电器动作，且该母线出现低电压、零序电压或负序电压。有的系统还具有 TA 断线闭锁功能，当电流互感器回路断线时，闭锁母线保护动作。

为了提高母线保护动作的可靠性，保护装置还设置了启动元件，只有当启动元件启动后，母差保护才能动作。一般用电压工频变化量（也称为突变量）或电流工频变化量元件作启动元件。在正常情况下，工频电压、电流都是按工频变化的连续函数，对时间的变化率较小。当系统发生故障时，电压和电流值将发生突变，当两次采样电压或电流的变化量超过整定值时，则可判断是系统发生了故障，应用时启动信号也引入与门 Y_2 和 Y_4。

另外，在倒母线过程中（切换隔离开关将线路由 W1 切换到 W2，或由 W2 切换到 W1 运行），为使线路不停电，会存在一条线路的两个隔离开关同时合上的情形，如线路 L1 由 W1 切换到 W2 运行，应先合上隔离开关 QS32、再断开 QS31。在 QS31 断开前，QS31、QS32 同时在合位。此时该线路的电流会在式（3.13）、式（3.14）同时出现，加之在分、合的过程中隔离开关的实际位置与其辅助触点切换在时间上可能不一致，如隔离开关先闭合、辅助触点后切换。这就可能导致切换过程中保护误动或拒动，特别是在切换过程中又出现外部故障时。为此设置了母线互联压板 xb3，在倒母线时投入。在倒母线过程中，当母线大差动继电器动作，且有 W1 母或 W2 母复合电压证实时，与门 Y5 启动母线跳闸。

2. 充电保护

当一组故障母线经过检修后，在投入运行前，通常要利用母联断路器对该空母线进行加压，即进行充电试验。当被试母线存在故障时，利用装在母联断路器上的充电保护切除故障。充电保护实际上是一种过流保护，如图 3.33（c）所示。例如，当母线 W1 上 d_2 点的故障切除，并经过检修后，应先投入充电保护压板 xb4，再合上母联 QF5，将运行母线 W2 上的电源引入到 W1，若 W1 上无故障，则流过 QF5 的只有 W1 上的电容电流，母线充电保护不动作。之后可以退出充电保护，投入 W1 的母差保护，然后再投入该母线的各线路运行。若 W1 上仍有故障，则充电时母联电流 I_5 大于整定值，与门 Y6 有输出，跳开母联 QF5（在动作整定值较小时宜加较小延时），以防止将母线 W1 上的故障引入到运行母线 W2。

值得注意的是：在母线充电过程中，会存在流入流出母线电流不平衡，为防止母差保护误动，充电保护投入时，应短时解除母线差动保护。有的母差保护可在充电保护投入时自动退出（利用充电保护投入时的继电器动断触点断开母差保护电源），充电保护退出时自动恢复。

3.7.2 失灵保护与远方跳闸

1. 失灵保护

断路器主要的作用之一是切除系统中的故障设备。如图 3.33（a）所示的系统，当线路 L1（或 L2）故障，L1（或 L2）线路保护发出跳 QF3（或 QF4）指令时，如果断路器的操作机构故障，或者断路器跳闸回路故障，导致断路器拒跳，就会把故障引到母线，但由于故障点在母差保护范围之外［图 3.33（a）虚线范围之外］，母线保护不能启动，势必引起连接在母线上的其他电源严重过流，导致事故进一步扩大。

当系统发生上述故障，故障元件的保护动作而其断路器失灵拒跳时，通过故障元件的保护作用于相邻元件的断路器，使之跳闸的保护，称为断路器失灵保护。对于有母联或分段开关的母线，失灵保护动作时应优先断开母联或分段开关，然后断开与拒动断路器连接在同一母线上的所有断路器。例如，当图 3.33（a）中，若 G1、L1 接在 W1 母线上运行，G2、L2 接在 W2 上运行，母联 QF5 合上。如果 G1 故障而 QF1 拒动，失灵保护只要断开 QF3 和 QF5，就能使 W2 母线正常运行。

失灵保护的原理很简单，如图 3.34 所示。当某元件（即设备）的保护出口动作后，通过该元件的电流仍大于整定值并持续一段时间 t，则可认为该元件的断路器拒跳，该回路的失灵保护启动，通过集中的失灵跳闸出口，切除母联和与故障回路相连的母线。与母差保护类似，切除哪条母线及哪些开关，是由隔离开关的位置决定的。例如，图 3.33（a）中，若 QS11 在合位，则 G1 接在 W1 上运行，G1 故障而 QF1 失灵时应切除 W1。此时若 QS31 在合位，则线路 L1 接在 W1 上运行，切除 W1 还要使 QF3 断开。

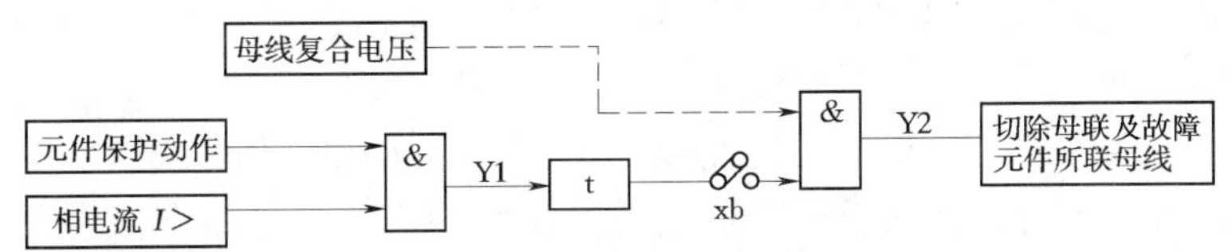

图 3.34 断路器失灵保护逻辑

为了提高失灵保护动作的可靠性，有的保护还加入母线复合电压闭锁元件，切除母线要有母线低电压、零序电压或负序电压证实。当某个回路退出运行时，应通过连接片 xb 将相应的失灵启动回路退出，以防止失灵保护误动。

可见，失灵保护是由两部分保护元件组成的，一是失灵启动回路，与断路器对应；二是执行回路，与母差保护跳闸出口回路类似。

对于如图 2.3 所示的采用 3/2 接线的系统，若中间断路器拒跳，失灵保护动作，除跳开本侧两相邻的断路器外，还要启动远方跳闸，跳开与拒动断路器相连的线路对侧断路器；若母线侧断路器拒跳，失灵保护动作，除跳开本侧相邻的中间断路器和相连的母线上所有断路器外，还要启动远方跳闸，跳开与拒动断路器相连的线路对侧断路器，若拒跳断路器与变压器相连，还要跳开变压器其他各侧断路器。

2. 超高压电网的过电压保护与远方跳闸

在 3/2 接线的系统中，失灵保护要与远方跳闸保护配合，以跳开线路对侧断路器。远方跳闸保护实际上是利用通信通道，直接向线路对侧发出断路器跳闸命令的装置。除上述的与失灵保护配合外，还有下面两个作用。

(1) 与过电压保护配合。为防止高电压危及系统与设备的安全，500kV 及以上电压的线路设有过电压保护。过电压保护动作后，不仅要跳开本侧断路器并闭锁重合闸，还要启动本侧远方跳闸保护发信，线路对侧的远方跳闸回路收信，使对侧三相断路器永久跳闸，并闭锁重合。这是因为：过电压保护动作后，若不使线路对侧断路器跳闸，则当本侧断路器跳开后，线路电容电流的影响，会使线路对侧的过电压更为严重。尽管对侧的过电压保护也会相继动作，但其跳闸时间比由远方直接启动跳闸的时间也长得多。因此，过电压保护常与远方跳闸保护配合使用，以迅速切除线路的过电压。

(2) 与线路并联电抗器保护配合。在超高压电网中，为了克服线路电容效应造成的过电压，一般装有并联电抗器，来补偿线路电容的影响。当电抗器因故跳闸后、并联电抗器保护动作后，也要启动远方跳闸，来切除线路对侧断路器。

3.8　断路器保护与自动重合闸

3.8.1　断路器保护

1. 断路器保护

在 220kV 及以上电压等级的电网中，通常装有成套的断路器保护装置，把断路器失灵保护、三相不一致保护、充电保护、死区保护、重合闸等集成在一套装置中。

(1) 失灵保护。其作用原理前面已述及，它包括保护启动与跳闸两部分。被保护的本断路器因故拒动时，向外发出启动失灵信号；收到来自相邻断路器保护的启动失灵信号时，使本断路器跳闸。

(2) 三相不一致保护。该保护是防止断路器在非全相运行中电网出现不对称分量，引起其他保护误动而设置的。同时，非全相运行在系统中产生的负序电流会危及发电机和电动机的安全，特别是发变组输出回路的断路器非全相运行，会对发电机转子产生很大的伤害。引起断路器非全相运行的原因很多，如某相合闸线圈开路或合闸机构失灵，三相断路器不能全合、或者在运行状态一相或两相偷跳等。断路器三相不一致保护由该断路器并联的三个三相动合辅助触点与并联的三个三相动分辅助触点串联回路启动，即 A、B、C 三相断路器既有在合闸位、也有在分闸位时启动，发出跳闸指令使运行相断路器跳闸。为提高保护动作可靠性，在保护启动回路增加了负序电流判别元件。为防止单相重合闸动作时保护误动，保护出口带有大于重合闸周期的延时。

(3) 充电保护。其保护在断路器由分到合时投入，若任意一相电流大于充电保护整定值，经延时保护动作发三相跳闸指令，跳开本断路器，并闭锁重合闸。大约 500ms 后充电保护自动退出。

(4) 死区保护。如图 3.33 所示，在断路器 QF3 与电流互感器 TA3 之间存在死区。死区故障、如 d_3 点短路时，母线保护动作，使断路器 QF3 跳闸，若线路 L1 对侧开关未跳，则短路电流仍存在。死区保护在收到三跳指令且本断路器已跳闸，但任意一相电流大于死区过流整定值时启动，跳相邻的断路器，并闭锁重合闸。所以，死区保护类似于启动失灵保护。

2. 自动重合闸

输电线路、特别是架空线路发生的故障多是瞬时性的。例如，雷电引起的绝缘子表面闪络、鸟类及树枝引起的短路等。在继电保护动作断路器跳闸后，故障点的电弧自行熄灭、绝缘强度自动恢复，如果再重新合上跳闸的断路器即可恢复线路的供电。重合闸装置即可实现该功能。

自动重合闸的类型很多，一般可分为单相重合闸、三相重合闸和综合重合闸。单相重合闸即单相故障跳单相重合单相，重合于永久性故障跳三相；相间故障跳三相不重合。三相重合闸即任何类型故障跳三相，经同期或无压检定重合三相，重合于永久性故障跳三相。综合重合闸即单相故障跳单相重合单相，重合于永久性故障跳三相；相间故障跳三相，经同期或无压检定重合三相，重合于永久性故障三相。目前，110kV 及以下电压等级的线路均采用三相重合闸，220kV 电压等级及以上的线路均采用单相重合闸。对于双侧电源的系统联络线路，三相跳闸后，由于电网运行状态的改变，可能造成两侧电源不同期，为避免非同期合闸，重合闸前必须检差两侧电源是否满足同期条件；对单侧电源的供电线路，或双侧电源、两侧断路器均跳后先重合的一侧，重合前只要检查线路无压即可。为保证重合闸装置的可靠工作，对其具有下列基本要求：

(1) 手动操作断路器分闸时，重合闸不应动作（具有放电回路）。

(2) 手动操作断路器合闸时，若合于故障线路上时，断路器跳开后不应重合。

(3) 重合闸只能动作出口一次，不允许多次重合。

(4) 重合闸动作后，应能自动复归，以准备下一次动作。

(5) 重合闸应具有加速继电保护动作的能力。

当发变组保护三相跳闸、母线保护三相跳闸、操作机构动力不足、失灵保护、死区保护、三相不一致、充电保护动作等情况时，都应闭锁重合闸动作。

3.8.2　三相一次重合闸的基本原理

目前，电网中已广泛采用微机自动重合闸装置，但它是在传统的电磁式装置基础上发展起来的。传统装置中某些重要概念、如重合闸充、放电过程，在微机装置中得到沿用。利用电磁式装置说明重合闸的原理与相关概念，简单易行。所以，到现在仍有不少书籍借助于传统装置介绍重合闸的原理，这对集控运行人员来说，也是够用的。

图 3.35 是电磁式三相一次自动重合闸接线展开图，“三相一次自动重合闸”，也就是三相重合闸，所谓“一次”，是为了强调重合闸动作只能执行一次。如图 3.35 所示，它是由与图 1.22 类似的断路器控制回路和虚线框内的重合闸继电器组成的。重合闸继电器由时间继电器 KT、中间继电器 KM、电容 C、充电电阻 $R4$、放电电阻 $R6$ 及信号灯 HL 组成。在控制回路中，KCT 是断路器跳闸位置继电器，当断路器处于断开位置时，KCT 通过断路器动断辅助触点 QF.1 及合闸线圈 YC 而励磁。KCF 是防跳继电器，用于防止因 KM 的触点粘住而引起断路器多次重合于永久性故障线路。KAT 是加速保护动作的中间继电器。KS 是表示重合闸动作的信号继电器。SA 是手动操作的控制开关，触点的通断情况见表 1.1。ST 用来投入或退出重合闸装置。下面讨论装置的工作原理。

(1) 线路正常运行。当控制开关 SA 在“合后”位置时，其触点㉑-㉓闭合。断路器

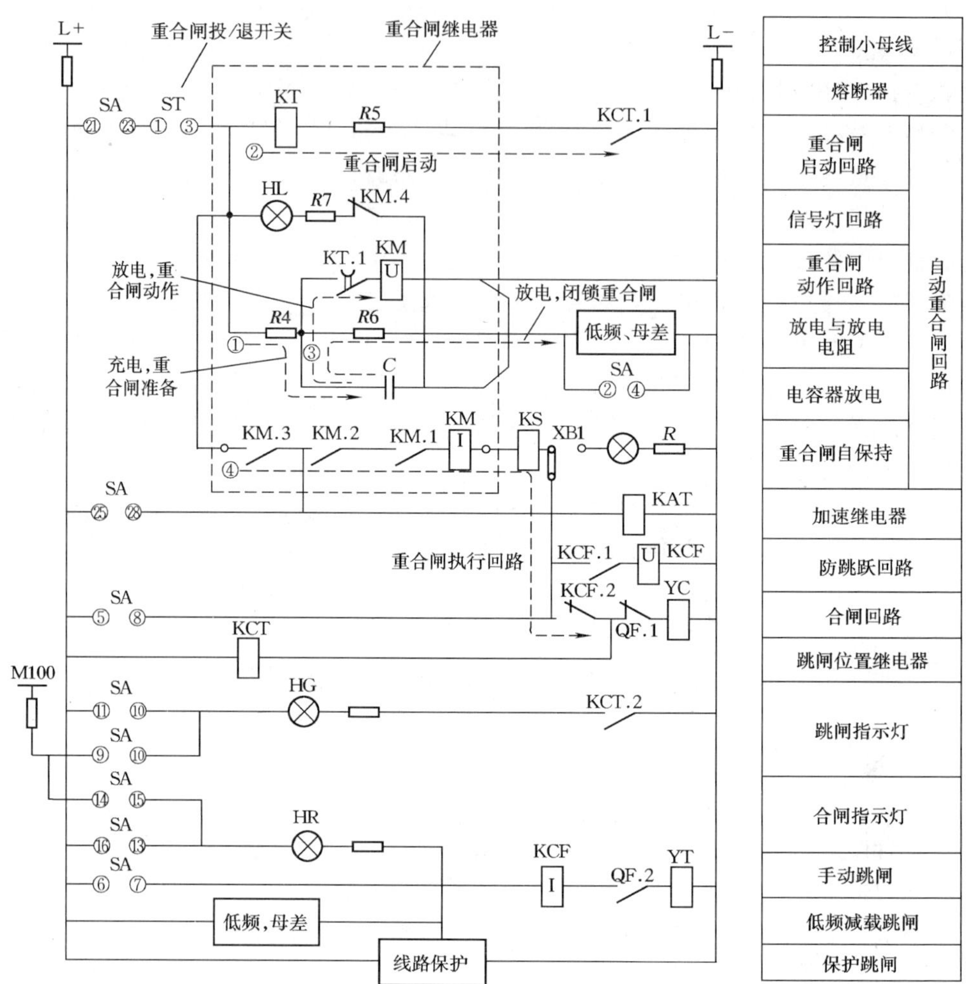

图 3.35　电气式三相一次自动重合闸接线展开图

处在合闸位置时，其动分触点 QF.1 断开，KCT 线圈失电，KCT.1 触点断开。当 ST 在“投入”位置时，其触点①-③闭合。电源经 L+、SA 的触点㉑-㉓、ST 的触点①-③、$R4$、电容 C 到 L−形成回路，电源对电容 C 充电。电容充电是一个暂态过程，选择充电电阻 $R4$ 和电容 C 的参数，可使电容 C 在 15～25s 内充满电，电容器两端电压等于直流电源电压。以电容 C 充满电为标志，重合闸继电器进入准备动作状态。用来监视中间继电器 KM 触点及电压线圈是否完好的信号灯 HL 亮。所谓开关“对应”，即断路器在合闸状态，SA 在“合后”位置。

（2）线路发生瞬时故障或由于其他原因使断路器跳闸。此时控制开关 SA 和断路器位置处于不对应状态。因断路器跳闸，其辅助触点 QF.1 闭合，QF.2 断开，跳闸位置继电器 KCT 励磁，KCT.1 触点闭合，启动重合闸时间继电器 KT，经延时 KT.1 闭合，接通电容器 C 对中间继电器 KM 电压线圈的放电回路。KM 的电压线圈励磁，其触点 KM.1、KM.2、KM.3 闭合，启动重合闸执行回路。电源经 L+、SA 的触点㉑-㉓、ST 的触点

①-③、KM.3、KM.2、KM.1、KS、XB1、KCF.2、QF.1、YC、L－，形成回路，合闸线圈YC励磁，使断路器重新合上。同时，KS励磁，发出重合闸动作信号。

KM的电流线圈起重合闸自保持作用，只要KM被电压线圈短时启动一下，便可通过电流自保持线圈使KM在重合闸过程中一直处于动作状态，从而使断路器可靠合闸。连接片XB1用以投切重合闸或试验。

断路器重合成功后，其辅助触点QF.1断开，继电器KCT、KT、KM均返回，整个装置自动复归。电容器C重新充电，为下次动作做好准备。可见，重合闸动作一次后，必须经过15～25s充电时间，才能再次启动。

(3) 线路上发生永久性故障。自动重合闸装置的动作过程与上述相同。但在断路器重合后，因故障并未消除，继电保护将紧接着再次动作使断路器第二次跳闸，重合闸装置再次启动，KT励磁，KT.1经延时闭合。但此时电容器C上还未充电到KM的动作电压，断路器不能再次重合。这时电容器C也不能继续充电，因为C与KM电压线圈并联（线圈电阻几千欧），再与电阻R_4（几兆欧）串联分压，使电容器C上的电压值远小于KM的动作电压，其动合触点不能闭合，保证了重合闸只动作一次的要求。也就是说，只有在KT.1断开的条件下，电容器C上才能充满电。

(4) 手动分闸。使用控制开关SA手动分闸时，其触点㉑-㉓断开，切断了重合闸的正电源，而SA在分后位时其触点②-④闭合，电容器C通过只有几百欧的电阻R_6放电，很快使电容器C两端电压接近于零。所以断路器手动分闸后重合闸不会动作。

可以看出，只要SA的端子②-④两端是接通的，电容器C上就不能建立起电压，重合闸就不能动作。所以，当母差保护或其他动作，不允许重合闸；或当断路器操作机构液压不够不宜进行重合闸时，可以将相关回路的动合触点信号接到SA的端子②-④两端，从而实现重合闸闭锁。

(5) 手动合闸于故障线路。线路断路器合闸之前，重合闸是退出的，ST的触点①-③断开，故电容器C没有充电，重合闸不会动作。同时，在操作SA手动合闸时，SA的触点㉕-㉘闭合，使加速继电器KAT动作。KAT的动合触点信号送到保护回路，以取消保护回路中延时，加速保护出口跳闸。若线路在合闸前已存在故障，则手动合上断路器后，保护装置将无延时动作，使断路器加速跳闸。

所以，手动合闸于故障线路时，一方面因重合闸没投入，不会动作；另一方面保护将加速跳闸。

虚线所示的重合闸执行回路中，在KM.3与KM.2之间有一个分支接到KAT上。所以，自动重合于故障线路时，也能使断路器加速跳闸。

(6) 防止断路器“跳跃”的措施。手动合闸于故障线路时，虽然重合闸不会动作，但若SA把手在合闸位置没有及时返回，则SA的触点⑤-⑧仍然保持在闭合状态。当继电保护第一次动作使断路器跳闸后，由于断路器辅助触点QF.1又闭合，若无防跳继电器，则YC将再次励磁，断路器再次合闸，保护再次动作跳闸。这样，断路器跳闸——合闸不断反复，形成“跳跃”现象，这是不允许的。为此装设了防跳继电器KCF。KCF的电流线圈与分闸线圈YT串联，当断路器第一次跳闸时，KCF的电流线圈励磁，使其动分触点KCF.2断开，切断了合闸回路，断路器不会再次合闸；而其动合触点KCF.1闭合，使

KCF 的电压线圈励磁，KCF 自保持，可靠防止断路器再次合闸。同理可以分析，若自动重合于故障线路且 KM 的触点 KM.1、KM.2、KM.3 闭合后粘住，若没有 KCF.2 将合闸回路断开，断路器也会出现“跳跃”。

从上面分析可以看出：重合闸功能的实现包括准备、启动、动作、执行四个阶段，与图中四条细虚线指示的路径相对应。重合闸准备是在线路正常运行、控制开关 SA 与断路器位置对应的条件下进行的，它以电容充满电为标志。重合闸启动是在断路器跳闸、位置不对应的条件下进行的，它启动时间继电器 KT 计时，KT.1 延时闭合以接通动作回路，延时时间就是等待故障点绝缘恢复、保护继电器返回、断路器操作机构恢复正常的时间，一般在 0.5～1s 以内。重合闸动作是电容 C 通过重合闸中间继电器 KM 放电实现的。电容放电使 KM 励磁，其动合触点闭合，接通了重合闸执行回路——断路器合闸回路。当系统或装置不满足重合闸条件、要闭锁重合时，就要快速泄放掉电容上的电荷；要防止重合闸误动，重合闸宜在线路正常运行后再投入，手动分闸操作时有闭锁重合的措施；为减小手动合闸或自动重合于故障线路对系统的影响，装置有加速保护跳闸的功能。重合闸的这些功能，无论在传统仪表，还是在微机自动装置中，都是一致的，只是实现的方法不同而已。例如，在微机断路器保护装置中，重合闸电容的充、放电过程就是用计数器来模拟的。

复 习 思 考 题

1. 对继电保护有哪些基本要求？何谓主保护和后备保护？

2. 何谓阶段式电流保护？各段的保护范围和动作时限有何不同？

3. 方向元件有何作用？如何确定方向？简述三段式零序电流保护的基本原理。

4. 何谓三段式距离保护？什么是接地距离和相间距离？全阻抗继电器与方向阻抗继电器的动作特性有何不同？

5. 试述变压器差动保护的基本原理，影响保护性能的因素有哪些？有哪些应对措施？

6. 瓦斯保护的保护范围与差动保护有何不同？为何差动保护不能代替瓦斯保护？

7. 变压器有哪些后备保护？复合电压信号的组成和作用是什么？

8. 电动机有哪些保护？

9. 同步发电机应配置哪些保护？它们的基本原理是什么？

10. 为什么中性点直接接地的发电机出口电压互感器不能用于匝间短路保护？

11. 100%定子接地保护中“100%”的含义是什么？如何实现“100%”？

12. 定子接地保护除反应定子接地故障外，还有哪些故障时该保护可能会误动？

13. 简述高频通道的构成，高频闭锁方向保护与高频闭锁距离保护有何不同？

14. 简述母线差动保护的动作原理，保护中的互联压板有何作用？

15. 断路器保护有哪些？各有何作用？远方跳闸保护有何作用？

16. 自动重合闸有哪几种运行方式？对重合闸有哪些基本要求？试分析图 3.35 是如何满足这些要求的？

第 4 章　厂用电系统控制与保护

在单元机组运行过程中，电气部分的操作，以厂用电系统的操作最为频繁，厂用电系统的可靠运行对机组安全运行影响极大。熟悉厂用电系统及其控制回路，对于正确理解厂用电系统操作步骤，防止误操作，具有重要意义。同时，相对于其他系统，厂用电系统的控制比较简单。所以，机组运行人员，熟练掌握厂用电系统的控制与保护原理，不仅是必要的，而且是完全可能的。

熟悉断路器的控制回路，要明确“动力电源”、“控制电源”的作用，明确实现断路器控制与保护的必要条件，熟悉控制屏上的信号、操作开关与操作接口，了解“就地”控制与“远方”控制，断路器“检修”、“试验”、“运行”位置的区别。

4.1　380V 厂用电系统控制与保护

如图 2.8 和图 2.9 所示的厂用电系统，380V 系统是通过低压厂用变压器向 380V 母线供电的，在 300MW 机组中，低厂变是低压工作变和低压公用变，在 600MW 机组中有锅炉变、汽机变等。低厂变的控制就是其高、低压侧开关的控制。同一类型的开关，其测量和控制回路大体是一致的。

4.1.1　低厂变高压侧电源进线开关控制与低厂变保护

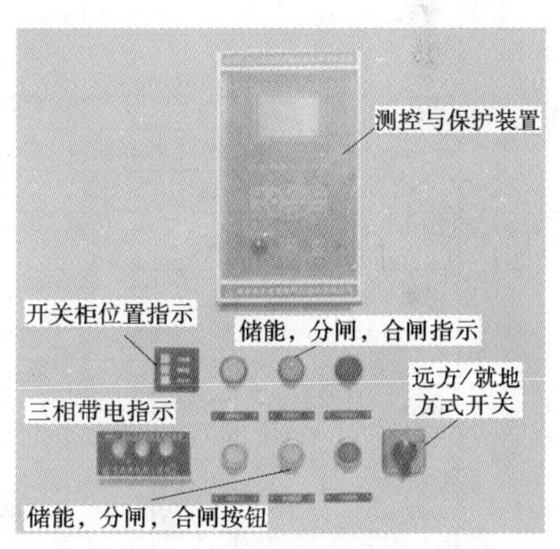

图 4.1　6kV 开关控制柜上面板示意图

图 4.1 是 6kV 开关柜上面板示意图，图 4.2 (a) 是某 600MW 机组低厂变的一次接线。其高压侧电源进线开关 DL 开关采用户内交流金属封闭铠装移开式开关柜，开关为 3AH3 型真空断路器，采用弹簧操作机构。6kV 断路器配有方式选择开关 CK，具有“远方”、“就地”两个位置。就地位时，可利用开关柜上的分闸（绿色）、合闸（红色）按钮进行开关分、合闸操作；远方位时，由 DCS 系统来指令分、合闸。断路器具有三个位置：①检修位置：手车开关由柜内拉出柜外，一次触头断开，开关柜内二次回路的所有小开关、保险均应断开。②试验位置：手车开关推入柜内试验位置，开关两侧一次触头断开；控制柜内二次回路的小开关、保险根据需要可以断开，也可以接通。③工作位置：手车开关推入柜内，开关两侧一次触头闭合，控制柜内二次回路的所有小开关、保险均应合上。开关手车的位置和开关分、合闸状态在面板有指示。

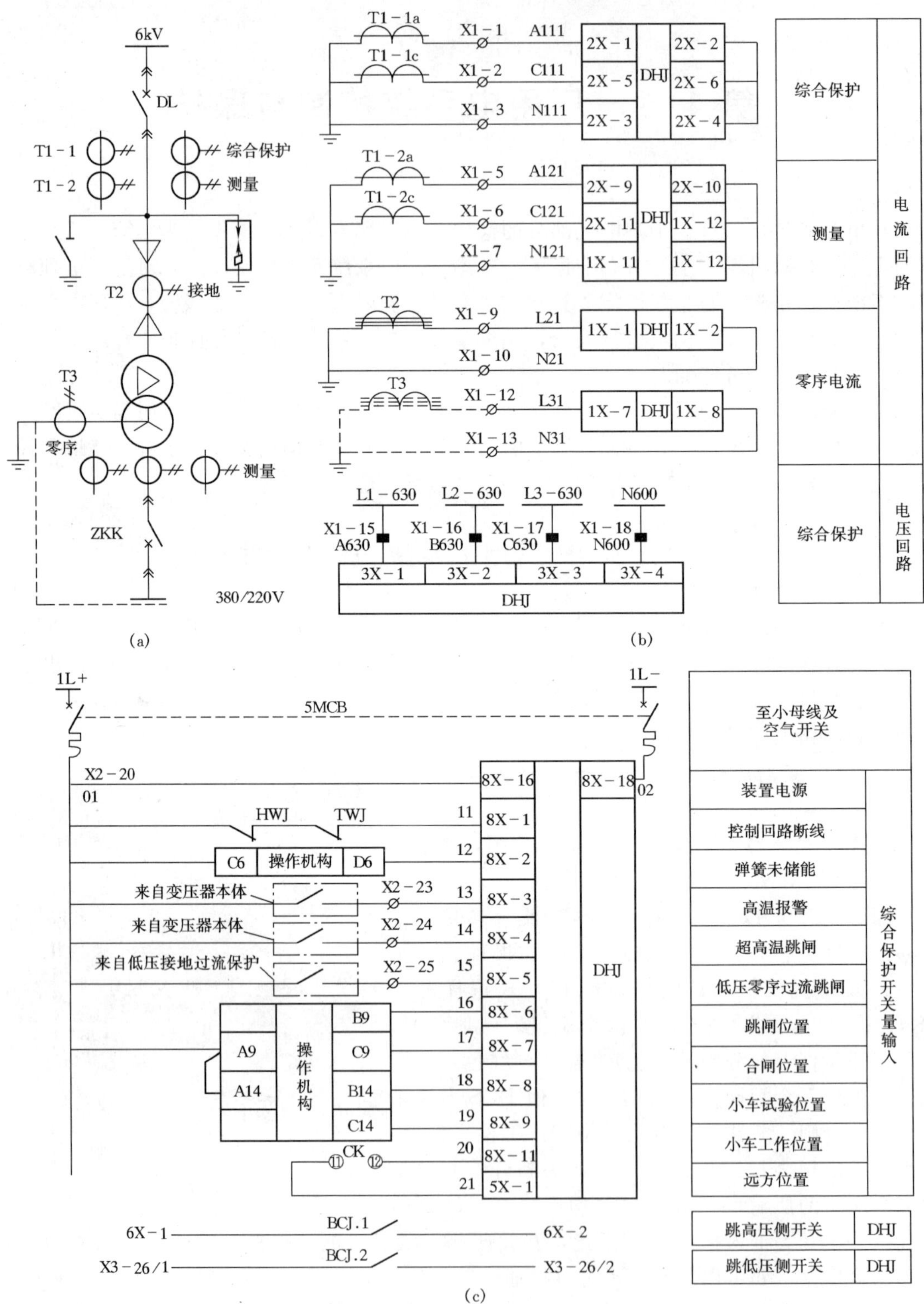

图 4.2　低厂变一次接线与综合保护

(a) 低厂变一次接线；(b) 低厂变综合保护测量回路；(c) 低厂变综合保护开关量信号

高压侧开关出口还装有电流互感器 T1-1、T1-2 和 T2，分别用于测量和保护。变压器配有集测量、控制、保护于一体的微机综合保护测控装置 DHJ。

1. 微机综合保护测控装置

图 4.2（b）微机综合保护测控装置的交流回路。电流互感器 T1-1 用于保护，其二次侧线圈 T1-1a、T1-1c 分别将变压器高压侧 A 相和 C 相电流送入综合保护装置 DHJ，而 T1-2 则用于测量，供 DHJ 显示电流、计算功率用。T2 和 T3 分别用于测量低厂变高压侧和低压侧的零序电流，分别送入 DHJ。测量和保护用的电压信号来自 6kV 电压小母线 L1-630、L2-630、L3-630，由 6kV 母线电压互感器提供（图 4.9）。

图 4.2（c）表示综合保护装置 DHJ 的开关量输入信号，大体上可分为两类。一类是断路器及开关柜手车位置等状态信号，如远方/就地方式开关 CK 的位置、弹簧未储能等，这类信号可以通过通信接口传到 DCS 系统，供显示或控制用。另一类是系统异常信号或事故跳闸指令，供报警或启动断路器跳闸用，如当变压器绕组温度高时，发报警信号。事故跳闸指令包括绕组温度过高和变压器低压侧零序过流跳闸。

低厂变微机综合保护装置一般设置高压侧电流速断保护，过流、负序过流与接地保护，低压侧零序过流保护，有的设置有差动保护。非电量保护包括变压器绕组温度高报警和绕组温度过高跳闸。当综合保护判断出跳闸条件或外部开关输入跳闸指令时，DHJ 通过其端子 6X-1、6X-2，发出高压侧开关跳闸指令（BCJ.1 闭合，见图 4.3）。同时，DHJ 还通过端子 X3-26/1、X3-26/2，发出低压侧开关跳闸指令（BCJ.2 闭合，见图 4.5）。

2. 低厂变高压侧开关控制回路

图 4.3 是 6kV 工作母线工作电源进线开关控制接线图，它是由三张图拼接、综合而成的。中间是开关柜生产厂家的接线图，如图中粗实线所示。右边是开关制造厂家的开关操作机构内部接线图，如图中 3AH3 型真空断路器的操作机构内部接线，是用细实线表示的。它主要反映开关的状态，并提供开关分、合闸线圈的接线端子。左边是电力设计院设计的开关柜对外接线，也是用细实线表示的。这部分用于引入来自 DCS 系统的运行人员分、合开关的操作指令。

（1）电源与开关储能。110V 控制电源经小空气开关 1MCB 送到控制回路。220V 动力电源经小空气开关 2MCB 送到弹簧机构的储能回路。若开关在工作位或试验位，储能回路两侧触点接通。若弹簧储能未满，则触点 S21、S22 闭合，储能电机 M 运行储能，当储能完成时，触点 S21、S22 断开，储能电机停止运转。储能完成后，开关柜面板上的储能指示灯亮。有的开关柜配有储能开关（或按钮），合上开关柜面板上的储能开关，才可以储能。

（2）开关操作机构内部接线。在操作机构内部，S8、S9 是手车位置信号触点，开关在试验位 S8 闭合，在工作位 S9 闭合。S3 是储能弹簧状态信号触点，储能满时 S3.1 闭合，S3.2 断开。K1 是防跳继电器，K1 励磁时 K1.1 闭合，K1.2 断开。Y9 是合闸线圈，Y1 是分闸线圈，S1 是断路器的辅助触点，断路器分闸时 S1.1 闭合，S1.2 断开。

（3）开关合闸过程。

1）开关柜就地合闸。若就地、远方选择开关 CK 在就地，其触点③-④接通。若开关在试验位，则触点 S8 接通。开关未合闸，S1.1 闭合。弹簧已储能，S3.1 闭合。防跳继

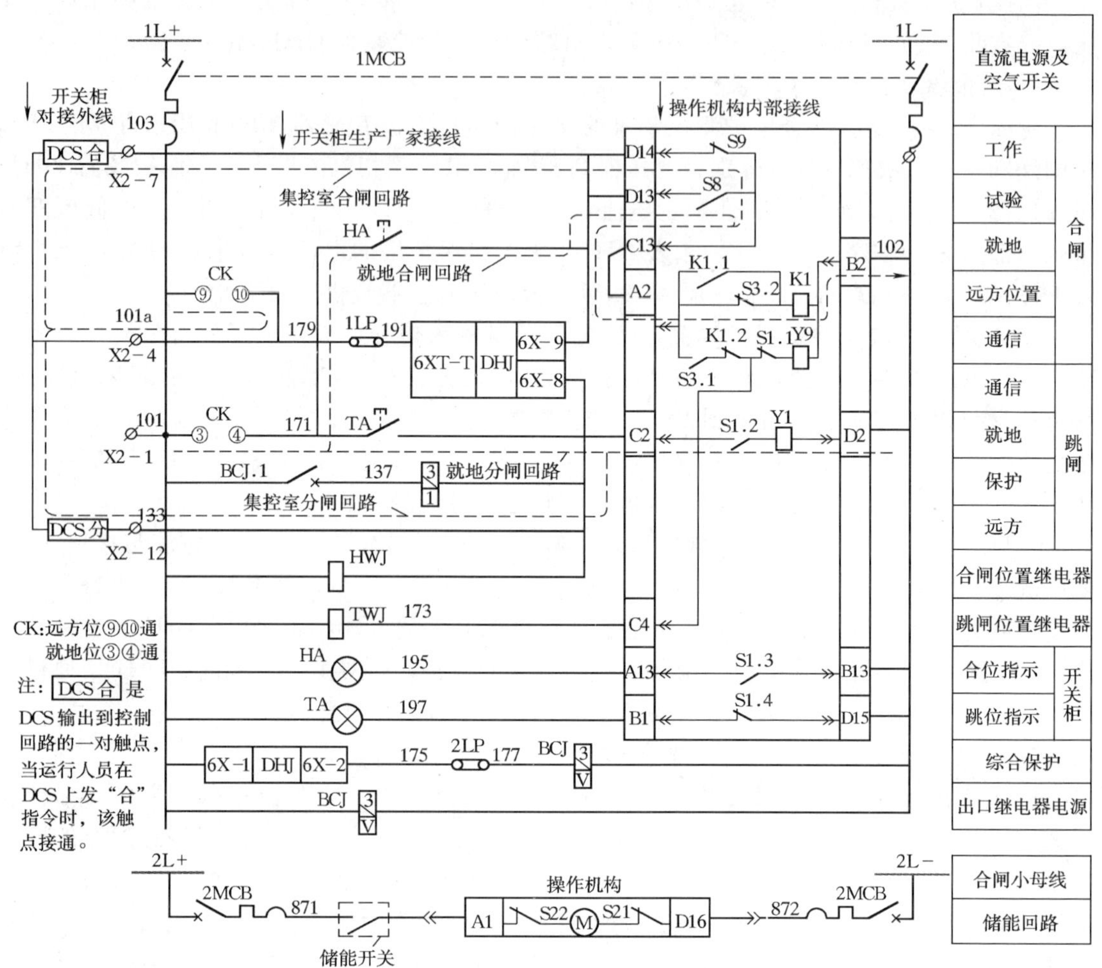

图 4.3　低厂变高压侧开关控制接线图

电器未励磁 K1.2 闭合。当操作人员在开关柜上按下合闸按钮 HA 时，由电源正极 1L+经 1MCB、CK 的触点③-④、HA、S8、S3.1、K1.2、S1.1、Y9、1MCB、到电源负极 1L—形成回路，合闸线圈 Y9 励磁，断路器合闸。

2）DCS 系统指令合闸。如 CK 在远方位，触点⑨-⑩接通，当合闸条件满足时，DCS 来合闸指令，由电源正极 L+经 1MCB、CK 的触点⑨-⑩、DCS 合触点、S8、S3.1、K1.2、S1.1、Y9、1MCB、到电源负极 L—形成回路，合闸线圈 Y9 励磁，断路器合闸。

3）防"跳跃"措施。与如图 3.35 所示的控制回路类似，当运行人员在开关柜或在 DCS 操作界面发出合闸指令、使断路器合闸时，如果合闸前一次回路有故障，则合闸后继电保护动作，使断路器瞬时跳闸。但若此时 HA 手柄未松手，触点仍接通或者 DCS 系统来的合闸指令尚未消失，若不采取措施，断路器可能再次合闸和跳闸。本系统的防"跳跃"措施很简单，合闸过程使弹簧储能释放，动分触点 S3.2 闭合，若合闸后合闸指令仍在（如 HA 的触点仍通），则防跳继电器 K1 励磁，与合闸线圈 Y9 串联的动分触点 K1.2 断开。所以，若合闸后遇故障使断路器跳闸，一方面刚进行合闸操作后弹簧储能需要一个过程；另一方面触点K1.2断开了合闸回路，即使合闸指令还在也无法使断路器再次合闸。而动合触点K1.1使防跳继电器K1自保持，即使弹簧储能完成，触点S3.2断开，K1.2也能保持在断开位，直到合闸指令消失为止。

（4）开关分闸过程：开关分闸有开关柜就地操作分闸、DCS系统操作分闸和保护动作跳闸。

1）操作分闸。若就地、远方选择开关CK在就地，其触点③-④接通。开关合闸，S1.2闭合。当操作人员在开关柜上按下分闸按钮TA时，由电源正极1L+经1MCB、CK的触点③-④、TA、S1.2、Y1、1MCB、到电源负极1L—形成回路，分闸线圈Y1励磁，断路器分闸。

DCS系统指令分与就地分类似，不再赘述。

2）保护跳闸。当低厂变系统故障时，图4-2所示的微机综合保护动作，若综合保护压板2LP投入，则保护出口继电器BCJ励磁，触点BCJ.1闭合，由电源正极1L+经1MCB、BCJ.1、S1.2、Y1、1MCB、到电源负极1L—形成回路，分闸线圈Y1励磁，断路器跳闸。

方式开关CK在远方时，其触点⑨-⑩接通，若通信压板1LP投入，还可接受DHJ的指令（端子6X-7、6X-8、6X-9）进行分、合闸操作。

4.1.2 380V工作PC进线开关测量与控制回路

在厂用电系统中，380V系统的控制对象主要有工作（公用）PC，或锅炉、汽机PC的电源进线开关，也就是低压厂用变压器的低压侧开关，PCA、B之间的联络开关，以及连接在PC上的MCC电源开关、母线TV和380V电动机电源开关，保安工作电源开关等。实际上，PC电源进线开关、联络开关，以及MCC的进线开关，其测量与控制回路大体上是一致的，只是对外接线有些差别。所以，只要弄清一种开关的控制原理，其他就迎刃而解了。本节先讨论380V PC进线开关的控制回路，再介绍一种典型的380V电动机控制回路。

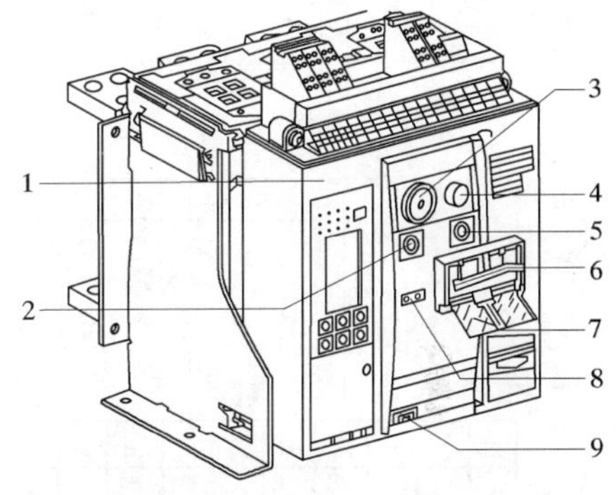

图4.4 施耐德MT低压空气断路器
1—机械跳闸显示复位；2—OFF按钮；3—OFF位置锁；4—电气合闸按钮；5—ON按钮；6—弹簧储能指示；7—按钮锁定；8—触头位置指示；9—计数器

某厂380V工作PC采用MZS型开关柜，进线开关采用施耐德MT型智能框架空气断路器，并配置Micrologic 5.0测控单元，开关的外形如图4.4所示。图4.5是进线开关的测量与控制原理接线图，该图可以分为两个部分，一部分是Micrologic 5.0测控单元的外部接线；另一部分为断路器控制回路。

4.1.2.1 测控单元

图4.5（a）是测控装置MCU的外部接线。可以看出，MCU主要实现了以下几个功能：

（1）实现进线电源的电压和电流测量。开关ZKK后三相电压经熔断器1RD、2RD、3RD，以四线制进入MCU，可以测量三相线电压及相对地电压。三相电流信号经电流互感器T4-1送到变压器综合保护装置，经T4-2进入MCU，实现三相电流测量。

（2）实现开关状态的收集。MCU的端子201-208，以开关量数字信号的形式，采集

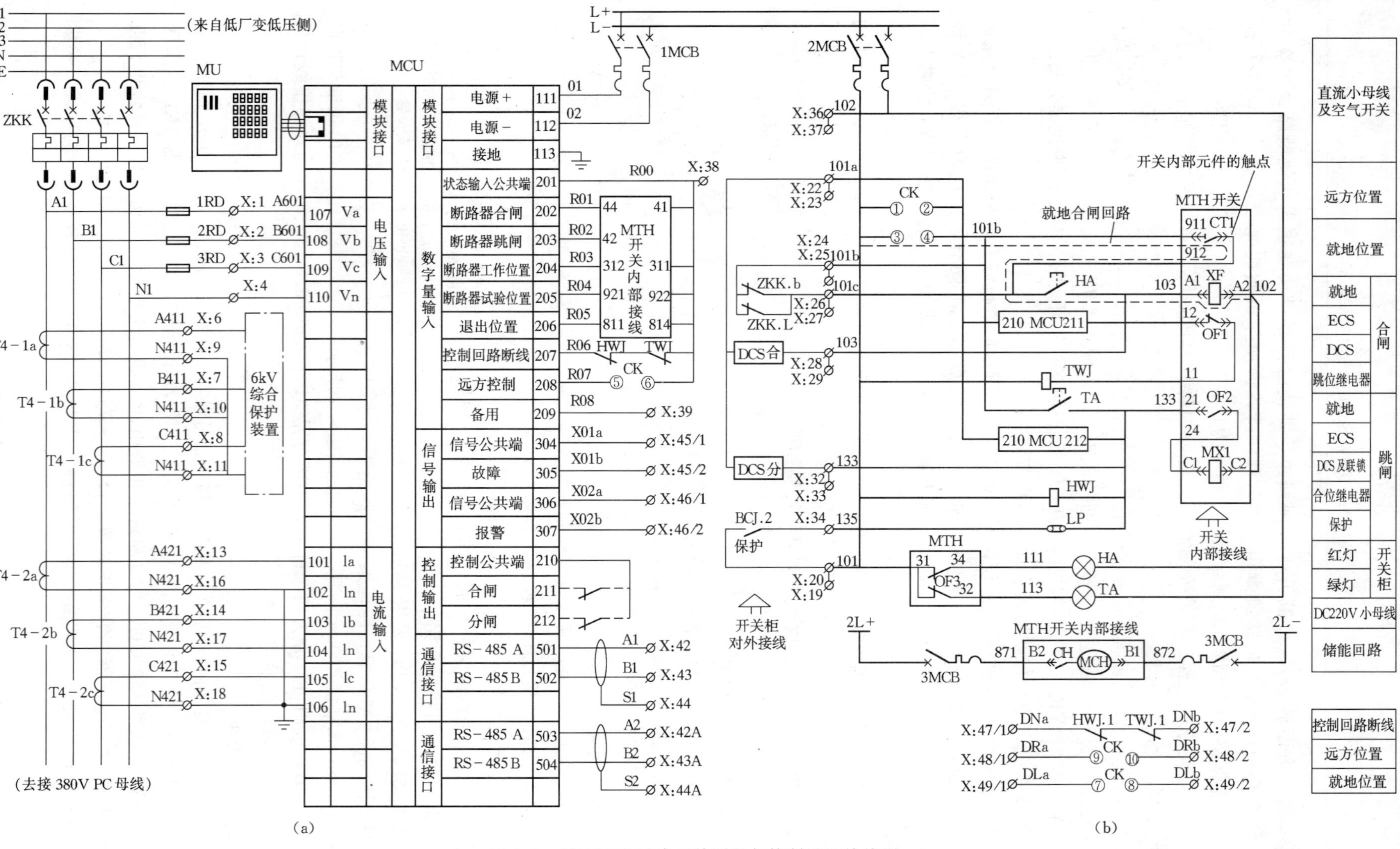

图 4.5 380V PC 进线开关测量与控制原理接线图

(a) 测控单元；(b) 断路器控制部分

了反映断路器状态的各种信号。

（3）实现断路器的控制。MCU的端子210－212，输出了两对触点，分别接在图4.5（b）的分、合控制回路，可实现断路器的分、合控制（即ECS控制）。

（4）实现信号的远传。MCU具有RS－485通信接口，可将采集的电压、电流信号、开关状态信号以及装置异常信号，通过网络传送到集控室和其他需要的地方。

4.1.2.2　断路器控制回路

如图4.5（b）所示，与图4.3类似，该断路器控制回路是由三张图综合而成的。中间是开关柜生产厂家的接线图，如图中粗实线所示。右边是开关制造厂家的开关内部端子接线图，用细实线表示。它主要反映开关的状态，并提供开关分、合线圈的接线端子。如触点CT1闭合表示开关在试验位，OF1、OF2触点闭合分别表示开关在分、合闸状态，XF是合闸线圈，MX1是分闸线圈。左边是电力设计院设计的开关柜对外接线，也是用细实线表示的。这部分主要引入来自DCS系统的运行人员分、合开关的操作指令，来自系统保护（如低厂变综合保护）的跳闸指令，以及外部闭锁信号。对于开关型号相同、容量相近的开关柜，柜内接线是一致的，对外接线也主要只是控制信号来源而不同。

开关具有“工作”、“试验”、“退出”三个位置。开关在退出位置时，断路器两侧一次触头断开，开关内部元件两侧触点也断开。在开关试验位置时，断路器两侧一次触头断开，开关内部元件两侧触点闭合。开关在工作位置时，断路器两侧一次触头闭合，开关内部元件两侧触点闭合。

1. 电源与开关储能

受开关控制的交流动力电源采用四线制，将来自低厂变低压侧的电源，经MTH型断路器ZKK及其两侧的一次触头，送380V PC母线。110V直流电源（L＋、L－），经小空气开关1MCB为测控装置MCU提供工作电源，经小空气开关2MCB为断路器控制回路提供控制电源。220V直流电源（2L＋、2L－），经小空气开关3MCB为断路器储能机构提供动力电源。当动力电源正常，3MCB合上，且开关不在退出位置时，若开关未储能，则开关内部的储能电机两侧触点CH闭合，储能电机MCH自动启动。当储能满时，CH自动断开，电机停止运行。

2. 合闸操作

若安装在开关柜上的远方/就地方式开关CK在就地位，其触点③-④闭合。若开关在试验位，其内部触点CT1闭合。操作人员在开关柜上按下合闸按钮HA，由电源正极L＋经小开关2MCB、CK的触点③-④、开关内部触点CT1、按钮HA、合闸线圈XF、2MCB到电源负极L－，形成回路，合闸线圈XF励磁，开关合闸。

若开关在工作位，触点CT1断开，断路器能否合闸就取决于外部条件。如图2.6（b）和图2.9所示，锅炉或汽机PC都有A、B两段，其间设有联络开关（3Q），互为备用。在A或B段母线工作电源失去时，合上联络开关取得备用电源。在A、B段的工作电源正常时，为避免低厂变并联运行产生环流，或A、B侧低厂变高压侧电源来自不同的系统（一个用发电机出口电源，另一个用高备变电源），而在并列时可能产生非同期，禁止在另一侧PC进线开关和母线联络开关同时合上时，再合上本侧PC进线开关。故在合闸控制回路串联了一对并联的触点ZZK.b和ZKK.L，ZZK.b是另一侧PC进线开关的动分触点，ZKK.L 母线联络开关的动分触点。这样，当另一侧 PC 进线开关和联络开关同时合上时，就断开了本侧断路器的合闸回路，禁止手动合闸。

若方式开关 CK 在远方位，其触点①-②闭合。若来自 DCS 的合闸触点闭合，则电源正极 L+经小开关 2MCB、CK 的触点①-②、DCS 的合闸触点、合闸线圈 XF、2MCB 到电源负极 L−，形成回路，合闸线圈 XF 励磁，开关合闸。

3. 分闸操作

若方式开关 CK 在就地位，其触点③-④闭合。操作人员在开关柜上按下分闸按钮 TA，由电源正极 L+经小开关 2MCB、CK 的触点③-④、按钮 TA、断路器的动合触点 OF2、分闸线圈 MX1、2MCB 到电源负极 L−，形成回路，分闸线圈 MX1 励磁，开关分闸。

若方式开关 CK 在远方位，其触点①-②闭合。若来自 DCS 的分闸触点闭合，则电源正极 L+经小开关 2MCB、CK 的触点①-②、DCS 的分闸触点、断路器的动合触点 OF2、分闸线圈 MX1、2MCB 到电源负极 L−，形成回路，分闸线圈 MX1 励磁，开关分闸。

若系统保护来跳闸指令（图 4.2），触点 BCJ.2 闭合，且保护压板 LP 已送上。则无论 CK 在什么位置，都可作用于断路器跳闸。

4. 信号回路

在开关柜上安装有断路器状态指示灯 HA 和 TA，当回路控制电源接通时，利用开关内部触点 OF3 指示断路器的合、分状态。为了将断路器的状态传到远方，可以利用合闸位置继电器 HWJ 和分闸位置继电器 TWJ。当断路器处于分闸位置时，OF1 闭合，电源正极 L+经小开关 2MCB、位置继电器 TWJ、OF1、XF、2MCB 到电源负极 L−，形成回路，TWJ 励磁，其触点闭合。由于 TWJ 阻抗很大，流过 XF 的电流很小，不会使断路器合闸。所以，TWJ 触点闭合一方面表明断路器在断开状态；另一方面说明断路器合闸线圈是好的。同理，当断路器处于合闸位置时，OF2 闭合，可使 HWJ 励磁，其触点闭合。HWJ 触点闭合一方面表明断路器在合闸状态；另一方面说明断路器分闸线圈是好的。当 TWJ 和 HWJ 都不励磁时，表明控制回路失电或断线，动分触点 TWJ.1 和 HWJ.1 同时闭合，发出控制回路断线信号。远方/就地控制方式开关的状态，也通过其辅助触点传向集控室。

4.1.3　380V 小容量电动机的测量与控制回路

由于容量 100kW 以上电动机采用 MT 型断路器控制，其控制回路与图 4.5 所示的 PC 进线开关控制类似，本节介绍容量 75kW 及以下、采用塑壳式空气断路器+接触器+马达控制器（即抽屉开关）的电动机控制回路。控制器 MCU 在实现接触器控制的同时，还实现电动机短路的瞬时电流速断、过电流及断相、低电压、接地保护功能，以及电流、电压、功率等显示功能。

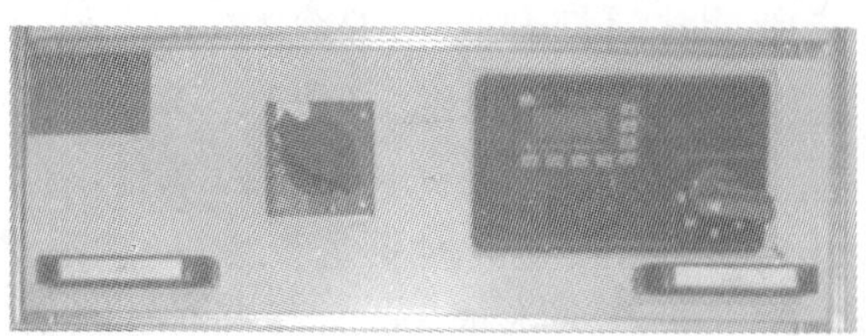

图 4.6　380V 电动机控制面板

图 4.6 是抽屉开关的面板图，面板左侧是塑壳式空气开关，右侧是操作面板和位置开关。位置开关具有“隔离”、“抽出”、“试验”、“工作”四个位置。在“工作”位置时一次、二次回路的触点接通，“试验”位置时仅二次回

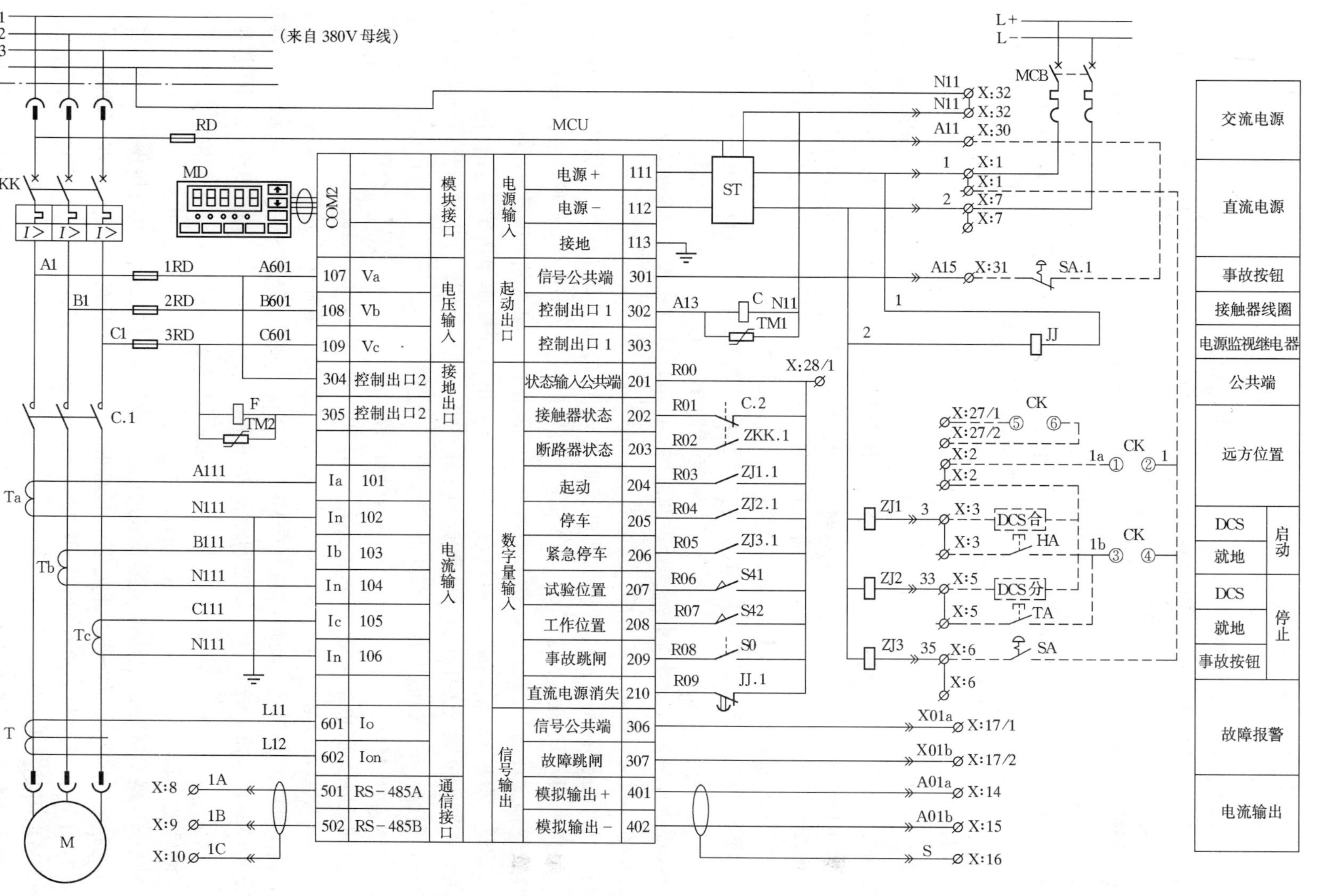

图4.7 塑壳开关接触器的380V电动机控制回路

路的触点接通，在“抽出”位置时，开关才可抽出，开关抽出后方可转到“隔离”位置，在“隔离”位置开关不能推进，除非回到“抽出”位置。图 4.7 是电动机控制回路，控制回路也可为内部接线与对外接线两部分。下面分别进行介绍。

(1) 电源部分。用于控制的直流电源经小空气开关 MCB、抽屉的触点 1、2 送电源模块 ST，为马达控制器 MCU 提供工作电源。电源模块 ST 还有一对交流电源输入接点，其相线经熔断器 RD 引入，零线经端子 N11 引入。该电源还经端子 A11、事故按钮的动分触点 SA.1、端子 A15、进入 MCU 的公共端 301，作为接触器的工作电源。通过并接在电源 ST 两端的电源监视继电器 JJ，可对工作电源的状态进行监视。当直流电源消失时，触点 JJ.1 延时闭合，通过 MCU 发出直流电源消失的信号。在开关 ZKK 后，经熔断器 1RD、3RD 和分励脱扣器 F，将电源引入 MCU 的 304、305 端子，作为分励脱扣器 F 的工作电源。

(2) MCU 的外部接线。虚线部分是抽屉开关的对外接线，包括安装在现场电动机旁控制箱上的远方/就地控制方式开关 CK、分闸按钮 TA、合闸按钮 HA、事故按钮 SA，以及来自 DCS 系统的分、合指令。它们与隔离继电器 ZJ1、ZJ2、ZJ3 组成 MCU 的外部接线，将来自现场或来自 DCS 的电动机启、停指令转换成输入到 MCU 的触点信号，并实现 MCU 与外部的电隔离，以提高 MCU 工作的可靠性。

(3) 测量回路。在塑壳开关 ZKK 的下面，经熔断器 1RD、2RD、3RD，把三相电压引入 MCU。在接触器触点 C.1 之后，电流互感器 T_a、T_b、T_c 引入三相电流信号，专设的零序电流互感器引入零序电流。输入的电压、电流信号可作为显示信号，也作为电动机瞬时电流、过流、断相、低电压、接地等保护的输入信号。

(4) 开关数字量输入回路与电动机控制。MCU 的端子 201－210，是数字量输入通道，将接触器 C 的辅助触点 C.2、开关 ZKK 的辅助触点 ZKK.1、抽屉位置开关的试验、工作位置辅助触点 S41、S42，作为抽屉开关的位置信号输入到 MCU。还将隔离继电器 ZJ1、ZJ2、ZJ3 的触点信号 ZJ1.1、ZJ2.1、ZJ3.1 作为接触器操作指令送 MCU。当位置开关处于试验位置或工作位置时，触点 S41 或 S42 接通，MCU 接受来自外部的电动机启/停操作指令。动作过程简述如下。

1) 电动机启动。若方式开关 CK 在就地位置，其触点③-④接通，操作人员按下启动操作按钮 HA，由电源 L＋经小空气开关 MCB、端子 X：1、CK 的端子③-④、HA、ZJ1、端子 X：7、MCB、到电源 L－，形成回路，隔离继电器 ZJ1 励磁、其触点 ZJ1.1 闭合，向 MCU 发出启动电动机的指令。MCU 根据输入状态信号进行分析，当电动机满足启动条件时，发出启动指令，使控制输出端子 302 与信号公供端 301 相接，交流电源经 RD、端子 A11、SA.1、A15、301 和 302 端子、接触器 C、端子 N11 形成回路，接触器 C 线圈励磁，其触点 C.1 闭合，电动机启动。

与接触器 C 并联的浪涌抑制器 TM1 实际上是一种非线性电阻过电压保护元件，在接触器电源通断的过程中，若磁场能量得不到及时释放，会形成过电压可能损坏回路中的元件，TM1 可在两端电压达到整定值时导通，泄放磁场能以限制过电压，而电压正常时 TM1 呈高阻是截止的。

同理，当方式开关 CK 在远方位置，其触点①-②接通时，DCS 系统来信号可使电动机启动。

2）电动机停止。若方式开关 CK 在就地位置，其触点③-④接通，操作人员按下停止操作按钮 TA，可使隔离继电器 ZJ2 励磁、其触点 ZJ2.1 闭合，向 MCU 发出停止电动机的指令。MCU 发出指令使控制出口 302 与公共端 301 断开，接触器 C 失电，触点 C.1 断开，电动机停止。同理，当方式开关 CK 在远方位置，其触点①-②接通时，DCS 系统来信号可使电动机停止。

3）事故跳闸。在电动机启动或运行过程中，若操作人员发现电动机异常，在现场按下事故按钮 SA，一方面可使隔离继电器 ZJ3 励磁，向 MCU 发出停机指令；另一方面，事故按钮 SA.1 断开，直接断开了接触器 C 的电源。不受方式开关和其他条件限制，MCU 在任何情况下都能实现事故停机。

（5）电动机保护。电动机的保护是由马达控制器 MCU 实现的。除速断、过流、零序保护外，还能实现断线保护与低电压保护。

1）断线保护。电动机发生一相断线时，对于采用星形接法的电动机，会使一相绕组失压，另两相绕组串联共同承受线电压，对于采用三角形接法的电动机，与断线相相连的两相绕组也共同承受线电压。所以，发生一相断线时，电动机中的气隙磁场由旋转磁场变成脉振磁场，使电动机无法启动，或使运行中的电动机电磁力矩大大降低，甚至产生堵转而烧毁电机。MCU 能通过对电动机三相电流的监视，发现电动机断相时及时停止其运行，起到保护作用。

2）低电压保护。由于马达控制器本身已取得母线电压信号，在 300V 母线发生低电压时经过 3～5s 延时后，自动使接触器跳闸。

此外，对于容量较大的电动机，MCU 还带有塑壳式空气断路器 ZKK 的脱扣机构，当电动机的相间短路电流达到整定值时，MCU 使分励脱扣器 F 的线圈励磁，ZKK 跳闸，电动机从系统中可靠切除。在此情况下，为避免过大电流烧损接触器，还闭锁接触器跳闸。

4.2　6kV 厂用电系统控制与保护

从图 2.8 和图 2.9 中可以看出，6kV 厂用电系统的主要控制对象有 6kV 母线的工作、备用电源进线开关、低厂变高压侧开关、6kV 电压互感器、6kV 电动机电源开关等。

4.2.1　6kV 电压互感器接线

为了满足 6kV 系统电压测量、保护与控制的需要，每段母线设有三组电压互感器，如图 4.8 所示。TV7 是母线电压互感器，负责本段母线绝缘监视，并为接在该 6kV 母线上的所有设备提供测量和保护用的电压信号，还向母线电源切换装置提供同期和切换所需的电压信号。断路器 1DL 是工作电源进线开关，与高压厂用变压器 A 分支相连，TV5 用于测量该分支出口电压，供该工作分支的测量、复合电压闭锁过流保护以及工作电源与备用电源切换使用，断路器 1QF 是备用电源进线开关，与高压启动/备用变压器 A 分支相连，TV1 用于测量该分支出口电压，供该备用分支的测量、复合电压闭锁过流保护以及备用电源与工作电源切换使用。

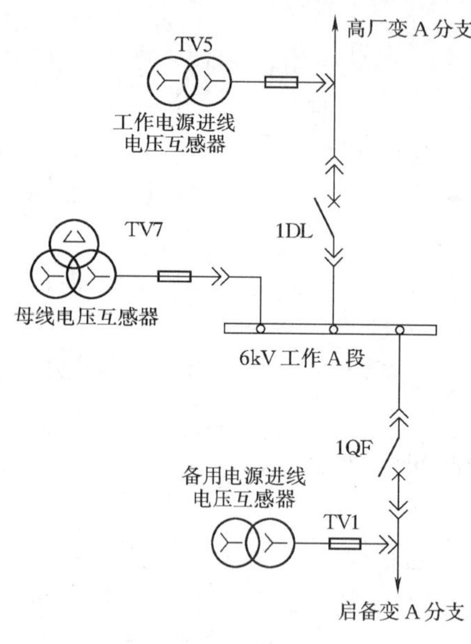

图 4.8　6kV 电压互感器

4.2.1.1　6kV 母线电压互感器

母线电压互感器配置有微机测控装置 DHJ，能检测母线电压和 TV 状态，并提供母线（马达）低电压保护信号。

1. 交流回路

图 4.9（a）是电压互感器的一次接线，采用 YN，yn，d0 接线方式。图 4.9（c）是交流二次回路接线。当电压互感器手车推进、触头 HJD 合上时，一次线圈从母线取得电压，并感应到二次侧。二次侧线圈 T_a、T_b、T_c 感应得到的二次电压经小空气开关 41MCB、42MCB、43MCB 送到电压小母线 L1－630、L2－600、L3－630，并同时送电压互感器微机测控装置 DHJ。电压变送器 1VF 从母线上获得三相线电压信号。二次侧电压还经小空气开关 51MCB、52MCB、53MCB 送到 DHJ。这样，DHJ 就获得了两组母线电压信号。

与 6kV 开关柜类似，6kV 电压互感器柜也采用手车。手车在检修位时，将一次侧三相保险装在手车内，然后将手车送至试验位，装上二次插头，再送入工作位，一次侧触头 HJD 接通，二次回路中的辅助触头 HJD 也接通。最后送上二次侧小空气开关，电压互感器的一次、二次回路就都接通了。

2. 接地监测

在电压互感器的二次侧，还有一组线圈 T'_a、T'_b、T'_c接成开口三角形，并送到了 DHJ。系统在正常运行时，三相电压对称，其相量和为零，开口三角形绕组输出电压为零。当 6kV 系统发生单相接地、如 A 相接地时，A 相电压为零，开口三角形绕组输出电压为 B、C 两相绕组上的电压之和，$3U_0$大于相电压。DHJ 检测到该电压，发出 6kV 系统接地信号。与此同时，二次侧线圈 T_a、T_b、T_c 感应、送到 DHJ 的二次电压 U_A 接近于零，U_B、U_C升高大于相电压。当 6kV 系统的中性点接地阻抗足够高时，U_B、U_C可升高至接近线电压。

为抑制 TV 谐振，在开口三角形绕组上接有灯泡 R，作为阻尼电阻起到消谐作用。

当电压互感器一次侧断线、如 A 相断线时，U_A等于零，开口三角形的 T'_a绕组上的电压接近于 0，三相电压不平衡，$3U_0$接近相电压，故也发接地信号。但此时送到 DHJ 的三相对地电压与系统单相接地时不同，U_A接近于零，U_B、U_C仍为相电压。故可据此区分是系统接地，还是一次侧断线。

至于二次侧断线，则更容易区分。电压互感器二次侧断线（如 41MCB、42MCB、43MCB 之一跳闸）时，T'_a、T'_b、T'_c的感应电压与 T_a、T_b、T_c 无关，开口三角形绕组输出电压仍接近于零；经 T_a、T_b、T_c 输送到 DHJ 的三相电压一相为零，两相为相电压。

据此，可以分清一次、二次侧断线与系统接地的区别。

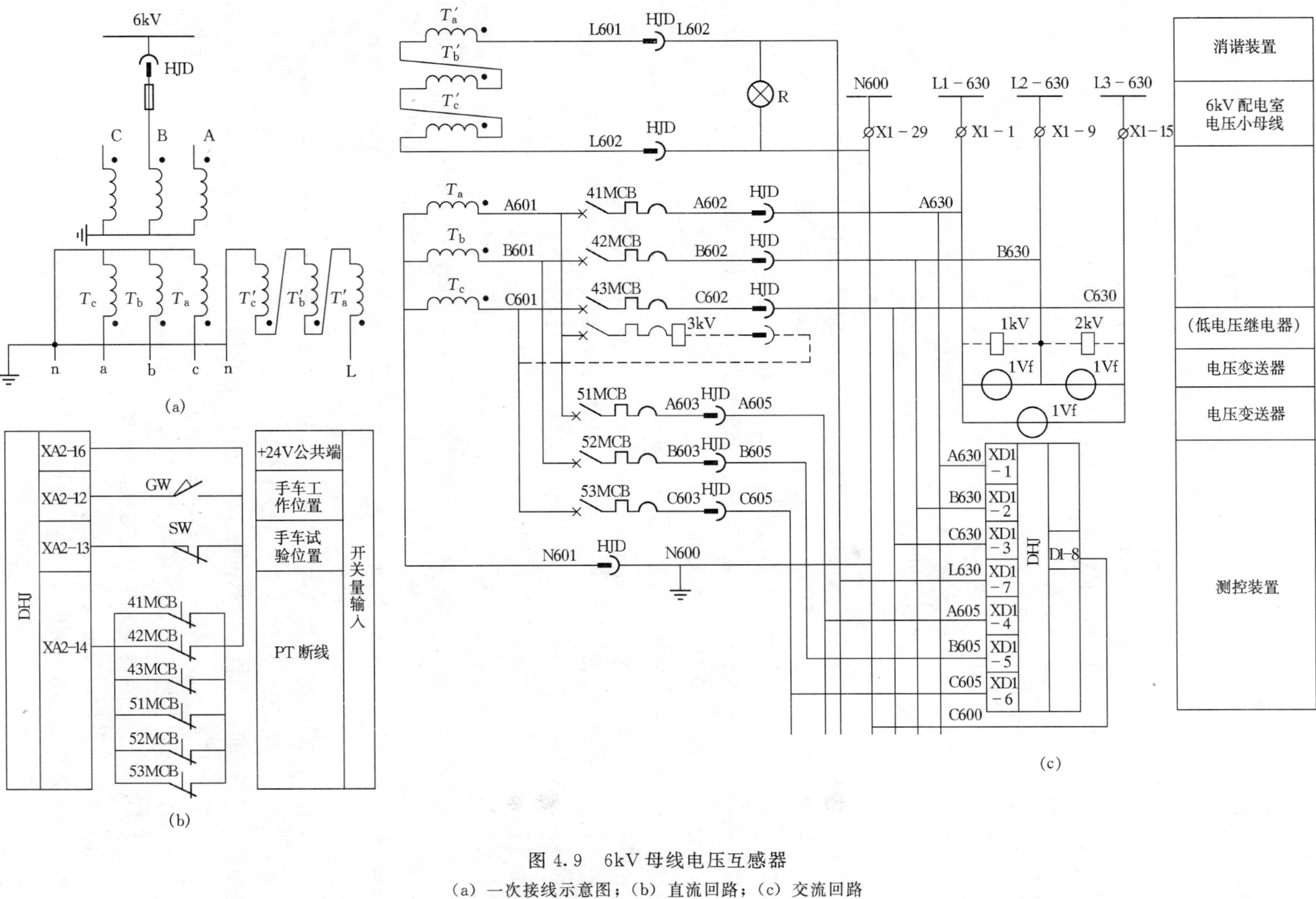

图 4.9 6kV 母线电压互感器

(a) 一次接线示意图；(b) 直流回路；(c) 交流回路

3. 母线（马达）低电压保护

当厂用电系统某段电压瞬时降低或电源中断时，接在该段母线上的所有异步电动机的转速都要下降。当电压恢复时，这些电动机要自启动，吸收很大的启动电流，使电压恢复的时间拖长，甚至使电源的保护（如工作或备用电源进线开关的过流保护）动作再次失去电源。因此，设置了电动机低电压保护（也称马达低电压保护），它的作用有：

（1）保证重要的电动机（如锅炉引风机、给水泵等）的自启动。当母线电压降低时，低电压保护动作，跳开一些不重要的或短时停运行对机组负荷无影响的电动机（如灰渣泵、粹煤机、中间储仓式制粉系统的磨煤机）等，减小电源的负荷电流，以利于母线电压的及时恢复。电动机低电压保护的动作电压为 0.6～0.7 倍额定电压，延时时限为 0.5s。

（2）使不允许或具有自动投入备用设备而不需要自启动的电动机（如凝结水泵、循环水泵、开、闭式水泵），或根据生产工艺的要求，当电源长时间消失后（如 10s 以上）不必要自启动的重要电动机（如送风机、排粉风机），当母线电压降低到 0.4～0.5 额定电压时，以 9s 的时限跳闸。

马达低电压保护，是在母线电压低于整定值并经延时确认后，让运行在该母线上的、相对不重要的电动机跳闸，以便于母线电压的恢复。但是，如果母线电压正常，只是测量回路故障造成低电压误信号，如上面所述的测量回路断线，若也发马达低电压保护信号，将使厂用电机误跳，就会给机组运行带来不应有的干扰，这是不允许的。

为了防止保护误动，最基本的办法是保持测量回路的正常工作，并在发生 TV 断线时及时发出报警信号，并闭锁马达低电压保护动作。检测 TV 断线，传统的方法是用三个低电压继电器，如图 4.9（c）用虚线连接的 1kV、2kV 和 3kV，监视三个线电压。当任意一相测量回路断线时，就会有 1 个或 2 个低电压继电器因电压低而动作，但至少有一个低电压继电器不动作。而当母线电压低于整定值时，3 个低电压继电器会全部动作。根据是部分动作、还是全部动作，就可以判断是否发生了 TV 断线。

采用微机测控装置 DHJ，使 TV 断线的判断更为方便。如图 4.9（b）所示，装置中将交流二次回路小空气开关 MCB 的动分辅助触点作为开关量输入到 DHJ，任一动分辅助触点闭合，说明小空气开关跳闸发生了 TV 断线。另外，分别比较经 41MCB、42MCB、43MCB 和 51MCB、52MCB、53MCB 输入到 DHJ 电压的异同也能判别出测量回路是否正常。

在如图 4.10 所示的马达低电压保护回路中，当 TV 手车在工作位，工作电源正常，且无 TV 断时，若 DHJ 检测出母线电压降至额定电压的 65%时，经过 0.5s 延时确认，使低电压小母线 M011 与控制电源正极 1L+接通，发出跳不重要电动机的信号至电动机控制回路；若 DHJ 检测出母线电压降至额定电压的 45%时，经过 9s 延时确认，使低电压小母线 M013 与控制电源正极 1L+接通，发出跳次重要电动机的信号。

4.2.1.2　6kV 工作/备用电源进线电压互感器接线

6kV 工作、备用电源进线电压互感器的接线是一致的，如图 4.11 所示。图 4.11（a）是它的一次接线示意图，采用 YN，yn 接线。二次侧线圈 T_a、T_b、T_c 感应得到的二次电压经小空气开关 1MCB、2MCB、3MCB 送到相关回路，供测量、启动/备用变压器保护和厂用电源切换装置使用。

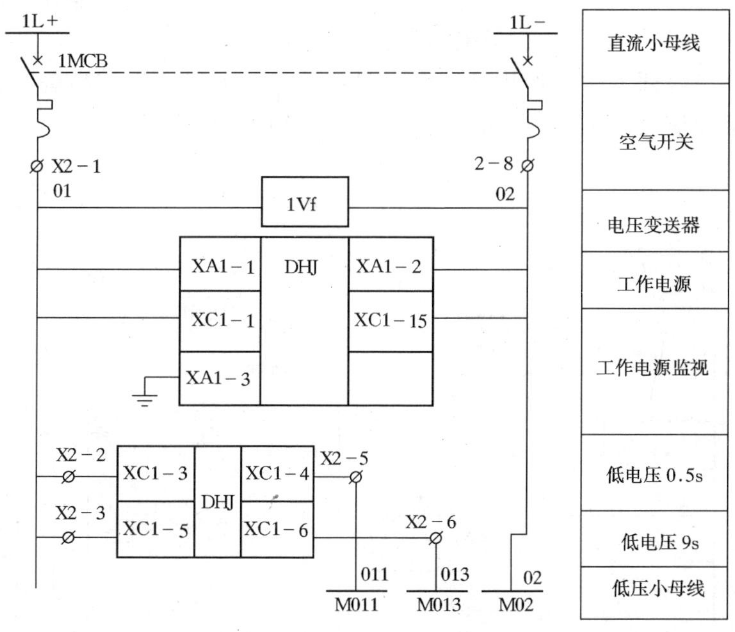

图 4.10　马达低电压保护信号

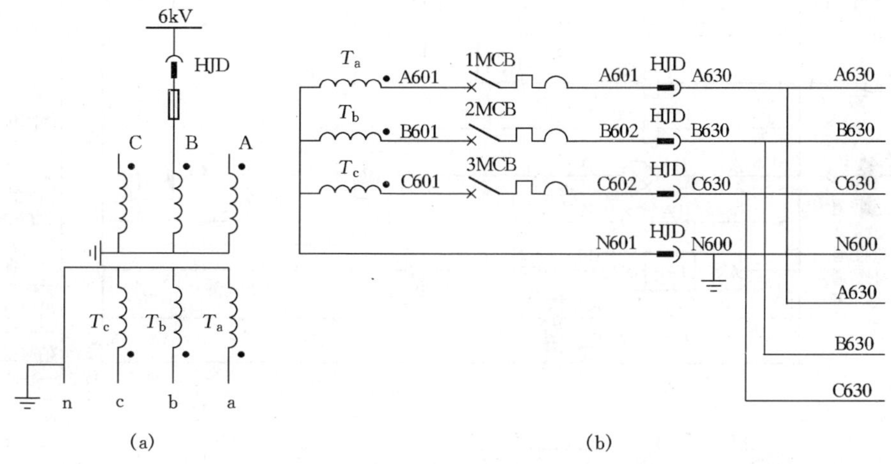

图 4.11　6kV 母线电源进线电压互感器

(a) 一次接线；(b) 交流二次回路

4.2.2　6kV 工作电源进线开关的控制回路

某 600MW 机组，6kV 厂用电系统 6kV 母线工作/备用电源进线开关与低厂变高压侧开关类似，采用户内交流金属封闭铠装移开式开关柜，开关为 3AH3 型真空断路器（弹簧操作机构）。6kV 断路器配有就地、远方选择开关 CK，具有"远方"、"就地"、"解除"三个位置。就地位时，可在开关柜上操作分、合闸；远方位时，由 DCS 系统来指令分、合闸。断路器具有检修、试验、工作三个位置。

图 4.12 是 6kV 工作母线工作电源进线开关控制接线图。与图 4.3 类似，该图也是由

三张图综合而成的。第一张图、第二张图与图 4.3 一样，只是第三部分，即开关柜对外接线有所不同，除了引入来自 DCS 系统的运行人员分、合开关的操作指令外，还有来自厂用电快切装置分、合开关的操作指令，来自系统保护（如发变组或高备变保护）的跳闸指令，以及外部闭锁信号。下面主要讨论与图 4.3 不同的地方。

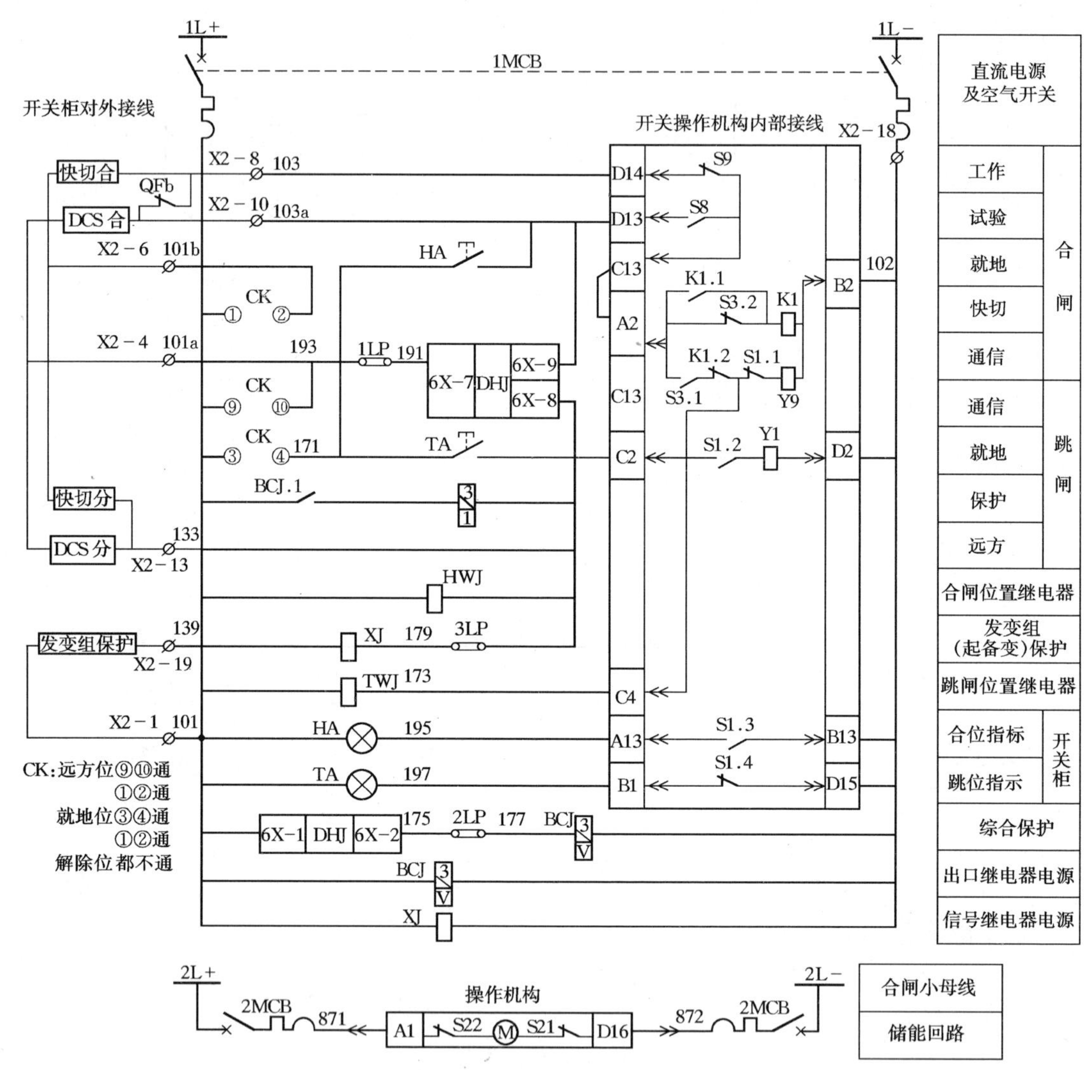

图 4.12　6kV 工作电源进线开关控制接线图

1. 开关合闸过程

（1）开关柜就地合闸。若就地、远方选择开关 CK 在就地，其触点③-④接通。若开关在试验位，则触点 S8 接通。开关未合闸，S1.1 闭合。若弹簧已储能，S3.1 闭合。若防跳继电器未励磁 K1.2 闭合。当操作人员在开关柜上按下合闸按钮 HA 时，由电源正极 1L+经 1MCB、CK 的触点③-④、HA、S8、S3.1、K1.2、S1.1、Y9、1MCB 到电源负极 1L−形成回路，合闸线圈 Y9 励磁，断路器合闸。

注意，在端子 X2−8 与 X2−10 之间，有一个动分触点 QFb，这是 6kV 母线备用电源进线开关的辅助触点。当备用电源开关在分闸状态时，该触点闭合。此时若操作人员按下合闸按钮 HA，合闸信号可不经过 S8，而是经 QFb、S9，使合闸回路接通。也就是，当工作电源开关在工作位时，若要就地手动合闸，备用电源开关必须在分闸状态。这也是防止非同期合闸的措施之一。因为若工作电源和备用电源不满足同期条件时，将两个电源并列必然引发非同期事故。有的系统将工作电源与备用电源信号引入同期闭锁继电器，并将该继电器的动分触点与 QFb 并联，当两电源满足同期条件时，其动分触点闭合，允许开关合闸。

(2) DCS 系统指令合闸。如 CK 在远方位，触点⑨-⑩接通，当合闸条件满足时，DCS 来合闸指令，由电源正极 1L＋经 1MCB、CK 的触点⑨-⑩、DCS 合闸触点、S8（或 QFb、S9）、S3.1、K1.2、S1.1、Y9、1MCB、到电源负极 1L－形成回路，合闸线圈 Y9 励磁，断路器合闸。

(3) 快切装置自动合闸。稍后将要介绍，厂用电快切装置是一种广泛运用于高压厂用电系统的工作/备用电源切换装置。它能自动比较工作/备用电源的切换条件，实现手动或自动快速切换，并能在厂用工作电源失去时，自动切换到备用电源，提高厂用电系统供电可靠性。当快切合信号来时，由电源正极 L＋经 1MCB、CK 的触点①-②、快切合触点、S9、S3.1、K1.2、S1.1、Y9、1MCB、到电源负极 L－形成回路，合闸线圈 Y9 励磁，断路器合闸。由于 CK 的触点①-②无论在远方、还是就地都接通，所以只要 CK 不在“解除”位置，快切装置来指令可实现开关合闸。

有的机组方式开关 CK 只设计有“远方”和“就地”两个位置，且只有 CK 在远方时，才接受快切装置的指令。顺便指出，为了防止远方误合开关，当运行人员在开关柜就地工作时，应将 CK 置于“就地”位置。

2. 开关分闸过程

开关分闸有开关柜就地、DCS 系统、快切装置操作分闸和保护装置跳闸。

(1) 操作分闸。若就地、远方选择开关 CK 在就地，其触点③-④接通。开关合闸，S1.2 闭合。当操作人员在开关柜上按下分闸按钮 TA 时，由电源正极 L＋经 1MCB、CK 的触点③-④、TA、S1.2、Y1、1MCB 到电源负极 L－形成回路，分闸线圈 Y1 励磁，断路器分闸。

DSC 系统指令分和快切指令分与就地分类似，不再赘述。

(2) 保护跳闸。分发变组保护跳闸和工作电源开关综合保护跳闸。对于发变组接线的系统，如图 2.9，当发电机主变压器或高厂变之一发生故障时，必然启动高厂变分支开关、即厂用高压母线工作电源进线开关（1DL 和 2DL）跳闸，并投入备用电源开关 1QF 和 4QF。所以，当发变组保护动作时，由电源正极 L＋经 1MCB、发变组保护跳闸触点、信号继电器 XJ、保护压板 3LP、S1.2、Y1、1MCB 到电源负极 L－形成回路，分闸线圈 Y1 励磁，断路器跳闸。对于备用电源进线开关，启动跳闸的指令来自高备变保护。

若发电机出口装有断路器，如图 2.3 所示，高厂变电源从主变低压侧引入，则发电机系统故障就不必跳工作电源进线开关了。

开关本身的综合保护 DHJ 动作时，且保护压板 2LP 投入，保护出口继电器 BCJ 励磁，其触点 BCJ.1 闭合，Y1 励磁使断路器跳闸。

3. 综合保护 DHJ

该 DHJ 是专为高压厂用母线设置的微机型综合保护测控装置，具有保护、测量、计量、控制和通信等功能。能实现速断、过流、接地等保护功能。

为了更快地切除 6kV 母线故障，保护设置还具有级联功能，当 6kV 馈线回路故障时，馈线柜内电动机或变压器保护装置瞬时发信号至 6kV 进线开关内的保护装置，闭锁其电流速断保护；当 6kV 母线故障时，馈线柜内电动机或变压器保护装置不发闭锁级联信号，故障可由进线开关电流限时速断保护加速切除。

工作或备用分支过流Ⅰ段动作时，不经低电压闭锁，经 0.7s 延时跳本进线开关，过流Ⅱ段动作时，经低电压闭锁确认，0.4s 延时跳本进线开关。过负荷保护动作时，经 9s 延时动作于发信号。

备用电源进线开关的保护动作时，还具有后加速功能。所谓“后加速”，是指当备用电源经联动合闸于故障母线时，为减小故障危害程度，而设计的加速跳闸功能。“后”，是指这个动作发生在联动合闸之后。在正常情况下，为防止保护越级，过流保护动作具有延时，后加速就是要在满足一定条件时取消这个延时。这个条件就是，合闸是在联动信号作用下动作的，即备用电源进线开关是在工作电源跳闸后联动合闸的。

为防止备用电源合闸于故障母线，工作电源开关过流保护动作时，应闭锁厂用电源快切装置动作。

4.2.3　6kV 厂用电动机的控制与保护

高压厂用电动机的电源开关有两种，一种是真空开关，其控制回路与 6kV 母线工作电源进线开关的控制回路类似；另一种如图 4.13 所示，采用 F-C 回路，即采用高压限流器＋真空接触器，配电磁操作机构。采用金属铠装真空开关柜，柜下方出线侧配有接地刀闸，接地刀闸在合位时，手车不能进入柜内。柜内配有微机综合保护装置 DHJ，电流互感器 T1-1、T1-2、T2 的二次侧分别接入 DHJ，用于测量与保护。DHJ 中用的电压信号，从 6kV 电压小母线取得。

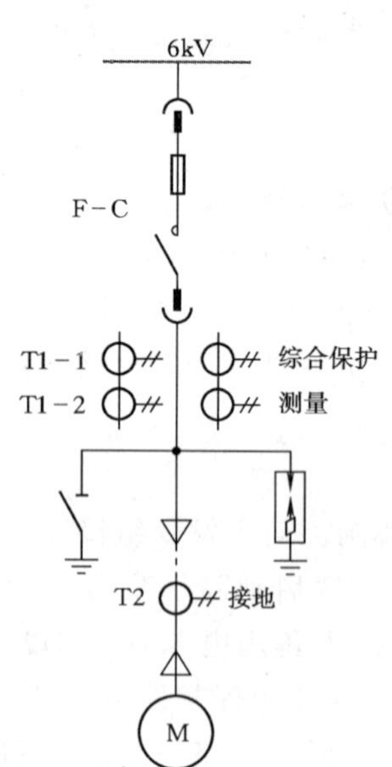

图 4.13　6kV 电动机一次接线

图 4.14 是 F-C 开关的控制接线图。显然也是由开关柜接线、接触器操作机构内部接线和开关柜对外接线三部分组成的。下面分别介绍。

1. 操作机构内部元件

在操作机构内部，HK1、HK2、HK3 是接触器的辅助开关，其动合触点闭合表示接触器合闸。S8、S9 是手车位置辅助开关，动分触点 S8 闭合表示手车在试验位，动合触点 S9 闭合表示手车在工作位。S1 是限流熔断器 F 的状态微动开关，其动合触点 S1.2 闭合表示限流熔断器 F 熔断。KM1 是合闸继电器、KM2 是分闸继电器，HQ1、HQ2 是合闸线圈、TQ1 是分闸线圈。PC 是电磁式计数器，记录接触器合闸次数。

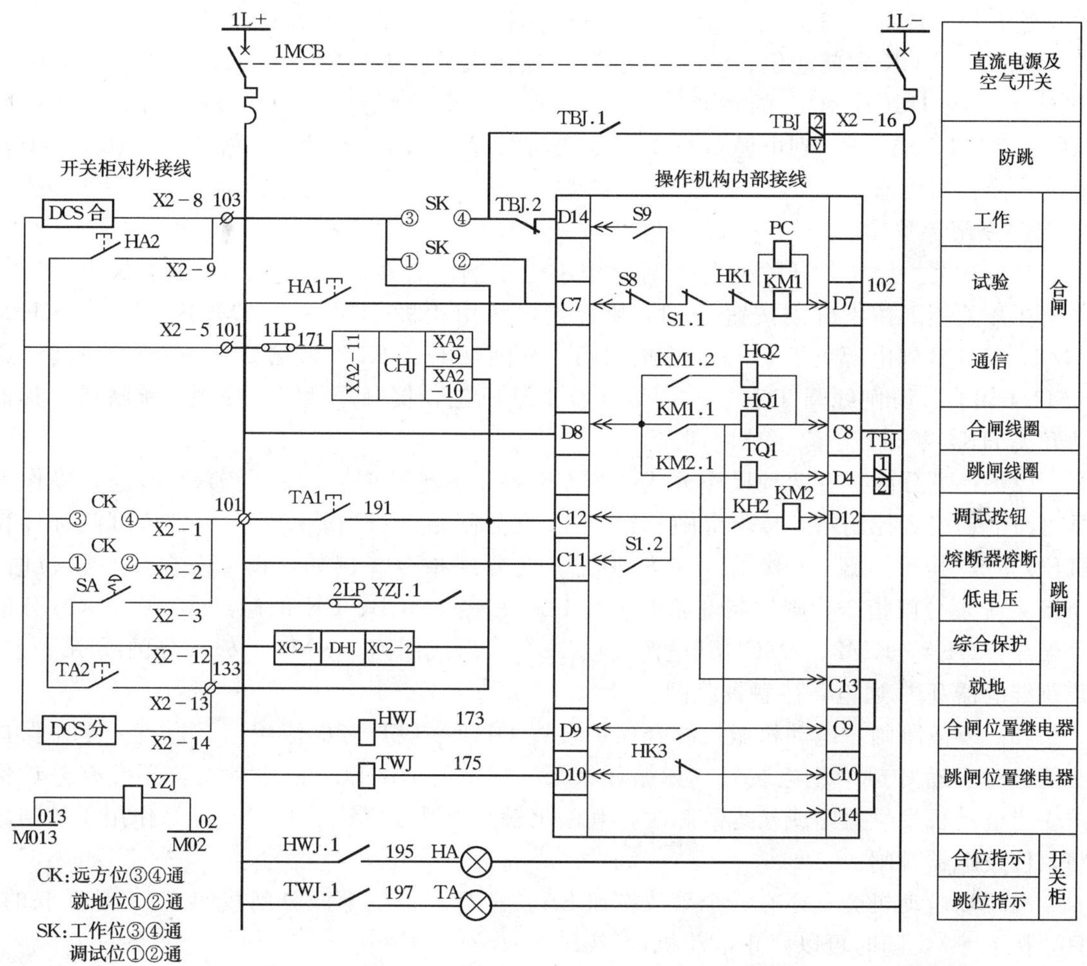

图 4.14 采用 F-C 开关的电动机控制回路

2. 合闸操作

(1) 开关柜操作。HA1 是开关柜上的合闸操作按钮。若限流熔断器完好，S1.1 闭合。接触器在分位，HK1 闭合。当操作人员按下 HA1 时，控制电源由正极 1L+、经 1MCB、HA1、S8、S1.1、HK1、KM1、1MCB 到电源负极 1L-，形成回路，合闸继电器 KM1 励磁。KM1 励磁使其触点 KM1.1、KM1.2 闭合，合闸线圈 HQ1、HQ2 励磁，接触器接通。

可见，只有当手车处于试验位时，才能在开关柜合闸。接触器合闸后，其辅助开关 HK1 断开，解除了合闸回路。

(2) 远方合闸。根据电动机旁控制箱上的远方、就地方式开关 CK 和开关柜上的工作、调试方式切换开关 SK 的不同状态，有四种操作方式。当 SK 处于调试位时，其触点①-②接通，可使手车在试验位时接通合闸回路（S8 闭合）；当 SK 处于工作位时，其触点③-④接通，可使手车在工作位时接通合闸回路（S9 闭合）。当 CK 处于就地位时，其触点①-②接通，操作人员可在电动机旁控制箱上按下合闸按钮 HA2 发合闸指令；当 CK 处于远方位（或称计算机位）时，其触点③-④接通，DCS 系统可发合闸指令。

例如，设 CK 在就地位、SK 在工作位，操作人员在现场按下 HA2，则控制电源由正极 1L+、经 1MCB、CK 的触点①-②、HA2、SK 的触点③-④、TBJ. 2、S9、S1. 1、HK1、KM1、1MCB、到电源负极 1L－，形成回路，KM1 励磁，合闸线圈 HQ1、HQ2 通电，接触器接通。

3. 分闸操作

(1) 开关柜操作。开关柜上分闸操作不受限制。若接触器在合闸状态，KH2 闭合。只要在开关柜上按下分闸按钮 TA1，则控制电源由正极 1L+、经 1MCB、TA1、KH2、KM2、1MCB 到电源负极 1L－，形成回路，分闸继电器 KM2 励磁。KM2 励磁使其触点 KM2. 1 闭合，分闸线圈 TQ1、防跳继电器 TBJ 励磁，接触器跳闸。接触器跳闸后，其辅助开关 HK2 断开，解除了分闸回路。

(2) 远方分闸。有两种操作方式，当 CK 处于就地位时，其触点①-②接通，操作人员可在电动机旁控制箱上按下合闸按钮 TA2 发分闸指令；当 CK 处于远方位（或称计算机位）时，其触点③-④接通，DCS 系统可发分闸指令。例如，设 CK 在计算机位时，DCS 系统发分闸指令，则控制电源由正极 1L+、经 1MCB、CK 的触点③-④、DCS 分信号触点、HK2、KM2、1MCB 到电源负极 1L－，形成回路，KM2 励磁，分闸线圈 TQ1、防跳继电器 TBJ 通电，接触器跳闸。

(3) 事故跳闸。电动机微机综合保护装置 DHJ 一般具有电流速断、过流、零序保护功能，对于远离 6kV 配电装置（如循环水泵）或 2000kW 以上的电动机，还配有差动保护。当电动机发生短路或接地故障时，其输出触点经端子 XC2－1、XC2－2 作用于跳闸回路，使接触器跳闸。

在现场电动机旁，还有一个事故按钮 SA，它与开关柜上的分闸按钮 TA1 是并联的。只要按下 SA，随时可以停止电动机运行。

此外，跳闸回路还有一个限流熔断器的动合触点 S1. 2，当限流熔断器熔断时，为防止电动机缺相运行，启动接触器跳闸。

(4) 低电压保护跳闸。当 6kV 母线电压测量回路监测母线下降到整定时，如图 4. 10 所示的马达低电压信号母线 M013 上出现高电平，YZJ 励磁使联结在该 6kV 母线上的相对不重要的电动机（如给水前置泵、凝结水泵、磨煤机、循环水泵等的电动机）跳闸，以利于母线电压的恢复。该功能可由在开关柜上的压板 2LP 选择是否使用。

4. 接触器的防跳与分、合闸线圈状态监视

在跳闸回路，有一个与跳闸线圈 TQ1 串联的防跳继电器 TBJ/I，当跳闸回路动作时，TBJ 的电流线圈励磁，TBJ. 1 闭合，TBJ. 2 断开。若属于就地或 DCS 合闸于故障电动机，且合闸信号尚存在，则 TBJ 的电压线圈 TBJ/V 励磁自保持，TBJ. 2 持续断开，切断了合闸回路。从而避免了接触器跳后重新合闸。当合闸指令信号消失时，TBJ/V 失磁，TBJ. 2 闭合，为正常合闸做好准备。

合闸位置继电器 HWJ 与接触器的辅助开关 HK3、跳闸线圈 TQ1 是串联的。当接触器在合闸位时，HK3 的动合触点闭合，HWJ 励磁，触点 HWJ. 1 闭合，开关柜上的 HA

灯亮表示开关在合闸位置，同时表明控制电源和跳闸线圈是完好的。同理，TA 灯亮表示开关在分闸位置，且控制电源和合闸线圈是完好的。

4.3 启动/备用变压器的保护与控制

图 4.15 是某 600MW 超临界机组启动/备用变压器（简称高备变）一次接线与保护配置示意图。该系统从 220kV 系统母线取得电源，经母线侧隔离开关 1QS 或 2QS、断路器 QF、变压器侧隔离开关 6QS 进入启动/备用变压器高压侧。低压侧 A 分支经断路器 1QF、2QF、3QF 分别送 1 号、2 号机组 6kV 工作 A 段母线和 6kV 公用 A 段母线，B 分支经断路器 4QF、5QF、6QF 分别送 1 号、2 号机组 6kV 工作 B 段母线和 6kV 公用 B 段母线。高备变高压侧中性点直接接地，配有有载调装置，低压侧中性点经中阻抗接地。为克服三次谐波影响，改善电压波形，变压器接有三角形接法的短路线圈。与图 4.8 描述的一致，在每个备用分支入口装有电压互感器，为 TV1～TV6。每段 6kV 母线都接有备用电源进线开关和工作电源进线开关，如 1 号机组工作 A 段母线上接有备用电源进线开关 1QF 和工作电源进线开关 1DL。

4.3.1 启动/备用变压器的保护配置

某厂 600MW 机组高备变保护装置三面屏组成，包括 PRC85T－26A、B、C 三面屏。其中 PRC85T－26A、B 保护屏由 RCS－985T 型变压器保护装置等设备组成，提供了高备变的全部电量保护。PRC85T－26C 保护屏由 RCS－9974AG2 型变压器非电量及辅助保护装置组成，提供了高备变的非电量保护及非全相、起动失灵保护等辅助保护。A、B 屏通过配置两套 RCS－985T 型保护装置及操作回路，实现了高备变主保护、异常运行保护以及后备保护的全套双重化。两套保护装置（包括出口跳闸回路）完整、独立安装在各自的屏内，之间没有电气联系，当运行中的一套保护因异常需退出或检修时，不影响另一套保护的正常运行。每套装置的交流电压和交流电流分别取于互相独立的电压互感器和电流互感器绕组，其保护范围交叉重迭，避免死区。

（1）高备变差动保护。高压侧电流互感器 TA1 与低压侧电流互感器 TA19、TA24、TA29、TA34、TA39、TA44 组成高备变第一套差动保护，高压侧电流互感器 TA2 与低压侧电流互感器 TA22、TA27、TA32、TA37、TA42、TA47 组成高备变第二套差动保护，用以保护该组电流互感器包围范围内的设备和引线短路故障。

（2）高压侧复合电压过流保护。高压侧复合电压过流保护用作为变压器、高压母线及相邻线路的后备保护。由高压侧电流互感器 TA1 与两个低压侧分支电压互感器 TV1、TV4 组成第一套高压侧复合电压过流保护，由高压侧电流互感器 TA2 与电压互感器 TV3、TV6 组成第二套高压复合电压过流保护。保护设两段定值，Ⅰ段延时 0.5s，Ⅱ段延时 1.0s，保护动作经延时切除各侧开关。

（3）低压侧复合电压过流保护。作为变压器、6kV 母线及相邻线路的后备保护。由各分支电流互感器和电压互感器组成，如 1 号机工作 A 段备用分支复合电压过流由 TA19（TA22）和 TV1 组成。保护设两段定值，Ⅰ段延时 0.4s，Ⅱ段延时 0.7s 延时跳本分支开关。

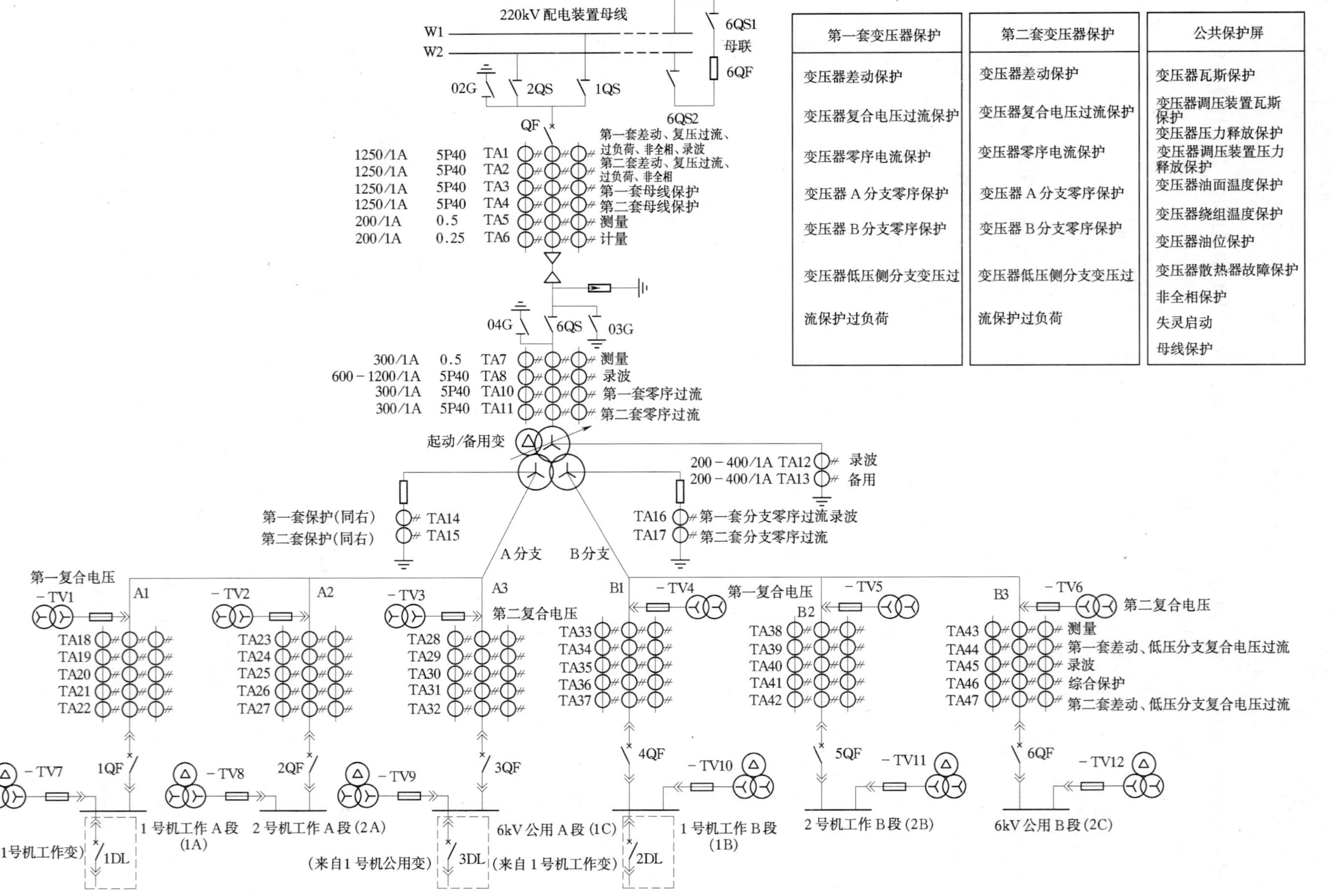

图 4.15　600MW 机组启动/备用变压器接线与保护配置

（4）高压侧零序过流保护。作为变压器高压侧中性点接地运行时接地故障的后备保护。零序电流信号由高压侧电流互感器 TA10（TA11）的三相电流经相量和计算得到，有的系统直接取高备变高压侧中性点互感器 TA12（TA13）的电流。保护设有三段共 5 个时限，零序Ⅰ段动作经第一级时限 3s 跳 220kV 母联开关，经第二级时限 3.5s 跳各侧开关，并起动失灵；零序Ⅱ段动作经第一级时限 5s 跳各侧开关，并起动失灵，经第二级时限 5.5s 跳各侧开关；零序Ⅲ段动作经 6s 延时跳各侧开关。

为何零序保护动作时首先要跳母联开关 6QF 呢，可以利用图 2.2 说明如下：系统正常运行时，一部分出线设备接在母线 W1 上；另一部分接在 W2 上，变压器 T1、T2 也分别在母线 W1 和 W2 上，母联开关 6QF 合上，双母线并列运行。假定高备变接在母线 W2 上。此时，若接在 W1 上运行的某一设备接地（本身的主保护拒动），主变 T1 和 T2 都要为接地点提供接地电流，主变 T1、T2 和高备变的零序保护都要检测到零序电流（假定 T1 和 T2 高压侧中性点都接地）。这时，为了缩小事故停电范围，就可先跳母联开关。若接地点在与 W1 相连的设备上，6QF 首先跳闸后，流过 T2 和高备变的零序电流就消失了，其零序保护不会继续动作，与 W2 相连的设备可以正常运行。

若接地点在高备变内部而高备变的主保护拒动，母联跳闸使与母线 W1 相连的外部电路免遭故障损害，在第二时限时跳开高备变各侧开关，使之从系统中隔离。

（5）低压侧零序过流保护。作为变压器低压侧中性点接地运行时的后备保护，分 A、B 两个分支。A 分支零序电流信号取高备变低压侧中性点互感器 TA14（TA15）的电流。零序过流Ⅰ段动作经 0.7s 延时跳本分支侧三个分支开关，零序过流Ⅱ段动作经 1s 延时跳各侧开关。

表 4.1 归纳了各种保护动作时，保护出口断路器动作情况。

表 4.1　　高备变 A、B 屏保护配置及其动作出口

保护名称	跳 A1 分支	跳 A2 分支	跳 A3 分支	跳 B1 分支	跳 B2 分支	跳 B3 分支	跳高压侧母联	启动失灵	跳高压侧开关
差动保护	1	1	1	1	1	1	0	1	1
高压侧相间后备									
过流Ⅰ段	1	1	1	1	1	1	0	1	1
过流Ⅱ段	1	1	1	1	1	1	0	1	1
高压侧接地保护									
零序Ⅰ段第一时限	0	0	0	0	0	0	1	0	0
零序Ⅰ段第二时限	1	1	1	1	1	1	0	1	1
零序Ⅱ段第一时限	1	1	1	1	1	1	0	1	1
零序Ⅱ段第二时限	1	1	1	1	1	1	0	0	1
零序Ⅲ段	1	1	1	1	1	1	0	0	1
A1 分支复压过流									
过流Ⅰ段	1	0	0	0	0	0	0	0	0
过流Ⅱ段	1	0	0	0	0	0	0	0	0

续表

保护名称	跳 A1 分支	跳 A2 分支	跳 A3 分支	跳 B1 分支	跳 B2 分支	跳 B3 分支	跳高压侧母联	启动失灵	跳高压侧开关
A2 分支复压过流									
过流Ⅰ段	0	1	0	0	0	0	0	0	0
过流Ⅱ段	0	1	0	0	0	0	0	0	0
A3 分支复压过流									
过流Ⅰ段	0	0	1	0	0	0	0	0	0
过流Ⅱ段	0	0	1	0	0	0	0	0	0
B1 分支复压过流									
过流Ⅰ段	0	0	0	1	0	0	0	0	0
过流Ⅱ段	0	0	0	1	0	0	0	0	0
B2 分支复压过流									
过流Ⅰ段	0	0	0	0	1	0	0	0	0
过流Ⅱ段	0	0	0	0	1	0	0	0	0
B3 分支复压过流									
过流Ⅰ段	0	0	0	0	0	1	0	0	0
过流Ⅱ段	0	0	0	0	0	1	0	0	0
分支零序保护									
A 分支零序过流Ⅰ段	1	1	1	0	0	0	0	0	0
A 分支零序过流Ⅱ段	1	1	1	1	1	1	0	0	1
B 分支零序过流Ⅰ段	0	0	0	1	1	1	0	0	0
B 分支零序过流Ⅱ段	1	1	1	1	1	1	0	0	1

各种保护动作，相应的断路器是否按表 4.1 的设计动作，还取决于两个因素：一是该保护功能压板是否投入；二是断路器跳闸压板是否投入，这样做是为了系统调试、检修、设备投退方便。如表 4.2 所示，A、B 保护屏上设有保护功能压板和保护出口断路器跳闸压板，序号 1～11 为保护功能压板，序号 12 及以后为断路器跳闸压板。某功能压板投入时，该保护功能起作用。保护出口跳闸压板包括母联开关、高压侧开关和低压侧 6 个分支开关的跳闸压板，与开关一一对应。如 1LP1 为“投差动”功能压板，只有该压板投入，差动保护才起作用，运行中变压器发生故障时，差动保护装置才发跳闸信号。而此时各侧开关是否跳闸，还要看断路器跳闸压板，只当 1TLP1 或 1TLP2 投入、1TLP11～1TLP16 全部投入时，差动保护才能启动各侧断路器跳闸。保护压板应在高备变投运前投入。高备变投运前，在检查保护用的电流、电压互感器正常投入、保护电源投入后，投入功能压板。而出口跳闸压板，应在功能压板投入、并检查保护工作正常后投入。为了防止保护误动，跳母联跳闸压板只在高压侧接地保护投入、且母联开关合上时才投入。另外，还有启动失灵的压板，在高压侧断路器 DL 合闸前投入，分闸后退出。

表 4.2　　高备变保护 A、B 屏压板

序号	压板编号	压 板 名 称	压 板 投 退 规 定
1	1LP1	投差动	加用
2	1LP2	投高压侧相间后备	加用
3	1LP3	投高压侧接地零序	加用
4	1LP6	投 1 号机工作 A 段分支后备	加用
5	1LP7	投 2 号机工作 A 段分支后备	加用
6	1LP8	投 6kV 公用 A 段分支后备	加用
7	1LP9	投 1 号机工作 B 段分支后备	加用
8	1LP10	投 2 号机工作 B 段分支后备	加用
9	1LP11	投 6kV 公用 B 段分支后备	加用
10	1LP12	投低压侧 A 分支零序保护	加用
11	1LP13	投低压侧 B 分支零序保护	加用
12	1TLP1	跳高压侧（一）	加用
13	1TLP2	跳高压侧（二）	加用
14	1TLP3	至 C 屏启动失灵	加用
15	1TLP5	跳高压侧母联	高压侧开关合闸前加用，断开后停用
16	1TLP11	跳 1 号机工作 A 段分支	加用
17	1TLP12	跳 2 号机工作 A 段分支	加用
18	1TLP13	跳 6kV 公用 A 段分支	加用
19	1TLP14	跳 1 号机工作 B 段分支	加用
20	1TLP15	跳 2 号机工作 B 段分支	加用
21	1TLP16	跳 6kV 公用 B 段分支	加用

（6）非电量保护。非电量保护有本体瓦斯保护和调压装置瓦斯保护，为变压器内部和调压装置内部各种故障的主保护。配置两组接点，一组用于轻瓦斯动作于信号；另一组用于重瓦斯，动作于信号和跳闸。压力释放阀用于将变压器内部因故障而产生的过高压力瞬间释放。压力释放阀带有报警开关，用于报警与跳闸。压力释放阀动作瞬间跳开变压器各侧开关。高备变本体和调压装置各设一组压力释放阀。还有高备变油温度保护、绕组温度保护、高备变油位保护和冷却器全停保护，可分别于信号，或作用于跳闸（油位保护除外）。

4.3.2　220kV 隔离开关控制与接地刀闸的闭锁

在高备变的一次回路，主要控制对象有高压侧断路器和隔离开关、接地刀闸、低压侧分支开关。高压侧断路器的控制与发电机变压器组出口断路器控制类似，将在下一章介绍，低压分支开关，也就是 6kV 母线备用电源进线开关，其控制回路与如图 4.12 所示的工作电源控制回路类似。下面讨论隔离开关与接地刀闸的控制。

4.3.2.1　隔离开关控制

隔离开关操作能源分手动、气动和电动，控制方式可以是就地手动，或者是远方控制

(即在集控室电气控制屏或 CRT 上进行手动操作。

如图 4.15 所示，高备变经隔离开关 6QS、断路器 QF、隔离开关 QS1（或 QS2），从 220kV 系统获得电源。图 4.16 是隔离开关的电动机操作控制回路。当断路器或隔离开关检修时，QF 一侧经地刀 02G 接地。隔离开关 1QS 和 2QS 的分、合操作分别由电动机 M1 和 M2 驱动，通过电动机正、反转实现。当三相电源开关 1SA1 合上，且当接触器 1C1 通电时，其触点 1C1.1、1C1.2、1C1.3 闭合，电动机 1M 正转，隔离开关 QS1 合闸；接触器 1C2 通电时，其触点 1C2.1、1C2.2、1C2.3 闭合，电源 b、c 相反接电动机 M1 反转，隔离开关 QS1 分闸。

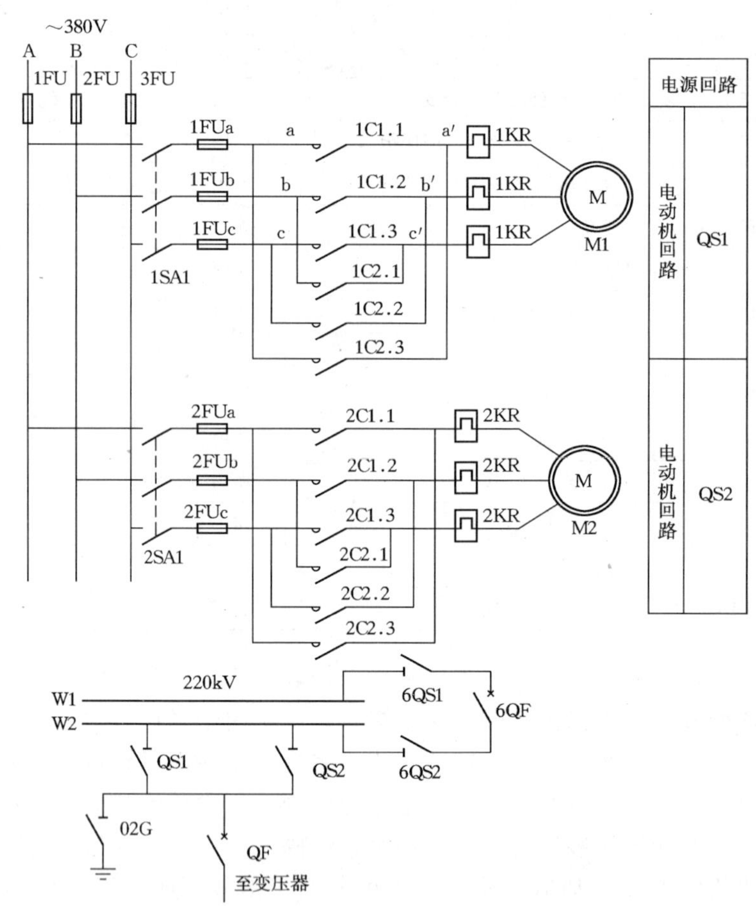

图 4.16　220kV 隔离开关操作回路

隔离开关的安全操作，一是要防止带地线合闸，即 02G 闭合时，不得合隔离开关；二是要防止带负荷拉、合闸，即 QF 在闭合状态时，禁止操作隔离开关；三是倒母线操作，必须在母联断路器 6QF 及隔离开关 6QS1、6QS2 合闸，且取下 6QF 的控制保险的条件下进行，以防止用隔离开关将不同期的系统并列。例如，如果 W1 母电压和 W2 母电压不相等，在 QS1 合上的条件下，再合 QS2，就会在 QS2 合闸时产生电弧。因此，在隔离开关的电动机控制电路，设计了防止误操作的闭锁回路。

图4.17是220kV隔离开关操作闭锁回路。图中，QF.1、QF.2是变压器高压侧断路器的动断触点，02G.1是地刀02G的动断触点。QS1.1、QS2.1分别是QS1、QS2的动合触点，QS1.2、QS2.2分别是QS1、QS2的动断触点，1SL1、2SL1分别是QS1、QS2的合闸终端开关，当隔离开关在分闸位置时，合闸终端开关触点闭合，当隔离开关达到合闸位置时，合闸终端开关触点断开。1SL2、2SL2分别是QS1、QS2的分闸终端开关，当隔离开关在合闸位置时，分闸终端开关触点闭合，当隔离开关达到分闸位置时，分闸终端开关触点断开。M880是隔离开关操作闭锁母线。1TA、2TA是停止按钮，1HA′、1HA分别为远方、就地合闸按钮；1FA′、1FA分别为远方、就地分闸按钮。

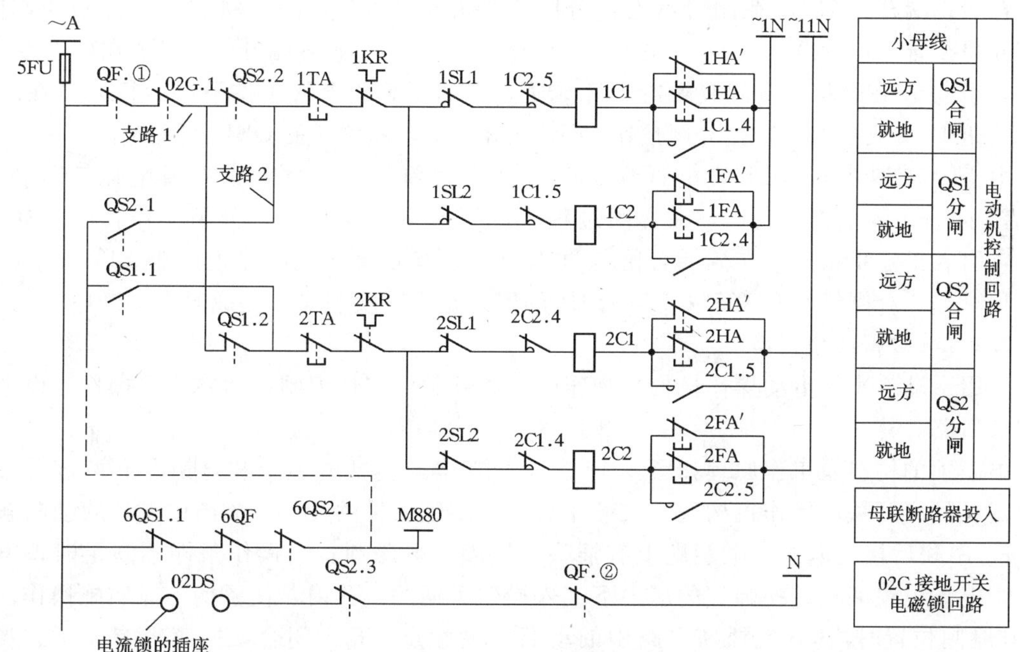

图4.17 220kV隔离开关操作闭锁回路

1. 隔离开关合闸操作

由图4.16可知，隔离开关QS1的合闸操作是接触器1C1控制的。从图4.17中可以看出：交流接触器1C1通电、电动机M1正转、隔离开关QS1合闸的条件是：

(1) 断路器QF、地刀02G、隔离开关QS2在分闸状态，QF.1、02G.1、QS2.2闭合(支路1)，或者QS2在合闸位置(QS2的动合触点QS2.1闭合)且母线M880有电(支路2)。

(2) 未按停止按钮1TA、电动机热继电器1KR未动作、QS1在分闸位置，合闸终端开关1SL1触点闭合，接触器1C2未通电，1C2.5闭合。

(3) 运行人员在就按合闸按钮1HA或在控制室按合闸按钮1HA′。

以上三条全部满足时，接触器1C1励磁，图4-16中的动合触点1C1.1～1C1.4闭合，电动机M1通电正转；1C1.4为自保持触点，当按钮1HA′或1HA返回时，1C1.4使回路继续通电，直到隔离开关合上，合闸终端开关1SL1触点断开为止。在合闸过程中，

1C1 励磁，动断触点 1C1.5 断开，闭锁分闸操作。

在 QS1 和 QS2 都没有合上的条件下（支路 1），QS1 的合闸操作要求接地刀 02G 必须断开，这是为了防止带地线合隔离开关。在 QS2 已经合上的条件下，地刀 02G 事先已断开，QS1 合闸操作要求 M880 有电，即母联断路器 6QF 投入、6QF.1、6QS1.1、6QS2.1 闭合，这是为了防止用隔离开关将不同期的系统并列。

2. 隔离开关分闸操作

从图 4.17 中可以看出：使交流接触器 1C2 通电、电动机 M1 反转、隔离开关 QS1 分闸的条件与合闸的条件区别仅在于隔离开关本身的状态。合闸操作前，隔离开关在分闸位，合闸终端开关 1SL1 在闭合状态，分闸终端开关 1SL2 在断开状态；而分闸操作前，隔离开关在合闸位，合闸终端开关 1SL1 在断开状态，分闸终端开关 1SL2 在闭合状态。所以，当 QS1 在合位，合闸接触器 1C1 未通电、1C1.5 闭合的条件下，运行人员在就按分闸按钮 1FA 或在控制室按分闸按钮 1FA′，就可实现隔离开关 QS1 分闸操作。

由于 1C1 通电以 1C2 失电（1C2.5 闭合）为前提；反之，1C2 通电以 1C1 失电（1C1.5 闭合）为前提。所以，在合闸过程中如遇异常，无法进行分闸操作，反之亦然。因此，引入了停止按钮，在分或合闸的过程中，如有必要，可按停止按钮 1TA，中断操作过程。分、合闸终端开关 1SL2 和 1SL1 的引入是为了实现操作完成时自动断电。

4.3.2.2 电磁锁闭锁回路

采用手动（不配电动操作机构）操作的隔离开关、接地刀闸，为防止误操作，设电磁锁闭锁回路。

电磁锁的构造及工作原理如图 4.18 所示。其构造包括电锁Ⅰ和电钥匙Ⅱ两部分。电锁固定在隔离开关的操作机构上，其插座与作为闭锁条件的元件（如图中 QF 的动断触点 QF.1）串联后接至电源。电钥匙上有插头、线圈、电磁锁。当操作条件不满足时，电钥匙未带电，电锁的锁芯在弹簧的压力下销入操作手柄的小孔内，使手柄不能实施操作。当 QF 在跳闸位置时，QF 在插座电路中的动断辅助触点 QF.1 闭合，插座上有电压。当电钥匙的插头插入插座中时，线圈中便有电流流过并产生磁场，在电磁力的作用下，锁芯被吸出，电锁被打开，操作手柄可自由转动，QS1 可以进行分、合闸操作。操作完成后，按下解除钮使之断开，线圈失电，锁芯弹入将手柄锁住。

当 QF 在合闸位置时，QF 的动断触点 QF.1 断开，插座上无电压，即使将电钥匙的插头插入插座中，电锁也不能打开，因此 QS1 不能进行分、合闸操作。

图 4.15 中的接地刀闸 02G 采用就地手动操作，其电磁锁的闭锁回路在图 4.17 的下方。可见，只有当断路器 QF、隔离开关 QS2 均在分闸位置时，触点 QF.2、QS2.3［两个触点串联相当于图 4.18（b）中 QF.1 的作用，而 02DS 就是图 4.18（b）中的插座］闭合，电磁锁 02DS 才有电，方可对接地刀闸 02G 进行分、合操作。一般情况，操作 02G 时，QS1 也应在分闸位置，也应作为闭锁条件之一引入电磁锁闭锁回路。但 QS1 与 02G 之间有机械闭锁，只有当 QS1 在分闸位置时，才可对 02G 进行合闸操作，故没有将 QS1 的辅助触点引入 02G 电磁锁闭锁回路。

4.3.3 厂用电快速切换装置

对于发电机出口不装断路器的系统，在机组启动或停止过程中，必须要进行厂用电切

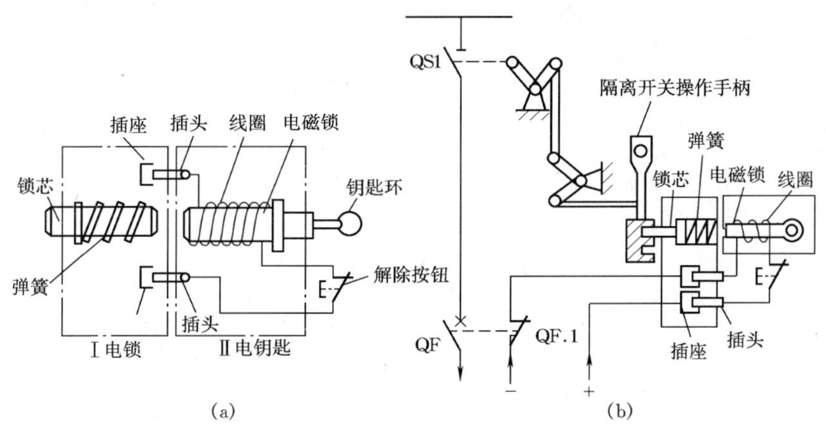

图 4.18 电磁锁的构造及工作原理

(a) 电磁锁的构造；(b) 电磁锁的工作原理

换操作。由于大量大功率厂用电设备在系统中运行，保持切换过程的平稳、安全是至关重要的。此外，发电机或高厂变故障造成工作电源失去时，必须及时自动投入备用电源。以往的电源切换是利用同期仪表，在检测到备用电源与工作电源满足同期条件时，先合上备用（或工作）电源，再退出工作（或备用）电源。而工作电源因故消失后，是利用工作/备用电源进线开关控制回路中的备用电源自动投入功能（BZT），经延时确认后，先跳开工作电源开关，再合上备用电源开关。如图 4.8 所示，当高厂变失压造成 6kV 的 A 段母线失压时，先跳开工作电源开关 1DL，再合上备用电源开关 1QF。但是，这种操作方式不能满足大型机组安全运行的要求。因为大型机组的工作电源与备用电源常常不在同一系统，难以满足同期条件。BZT 在合备用电源开关时，需要残压确认，切换时间长，可能造成某些电动机低电压动作，而备用电源合上后，电动机自启动电流很大，使母线电压难以恢复，甚至造成停机。正因为如此，近 10 多年来微机厂用电快速切换装置得到广泛应用，并已取代传统的备用电源自动投入装置。

4.3.3.1 快速切换原理

要实现快速切换，就不能等待母线残压完全消失后才合备用电源。当工作电源进线开关跳闸后，接在失压母线上的电动机将在惯性力作用下惰走，相当于异步发电机，母线残压由众多电动机的电压合成，是一个幅值和频率逐步衰减的电压。母线残压 $\dot{U}_m$ 变化的轨迹如图 4.19 中虚线所示。根据残压的变化规律，尽可能快、适时地合上备用电源，按快速操作所基于的原理分，有三种方式。

1. 快速切换

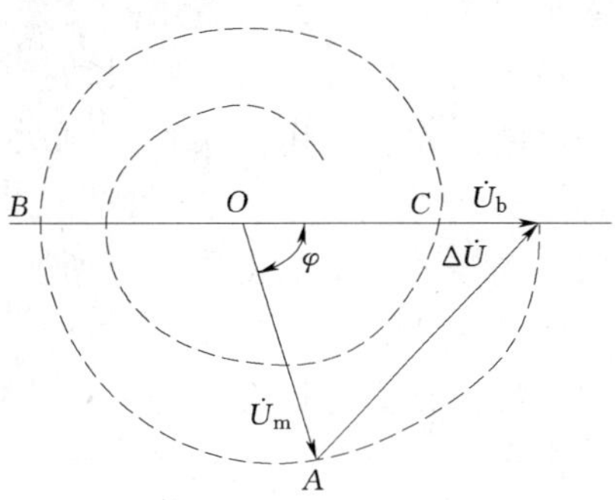

图 4.19 快切原理示意图

假定工作电源与备用电源是满足同期条件的。图 4.19 中，$\dot{U}_b$ 表示备用电源电压，$\Delta\dot{U}$ 是 $\dot{U}_b$ 与残压 $\dot{U}_m$ 的差，φ 表示 $\dot{U}_b$ 与 $\dot{U}_m$ 的相位差。工作电源开关

跳闸后，由于残压 $\dot{U}_m$ 的频率下降，$\dot{U}_m$ 将逐渐滞后于 $\dot{U}_b$，相位差 φ 逐步增大，$\Delta\dot{U}$ 也逐步增大。当两相量的相位差达到 180°时（如图 4.19 所示中的 B 点），幅值差最大。为了电动机安全，此时不宜合闸。若能在相位差尚未达到 180°、残压与备用电源电压幅值差 ΔU 小于电动机最大允许启动电压时（如图中 A 点以前），合上备用电源，这样既能保证电动机的安全，又不致使电动机转速下降太多，这就是所谓“快速切换”。快速切换时间一般小于 0.2s。这个时间考虑了工作/备用电源可能存在一定相位差，若是图示的理想情况，切换时间还可缩短。

2. 同期捕捉切换

快速切换对切换装置及开关动作时间的要求很高，如果不能实现上述快速切换，最好是跟踪残压的相位变化，尽可能做到在残压 $\dot{U}_m$ 与备用电源电压 $\dot{U}_b$ 的相位差达到 360°，即第一次相位重合（图中的 C 点）时合闸。这种方式就叫作“同期捕捉切换”，也称为“短延时切换”。同期捕捉切换时间约为 0.6s。由于有众多“异步发电机”在运行，同期捕捉比发电机并列同期复杂得多，合闸相位差一般在 10°以内。

3. 残压切换

当残压下降到 20%～40%额定电压后实现的切换称为“残压切换”。这种切换能保证电动机的安全，但停电时间较长，电动机自启动受到限制。残压切换的时间为 2s 左右。

4.3.3.2　快速切换装置的功能

1. 正常切换

正常切换由手动启动，在 DCS 系统或快切装置控制面板上均可进行。正常切换是双向的，可以由工作电源切向备用电源，也可以由备用电源切向工作电源。正常切换有并联切换和同时切换两种：

(1) 并联切换。又分自动和半自动两种。并联自动：手动启动，若两侧电源满足同期条件，且开关远方可控，则并联切换条件满足，装置将先合备用（工作）开关，经一定延时后再自动跳开工作（备用）开关。如在这段延时内，刚合上的备用（工作）开关被跳开，则装置不再自动跳工作（备用）开关。若手动启动后并联切换条件不满足，装置将闭锁切换发信，并进入等待复归状态。并联半自动：手动启动，若并联切换条件满足，合上备用（工作）开关，而跳开工作（备用）开关的操作由人工完成。若在规定的时间内，操作人员仍未分开工作（备用）开关，装置将发出告警信号。

(2) 正常同时切换。同时切换由手动启动，先发跳工作（备用）开关命令，在切换条件满足时，发合备用（工作）开关命令。若要保证先断后合，可在合闸命令前加一定延时。正常同时切换可有“快速”、“同期捕捉”、“残压”三种切换换判断条件。在快切不成功时自动转入同期捕捉或残压切换。

2. 事故切换

事故切换由保护出口启动，是单向的，即只能由工作电源切向备用电源。事故切换有两种方式：

(1) 事故串联切换。由发变组保护来信号启动，先跳工作电源开关，在确认工作开关已跳开且切换条件满足时，合上备用电源。串联切换有“快速”、“同期捕捉”、“残压”三种切换判断条件。

(2) 事故同时切换。由保护启动，先发跳工作电源开关命令，在切换条件满足时（或经延时）发合备用电源开关命令。事故同时切换也有“快速”、“同期捕捉”、“残压”三种切换判断条件。

3. 不正常情况切换

装置检测到不正常情况后自行起动的切换，也是单向的，只能由工作电源切向备用电源。不正常情况指以下两种情况：

(1) 厂用母线失电。当厂用母线三相电压均低于整定值，时间超过整定延时，则装置根据选择方式进行串联或同时切换。切换判断条件为“残压”。

(2) 工作电源开关误跳。因各种原因（包括人为误操作）造成工作电源开关误跳开，装置将在切换条件满足时合上备用电源开关。切换判断条件为：快速、同期捕捉、残压。

所以，操作人员手动启动的切换称为正常切换，发变组或厂变故障引起、由保护动作引起的切换称为事故切换，而母线失压、由切换装置本身（非外部保护启动）启动的切换称为非正常切换。

4. 闭锁与报警信号

为保证切换装置的正确动作，装置对电源切换的相关条件进行实时监测，发现异常时，闭锁切换，并发出如下报警信息。

(1) 开关位置异常。装置起动切换的必要条件之一是工作、备用开关一个合位；另一个在分位，且 TV 隔离开关必须合上。若正常监测时发现任一条件不满足（工作开关误跳除外），将闭锁装置出口，发“装置闭锁”信号，并进入等待复归状态。待操作人员检查处理，条件满足复归信号后，才可进行切换操作。

另外，切换过程中如发现一定时间内该跳的开关未跳开或该合的开关未合上，装置将根据不同的切换方式分别处理并给出位置异常闭锁信号。如：同时切换或并联切换中，若该跳开的开关未能跳开，将造成两电源并列，此时装置将执行去耦合功能，跳开刚合上的开关。

(2) 装置异常。表示装置本身故障，装置投入后即始终对某些重要部件如 CPU、RAM、EEPROM、AD 等进行自检，一旦有故障将发“装置异常”信号，并进入等待复归状态。

(3) 保护闭锁。保护闭锁为外接开入量，由发变组保护来信号。某些保护动作时（如高厂变分支复合电压过流或分支零序过流等），为防止备用电源误投入故障母线，可由这些保护给出的接点信号将装置闭锁，装置将给出“保护闭锁”信号并进入等待复归状态。

(4) TV 断线。厂用母线 TV 一相或二相断线时，装置将闭锁报警并进入等待复归状态。

(5) 备用电源失电监测。若工作电源投入时备用电源失电或备用电源投入时工作电源失电，都将无法进行切换操作，装置将给出报警信号并进入等待复归状态。考虑备用段 TV 检修时，装置也检测不到备用电源电压的情况，可在“方式设置”菜单中选择此项功能的投退。“后备失电闭锁”功能退出后，在 TV 检修情况下也能实现残压切换。

(6) 装置闭锁（等待复归状态）。这是一个总的信号，在上述 5 个闭锁之一存在的条件下，或进行了一次切换后，装置将自行闭锁，进入等待复归状态。在此状态下，将不响应任何外部操作及起动信号。只能在 5 个闭锁条件均不存在的情况下手动复归解除。

(7) 出口闭锁。当出现以下三种情况之一时，装置将发出“出口闭锁”信号，以警示运行人员。①装置方式设置菜单中的出口投退选择为“退出”；②外接“出口闭锁”开入量有闭锁输入；③装置快切、越前相角、越前时间、残压切换均整定为“退出”状态。出口闭锁可往复投退，不必经手动复归。出口闭锁时，装置不进入等待复归状态，一旦这三种条件都不满足，装置自动进入运行。

(8) 装置失电。装置开关电源输出的＋5V，±15V，＋24V 任一路失电都将引起工作异常，特设电压监视回路，一旦失电立即报警，该功能独立于 CPU 工作。

4.3.3.3　快切装置的输入/输出信号

装置的模拟量输入信号有，母线电压、工作电源电压、备用电源电压。主要用于并联切换时的同期检定、串联切换时的“快切”、“同期捕捉”和“残压”条件检定。装置还将备用分支三相电流引入，主要用于显示。

装置的开关量输入信号有三类：第一类反映相关状态，如工作/备用电源开关位置、母线 TV 隔离开关位置信号；第二类是来自发电机变压器组保护回路的启动或闭锁切换的信号；第三类是运行人员的操作信号，如运行人员启动切换操作，切换完成后的复归操作。还有一个是“出口闭锁”，也可以是运行人员设置的，如厂用电切到备用电源、发电机停止后，为防止装置误动，运行人员可投入“出口闭锁”。

装置的输出量信号除上述报警信号外，还有跳/合工作电源开关指令，跳/合备用电源开关指令。该四个信号经相应的四个压板，接到图 4.12 所示的工作/备用电源开关控制回路，在需要切换时启动相应的开关跳闸或者合闸。

切换操作完成后，装置还发出“切换完成”信号。若已启动切换，但该跳的开关未跳开，该合的开关未合上，或设定的时间到仍无法满足切换条件，装置发出“切换失败”信号，保持到闭锁条件解除并复归。

此外，装置还有一个投入后加速保护的输出。该触点只在切换启动到备用电源开关合上再加约 1.5s 这段时间内闭合，用以启动备用分支的后加速保护功能。其意义是：在保护启动切换、使备用电源开关刚刚合上后的 1.5s 时间内，只要备用分支过流，就可认为是备用电源合闸于故障母线，则不经延时，直接跳备用分支开关。而在备用变运行过程中若发生了备用分支过流，则可能是母线故障，也可能是接在母线上的电动机等负荷故障引起的，根据保护的选择性原则，该后加速保护输出触点是断开的，必须经延时确认后才使备用分支开关跳闸。

复习思考题

1. 6kV、380V 各种开关（柜）上有哪些可以操作的元件？各有什么作用？远方/就地控制方式开关如何改变二次回路信号的传递路径？开关有哪几个位置？位置不同对断路器的一次、二次回路有何影响？

2. 开关实现分、合闸操作需要具备哪些条件？何谓断路器“跳跃”？6kV 开关二次回路中是如何防止断路器跳跃的？

3. 各开关柜对外接线中引入了哪些元件？各有何作用？图 4.5 中引入 ZKK. b、ZKK. L，图 4.12 中引入 QF. b 有何作用？

4. 380V 抽屉式开关二次回路中的继电器 ZJ1、ZJ2、ZJ3 有何作用？分闸脱口器 F 有何作用？电动机事故按钮与分闸按钮作用有何不同？

5. 电压互感器断线与一次侧接地有何区别？何谓马达低电压保护？结合图 4.10 和图 4.14 说明实现电动机低电压跳闸的动作过程。

6. 试述启动/备用变压器有哪些保护，每种保护的保护范围、保护动作时要跳开哪些开关？该系统中变压器高压侧零序保护动作为何要先断开母联？功能压板与跳闸压板的作用有何不同？

7. 隔离开关操作需要哪两种电源？隔离开关和地刀设置闭锁的目的是什么？

8. 按原理分，快切装置有哪几种切换方式？快切装置有哪些功能？有哪些输入、输出信号？

第5章　发电机—变压器组控制与保护

发电机—变压器组是单元机组三大主设备之一，确保发变组的安全运行，是单元机组安全、经济运行的主要任务，是机组运行值班员的主要职责。本章讨论大型发变组的控制与保护，主要内容包括发电机同期控制、发电机励磁控制、发变组出口断路器控制、发变组保护配置、保护范围及保护逻辑。

5.1　发变组自动同期控制

在同步发电机学习中知道，发电机稳定运行时，定子电流的电枢反应磁场在空间与发电机转子同步旋转，穿越转子绕组的电枢反应磁通量不变，因而不在转子绕组中产生感应电流。而在发电机并列瞬间，定子电流从无到有，穿越转子绕组的电枢反应磁通发生急剧变化，从而在转子绕组中感应出电势和电流，此时转子绕组相当于短路运行的变压器副绕组。为平衡转子绕组中感应电流的磁通，定子绕组必然要提供更多的暂态电流，也就是发电机并列时的冲击电流。为限制冲击电流，最好是调节发电机电压，使并列断路器两端电压的瞬时值相等，并列时发电机的电流为零，并列后再逐步增加发电机电流。在图 5.1 (a) 中，就是要使断路器 QF 的两端电压——发电机变压器组出口电压 u_{AT} 和 500kV 系统电压 u_{AS} 的瞬时值相等，即要求 u_{AT} 与 u_{AS} 幅值、频率、相位相等。为满足同期并列要求，可以借助于自动同期装置。自动同期装置比较运行系统电压 u_{AS} 和待并发电机变压器组出口电压 u_{AT}，当电压幅值条件不满足时，输出调压信号到发电机励磁回路，增、减励磁电流以改变发电机电压；当频率条件不满足时，输出调速信号到汽轮机 DEH 转速控制回路，调整汽轮机转速以改变发电机频率；并检测 u_{AT} 与 u_{AS} 的相位差，当幅值、频率、相位均满足并列条件时，发出断路器合闸指令完成发电机并列操作。这就是发电机同期并列的基本原理。

在电网运行过程中，运行系统的频率也是在 50Hz 附近波动的，要保持两侧电压的相位差为零是不可能的。而且，从发出合闸指令到完成断路器合闸操作一般也要有小于 0.7s 的动作时间。所以，实际上不是等待相位差过零时刻发合闸命令，而是在比预测的相位差过零时刻提前 t_{dq} 发合闸命令。t_{dq} 称为导前时间，主要反映断路器合闸动作时间。

本节中，要分析发变组同期并列要考虑的具体问题，以及自动同期回路的控制接线。关于同期点的确定，主接线不同，同期点位置不同。图 2.2 和图 5.1 所示的系统，同期点可选在发变组出口断路器上。而对于如图 2.3 所示的系统，由于发电机出口安装了断路器，同期点可以选在发电机出口。若该系统中发电机出口不装断路器，则同期点在 3/2 接线的母线侧断路器上，可以用 5011（5023）断路器与系统并列，用 5012（5022）断路器与系统合环。本节先讨论发电机同期信号的选取，然后分析典型的发电机同期控制回路。

5.1.1　发变组同期信号的取得

从发电机同期并列的基本原理知道，当并列开关两侧运行系统电压与待并系统电压的大小、频率、相位相等时，就能安全地实现同期并列。选取什么电压代表发电机待并系统电压与运行系统电压进行比较呢？电压互感器安装地点不同，电压的抽取方法有所不同。

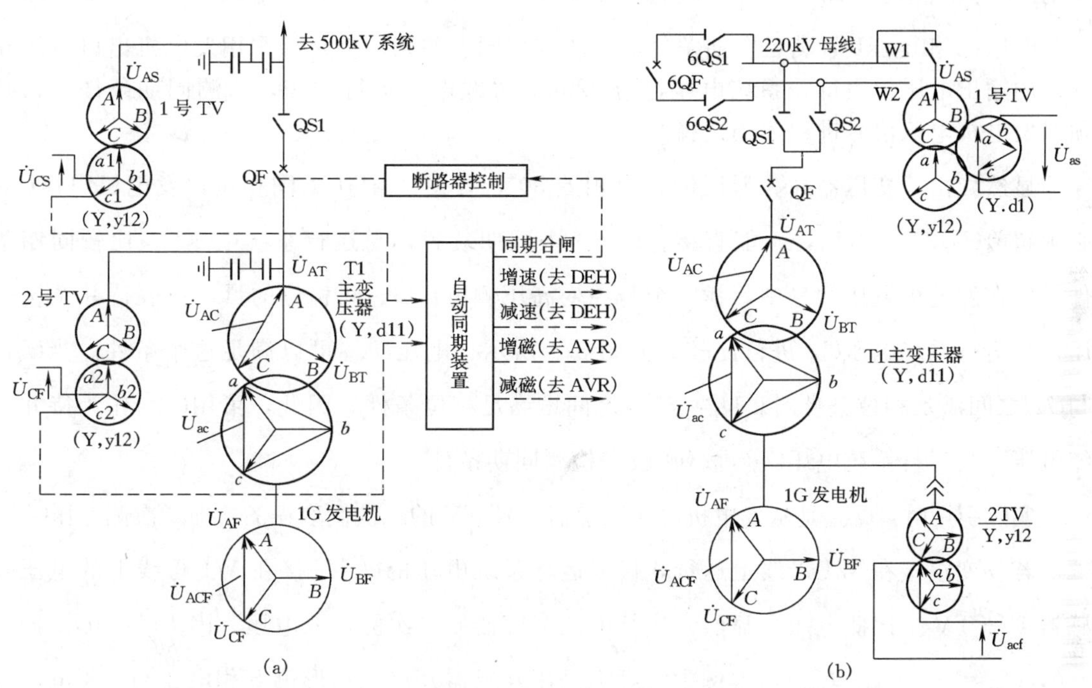

图 5.1　发电机—变压器组同期信号的取得

(a) 采用主变出口电压；(b) 采用发电机出口电压

1. 用主变出口电压作为待并系统电压

如图 5.1 (a) 所示，发电机 1G 的输出经升压变压器 T1 出口断路器 QF、隔离开关 QS1 送入 500kV 系统。在 500kV 母线上装有电压互感器 1 号 TV，在主变出口装有电压互感器 2 号 TV。在 1 号 TV、2 号 TV 完成核相的条件下，只要检测到 1 号 TV、2 号 TV 的三相电压任一对应相的幅值、频率、相位满足同期条件，就可保证断路器 QF 两端电压瞬时值基本相等、两端电压差基本为 0，从而实现准同期合闸。图中选取 1 号 TV 的 C 相电压$\dot{U}_{CS}$代表运行系统电压，选取 2 号 TV 的 C 相电压$\dot{U}_{CF}$代表待并系统电压。并列操作时调整发电机转速和电压，使$\dot{U}_{CF}$与$\dot{U}_{CS}$满足同期条件，即可使断路器 QF 合闸。

从图 5.1 (a) 中可以看出，当断路器 QF 两端电压同相位时，发电机出口 A 相电压$\dot{U}_{AF}$与系统 A 相电压$\dot{U}_{AS}$并不同相位，而是$\dot{U}_{AF}$超前$\dot{U}_{AS}$30°，是由于主变压器采用 Y，d11 接线，星形侧的三相电压要滞后三角形电压 30°，发电机电压传输到变压器高压侧，相位要滞后 30°。如图 5.1 所示，主变高压侧电压$\dot{U}_{AT}$滞后$\dot{U}_{AF}$30°。所以要使 QF 两端电压同相位，必须调整发电机电压使之超前运行系统电压 30°。

2. 用发电机出口母线电压作为待并系统电压

如图 5.1（b）所示，发电机 1G 的输出经升压变压器 T1、出口断路器 QF、隔离开关 QS1（或 QS2）送入 220kV 系统，QF 合闸时，只要 220kV 母线电压（如图中 W1 母线 A 相电压$\dot{U}_{AS}$，若 QS1 断开，QS2 闭合，则从 W2 母线的电压互感器上取电压）与变压器高压侧电压 A 相电压$\dot{U}_{AT}$满足同期条件，就能实现同期并列。但是，采用发电机出口电压互感器的输出电压代表待并系统电压，与 220kV 母线电压进行比较，检测同期条件时，必须对发电机电压信号进行适当选择。

显然，由于变压器高、低压侧相位相差 30°，要使$\dot{U}_{AT}$与$\dot{U}_{AS}$同相位，发电机电压$\dot{U}_{AF}$必须超前$\dot{U}_{AS}$30°。所以，不能直接把$\dot{U}_{AF}$送入同期装置，与运行系统电压$\dot{U}_{AS}$比较同期条件。要在发电机电压相量中，找一个与主变高压侧电压$\dot{U}_{AT}$同相位的量，代表待并系统电压，与运行系统电压$\dot{U}_{AS}$进行比较。如图 5.1 所示，电压$\dot{U}_{ACF}$可以满足这个条件。当$\dot{U}_{ACF}$与$\dot{U}_{AS}$之间满足相位条件时，$\dot{U}_{AT}$与$\dot{U}_{AS}$之间也满足相位条件。因此，可用$\dot{U}_{ACF}$作为待并系统电压，与运行系统电压$\dot{U}_{AS}$进行比较来检测同期条件。

实际引用时，$\dot{U}_{ACF}$是从发电机电压互感器 2 号 TV 的二次侧取得的，即二次侧电压$\dot{U}_{acf}$。

若发变组接在 W1 母线上运行，代表运行系统电压的$\dot{U}_{AS}$是接在 W1 母线上的电压互感器 1 号 TV 一次侧电压。显然，应从电压互感器的二次侧抽取电压。因为$\dot{U}_{as}+\dot{U}_{bs}+\dot{U}_{cs}=0$，$\dot{U}_{as}=-(\dot{U}_{bs}+\dot{U}_{cs})$，本例中实际上是用互感器开口三角形侧 b 相电压与 c 相电压的相量和来代替 a 相电压的。

3. 电压互感器核相与发电机核相

为了防止发生非同期并列，发电机电压与系统电压必须满足同期并列条件。而进入自动同期装置的两个电压必须能真实代表待并系统电压和运行系统电压。即在图 5.1 中，只有当发电机电压$\dot{U}_{ACF}$与母线电压$\dot{U}_{AS}$满足同期条件，且送到同期系统的两个电压也确实是这两个电压时，才能保证同期合闸。否则，任一条件不满足，都会造成非同期并列。所以，必须确保发电机电压与系统电压的相序和极性的一致。为了核对发电机电压与系统电压相序、相位的正确性，必须对发电机进行核相。

核相是通过测量两个系统同名相电压差值和非同名相电压差值的方法来进行的。同名相电压差值应为零，非同名相电压差值应为对应的线电压值，符合这一原则，相序就正确。

（1）电压互感器核相。电压是通过电压互感器来测量的，首先必须核实互感器接线的正确性。这可以通过自核相来完成。对于如图 5.1（a）所示的两个母线电压互感器 1 号 TV 和 2 号 TV，可以通过核相检验其接线的正确性。方法是：断开 500kV 线路对侧断路器，使发变组与外系统隔离，合上发变组出口开关 QF 和隔离开关 QS1，将发电机空载电压同时加到 1 号 TV 和 2 号 TV，测量两个互感器二次侧对应相之间的电压，因为输入到两个互感器的是一个电压，若读数与表 5.1 的数据相符，则说明两个互感器接线连接组别一致。表中，a1、b1、c1 和 a2、b2、c2 分别表示两个电压互感器的三相输出端点，如图 5.1 所示。显然两同名相 a1 与 a2、b1 与 b2、c1 与 c2 之间的电压应为 0，而非同名相如 a1 与 b2、a1 与 c2 之间的电压为线电压 100V，如同 a1 与 b1、a1 与 c1 之间的电压一样。

表 5.1　核相测量电压关系表

U	a1	b1	c1
a2	0	100	100
b2	100	0	100
c2	100	100	0

若发电机出口有断路器，也可断开该出口断路器，从外系统引入电压对 1 号 TV 和 2 号 TV 进行核相。

(2) 发电机核相。发电机核相包括两项试验。一是检查发电机的相序。根据发电机原理，发电机三相绕组在空间的位置和发电机的转向确定了，发电机的相序就随之确定了。在发电机出口电压互感器的二次侧，用相序表检查 A、B、C 三相电压的相位关系应为正相序。二是检查发电机电压互感器的连接组别，应与母线电压互感器应一致。在图 5.1 (b) 中，用发电机出口电压互感器 2TV 的输出作为同期信号。对于发电机出口直接与系统母线相接的系统［相当图 5.1 (b) 中无变压器］，发电机核相与电压互感器核相类似。可以将母线 W1 腾空，只接上 1 号 TV 和 QS1、QF，把发电机电压加到 W1 上，测量 1 号 TV 与发电机出口电压互感器 2TV 各同名相之间的电压，若满足表 5.1，则说明发电机出口电压互感器 2TV 接线正确。若不满足表 5.1，则应以母线电压互感器 1 号 TV 为标准，检查发电机出口到母线的一次接线和发电机电压互感器的接线，直到满足为止。

若发电机出口经变压器到母线，核相时应考虑变压器的相移，如图 5.1 (b) 所示的接线，正确接线时，1 号 TV 与 2 号 TV 的二次侧同名相电压之间电压具有 30°的相位差，电压差值为 $\Delta U=2U\sin(30/2)^\circ=2\times100\times\sin15^\circ=51.8\text{V}$。若测量值满足此值，则接线正确。

(3) 发电机同期回路接线检查。为了确保发电机同期检测的有效性，除了确保发变组核相正确外，还要检查从互感器出口到同期装置的同期回路接线的正确性。因为即使核相正确，但若有一个电压极性接反，则同期表检测到满足同期条件时，实际电压相差 180°，这时若并列是十分危险的。

对于图 5.1 (b) 所示的系统，在发电机核相完成后，继续让发电机供给 1 号 TV 和 2 号 TV 电压信号，投入发电机同期装置，将两路信号送入同期装置，若电压差和频率差为零，同期表表示同期，则说明同期回路接线正确。

对于新安装的机组或同期回路检修过的机组，可用假同期的方法来检查同期装置的动作特性，以保证同期装置在满足同期条件时合闸。所谓假同期，顾名思义就是手动或自动准同期装置发出的合闸脉冲，将待并发电机断路器合闸时，这台发电机并非真的并入了系统，而是用模拟的方法进行的一种假的并列操作。假同期操作是在发变组出口隔离开关 QS1 断开的条件下进行的。将运行系统电压与发电机电压引入同期装置，通过对发电机电压、频率的调整，使之满足同期并列的条件时，可将待并发变组出口断路器合上，完成假同期并列操作。若经发电机核相、同期回路接线检查和假同期试验三个环节，能完成假同期操作，则说明整个系统接线和同期装置无误，可以进行同期操作。否则，任何一个环节有误，或者仅假同期试验成功，则不能进行同期操作。例如，如果发电机电压极性接反，假同期试验可以成功，但并列时会产生 180°相位差下的非同期。

5.1.2　发变组自动同期控制

实现自动准同期并列的仪表很多，无论是常规仪表，还是微机控制仪表，其基本原理和基本功能是一致的。微机型仪表具有通信接口，便于与其他系统交换信息，并能在 DCS 系统操作员站上实现并列操作，因而得到广泛应用。SID－2CM 型微机自动准同期装置就是其中一种。

1. 微机型自动准同期装置主要功能

（1）在发电机并网过程中，对机组频率及电压进行控制，保证最快最平稳地使频差及压差进入整定范围。同期装置可实现对合闸时机的预测，捕捉第一次出现的零相位差的时机，在零相位差出现前的导前时间 t_{dq} 时发出合闸命令，确保在相位差 $\varphi=0°$ 时实现快速、无冲击并网。若在发电机并网过程中出现同频时，控制器将自动给出加速控制命令，消除同频状态，保证不出现逆功率并网。

（2）在并网操作过程中定时自检，如系统出错，发出报警信号。在并列点两侧 TV 信号接入后而控制器失去电源时报警。TV 二次断线时也报警，并闭锁同期操作及无压合闸。

（3）完成并网操作后自动显示断路器合闸回路实际动作时间，并保留最近的 8 次并网的实测值，以供校核断路器合闸时间整定值的精确性。

（4）具有自动转角功能。对于如图 5.1（b）所示，主变压器采用 Y，d11 接线时，并列时发电机电压要超前系统电压 30°，为此需采用不同的接法或采用转角变压器来补偿相移。微机控制器采用软件计算实现，无论线电压还是相电压均可，简化了接线。例如，若发电机电压 $\dot{U}_{AF}$ 和系统电压 $\dot{U}_{AS}$ 送入同期装置，则当微机检测到 $\dot{U}_{AF}$ 超前 $\dot{U}_{AS}$ 30°时，就可以认为发电机已满足相位条件。

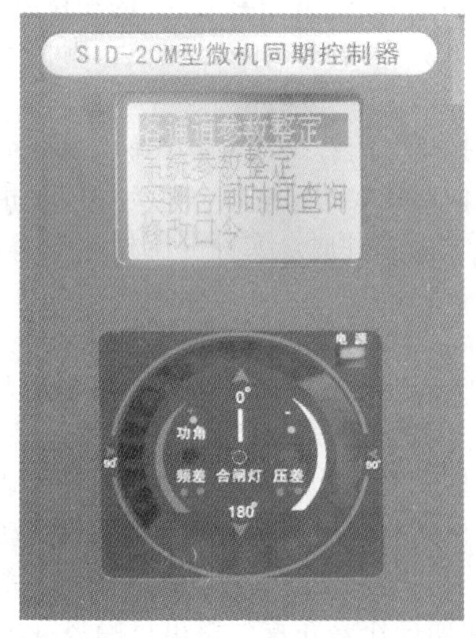

图 5.2　自动同期控制装置面板示意图

（5）提供与上位机的通信接口，以满足将同期控制器纳入 DCS 系统的需要。

图 5.2 是 SID－2CM 型自动准同期装置面板示意图。面板的左上方为一个 128×64 点阵带背光的液晶显示器，用于显示菜单及设置参数，显示并列点代号、系统频率、系统电压、发电机频率、发电机电压、断路器合闸时间及其他信息。左下方为发光管构成的同步指示器，指示待并侧与系统侧电压在并网过程中的相位差。“频差/功角”及“压差”指示灯在差频并网时越上限为绿色，越下限为红色，如出现同频时频差灯也为红色，不越限时熄灭。同频并网时如果功角或

压差越限，指示灯为橙色。“合闸”指示灯在控制器发出合闸命令期间点亮（红色），点亮时间为断路器合闸时间 t_{dq} 的二倍。

2. 自动同期控制接线

(1) 自动同期装置的投运与工作方式选择。自动同期控制装置具有就地试验、DCS 试验和 DCS 投入三种工作方式。在 DCS 投入方式下，同期控制装置通过发电机电压与系统电压的比较，发出调频和调压指令，当发电机满足同期条件时，发出合断路器指令，使发电机并列。在 DCS 试验方式时，控制装置只发出调频和调压指令，不发合闸指令。

如图 5.3 (a) 所示，在机组同期控制屏上，自动同期选择开关 DTK 具有退出、试验、DCS 三个位置。将 DTK 置于试验位时，其触点①-②接通，继电器 1ZJ 和 4ZJ 励磁，1ZJ 的触点 1ZJ.2 和 1ZJ.3 闭合，为同期控制装置 ZTQ 接通工作电源；4ZJ 的触点 4ZJ.1 和 4ZJ.3 闭合，将发电机电压 $\dot{U}_{CF}$ 引入 ZTQ，触点 4ZJ.2 和 4ZJ.4 闭合，将系统电压 $\dot{U}_{CS}$ 引入 ZTQ。这样，同期装置就具备了工作条件。当操作人员按下同期控制屏上启动按钮 YA 时，ZTQ 便开始进行调频与调压的工作。

当操作人员在机组同期控制屏将 DTK 置于 DCS 投入位时，其触点③-④接通，有 DCS 试验和 DCS 投入两种工作方式。当运行人员在 DCS 操作站 CRT 画面上选择 DCS 试验时，DCS 系统输出到同期回路的“DCS 试验”触点闭合，从电源 L＋到 1MCB、DTK 的触点③-④、3ZJ.1、DCS 试验触点、1ZJ 和 4ZJ、1MCB 到 L－形成回路，继电器 1ZJ 和 4ZJ 励磁，并通过触点 1ZJ.1 自保持，与在就地试验位一样，ZTQ 进入试验工作状态。发出启动指令后，ZTQ 开始调压与调频，当发电机满足同期条件时，控制装置只发出同期信号，不发合闸指令。当运行人员在 DCS 操作站 CRT 画面上选择 DCS 投入时，继电器 2ZJ 和 5ZJ 励磁，ZTQ 处于投入工作方式。2ZJ.2 和 2ZJ.3 闭合，为同期控制装置 ZTQ 接通工作电源；触点 5ZJ.1 和 5ZJ.3 闭合，将发电机电压 $\dot{U}_{CF}$ 引入 ZTQ，触点 5ZJ.2 和 5ZJ.4 闭合，将系统电压 $\dot{U}_{CS}$ 引入 ZTQ。再在 DCS 操作界面上按下 DCS 启动（与 YA 并联的 DCS 输出触点闭合），ZTQ 开始同期并列控制操作。当机组满足同期条件时启动断路器合闸。

图中引入断路器的辅助触点 QF.1，可以确认发电机的状态，同时，还可以实测断路器合闸动作时间，以更准确地实现无扰动并列。ZTQ 还有一个远方复位输入接口，当装置出现故障或受干扰死机时，可通过 DCS 系统的指令使其重新启动。

同期操作完成后，运行人员在 DCS 系统操作界面上发出装置退出指令，继电器 3ZJ 励磁，触点 3ZJ.1 断开，1ZJ、2ZJ、4ZJ、5ZJ 失磁，其动合触点断开，切除了加在 ZTQ 上的工作电源和同期电压信号。

(2) 自动同期装置的输出信号。如图 5.3 (b) 所示，SID－2CM 型微机同期装置有下列输出信号：

1) 调速指令。当发电机频率低于系统频率时，ZTQ 通过其输出触点 JK4－2、JK4－13 发出加速信号至 DEH；当发电机频率高于系统频率时，ZTQ 通过其输出触点 JK4－3、JK4－16 发减速信号至 DEH，调整发电机转速，使之达到同期并列要求。操作人员也可用安装在同期控制屏上的速度调节旋钮 1CK 调整发电机转速。1CK 具有加速、断开、减

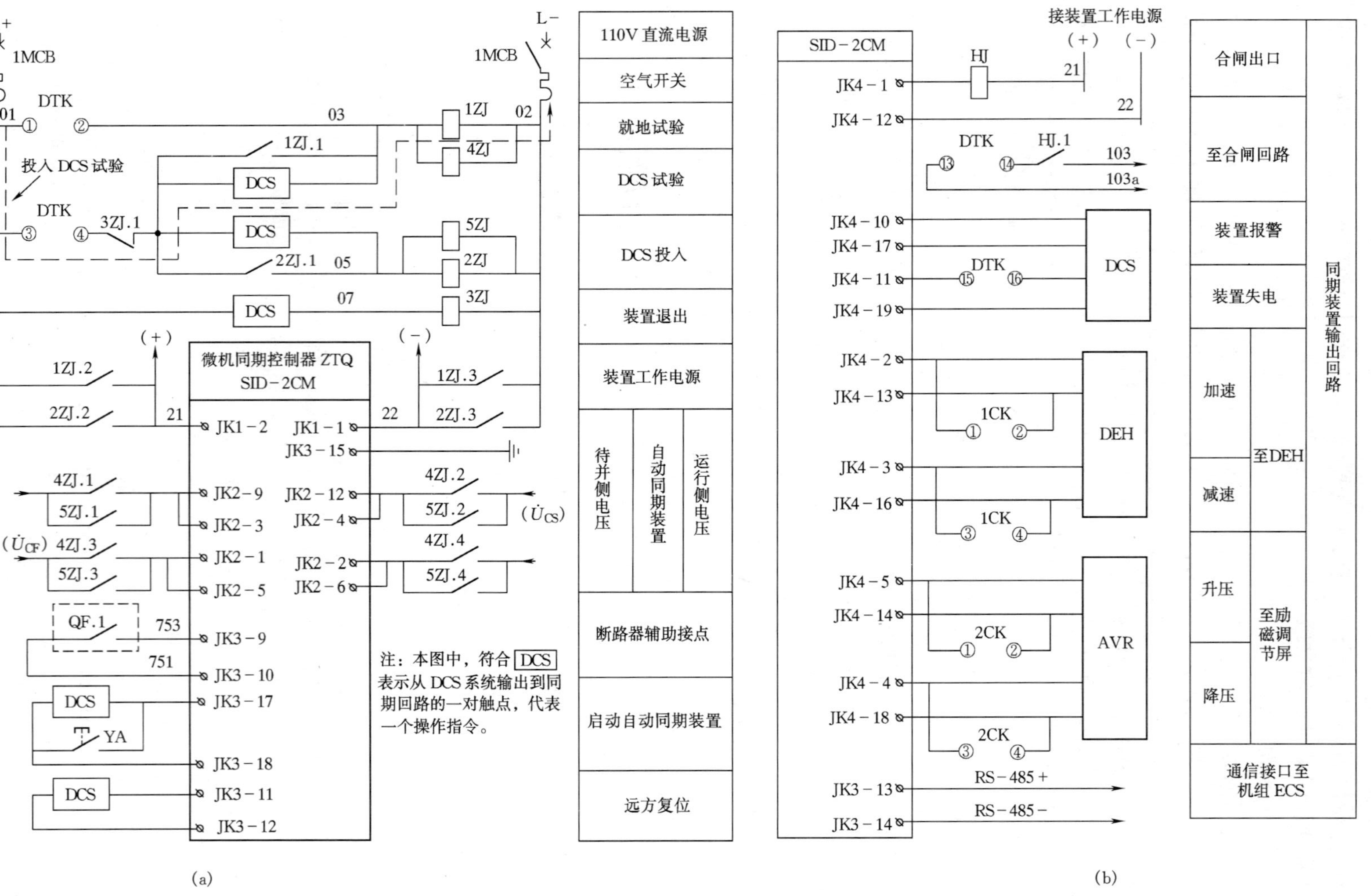

图 5.3 自动同期回路接线
(a) 输入回路；(b) 输出回路

速三个位置。当1CK扭向加速位置时，其触点①-②接通，发加速指令；当1CK扭向减速位置时，其触点③-④接通，发减速指令。

2）调压指令。当发电机电压低于系统电压时，ZTQ通过其输出触点JK4－5、JK4－14发升压信号至励磁调节器；当发电机电压高于系统电压时，ZTQ通过其输出触点JK4－4、JK4－18发降压信号至励磁调节器，调整发电机电压，使之达到同期并列要求。操作人员也可用安装在同期控制屏上的电压调节旋钮2CK调整发电机电压。2CK具有升压、断开、降压三个位置。当2CK扭向升压位置时，其触点①-②接通，发增磁指令；当2CK扭向降压位置时，其触点③-④接通，发减磁指令。

3）合闸指令。HJ是合闸继电器，其工作电源的＋、－极是并联在图5.3（a）的装置工作电源输入端JK1－1与JK1－2之间的。若DTK在投入位，其触点⑬-⑭闭合。当发电机满足同期条件时，控制装置ZTQ发出合闸指令，使HJ励磁，其触点HJ.1闭合，向发变组出口断路器控制回路发出合闸信号，使发电机并列。

4）报警信号。当DTK不在退出位置时，其触点⑮-⑯接通。当ZTQ在试验或投入位置，而没有电源时，发出装置失电信号。当装置自检出异常时，发报警信号。

5）与上位机联系。通过RS－485通信接口，实现与上位机的信息交换。

5.2　发电机变压器组保护

目前，600MW大型汽轮发电机组已成为我国火力发电的主力机组。大机组造价昂贵、结构复杂，一旦发生故障遭到破坏，其检修难度大、时间长，会造成很大的经济损失。因此，在考虑大型机组继电保护配置方案时，比较强调最大限度地保证机组安全、缩小破坏范围，尽可能避免不必要的突然停机，对某些异常工况采用自动处理装置，特别要避免保护装置的拒动。对大型发电机组继电保护配置一般有下列基本要求。

（1）主、后备保护均按双重化配置。每一套保护中包含一套发电机差动、主变压器差动、高压厂用变压器差动、高压公用变压器差动、励磁变差动等主保护。每套保护中不同对象的保护采用不同的CPU，同一对象的保护，电量和非电量保护用的CPU分开。

（2）保护分柜原则。同一元件的两套保护应分别布置于不同的柜内。非电量保护单独设柜。

（3）CPU配置原则。保护用模拟量、开关量输入，保护的输出回路、信号回路应满足保护配置要求。保护用CPU与通信管理用CPU应各自独立。每套装置具有自己独立的电源和自动开关。

（4）接地要求。保护柜必须有接地端子，电压互感器及差动用电流互感器的中性点应仅在其进入继电保护屏的端子排处接地。

（5）发电机变压器组保护范围。保护范围为发电机、主变压器、高压厂用变压器、高压公用变压器、励磁变压器、主变压器及其高压侧引出线。

发电机和变压器保护的基本原理在第3章已有介绍。本节以600MW机组为例，介绍大型机组继电保护的特点、保护典型配置、各保护的保护范围和出口方式以及保护的投入与退出。

5.2.1 大型机组保护配置及其保护功能

某 600MW 机组保护配置图如图 5.4 所示，其保护功能由 PRC85B－31A、B、C 三面保护屏实现。其中，PRC85B－31A、B 保护屏由 RCS－985B 型微机发变组成套保护装置提供了发变组的全部电量保护。PRC85B－31C 保护屏由 RCS－974AG2 型变压器非电量及辅助保护装置提供了发变组的非电量保护及非全相等辅助保护。

通过配置两套 RCS－985B 保护装置及操作回路，实现了主保护、异常运行保护以及后备保护的全套双重化。两套保护装置（包括出口跳闸回路）完整、独立安装在各自的屏内，之间没有任何电气联系。当运行中的一套保护因异常需退出或检修时，不影响另一套保护的正常运行。每套装置的交流电压和交流电流分别取于互相独立的电压互感器和电流互感器绕组，其保护范围交叉重叠，避免死区。每套保护装置均配置完整的主保护及后备保护。以下简要介绍机组保护配置及其主要功能。

1. *差动保护*

(1) 差动保护配置。差动保护包括发变组差动保护、主变差动保护、高厂变差动保护、高公变差动保护和励磁变差动保护。

1）主变压器差动保护：如图 5.4 所示，取主变压器出口断路器外侧的电流互感器 TA62、发电机出口电流互感器 TA7、高厂变高压侧电流互感器 TA16、高公变高压侧电流互感器 TA44 的电流信号，构成第一套主变压器差动保护；取电流互感器 TA63、TA8、TA17、TA45 的电流信号，构成第二套主变压器差动保护，用以反应发电机出口到主变压器绕组及其引出线（包括发电机出口 TV）的相间短路故障。

2）发电机差动保护：取发电机出口电流互感器 TA7、发电机中性电侧电流互感器 TA2 的电流信号，构成第一套发电机差动；取 TA8、TA1 的电流信号，构成第二套发电机差动，以反应发电机定子绕组及其引出线的相间短路故障。

3）高厂变差动保护：取高厂变高压侧电流互感器 TA14、高厂变 A 分支电流互感器 TA32、B 分支电流互感器 TA37 的电流信号，构成第一套高厂变差动保护；取 TA15、TA35、TA40 的电流信号，构成第二套高厂变差动保护，以反应高厂变绕组及其引出线的相间短路故障。

4）高公变差动保护：取高公厂变高压侧电流互感器 TA42、低压电流互感器 TA47 的电流信号，构成第一套高公变差动保护；取 TA43、TA50 的电流信号，构成第二套高公变差动保护，用以反应高公变绕组及其引出线的相间短路故障。

5）发变组差动保护：取主变压器出口断路器外侧的电流互感器 TA62、发电机中性电侧电流互感器 TA2、高厂变高压侧电流互感器 TA16、高公变高压侧电流互感器 TA44 的电流信号，构成第一套发变组差动保护；取电流互感器 TA63、TA1、TA17、TA45 的电流信号，构成第二套发变组差动保护，用以反应发变组的全部主设备及其引出线的相间短路故障，并和各主设备的差动保护组成双重快速主保护。

6）励磁变压器差动保护：取励磁变高压侧电流互感器 TA12、低压电流互感器 TA27 的电流信号，构成第一套励磁变差动保护；取 TA11、TA26 的电流信号，构成第二套励磁变差动保护，以反应励磁变压器绕组及其引出线的相间短路故障。

(2) 差动保护逻辑。保护采用比率制动式原理。区外故障时能可靠地躲过各侧 TA 特

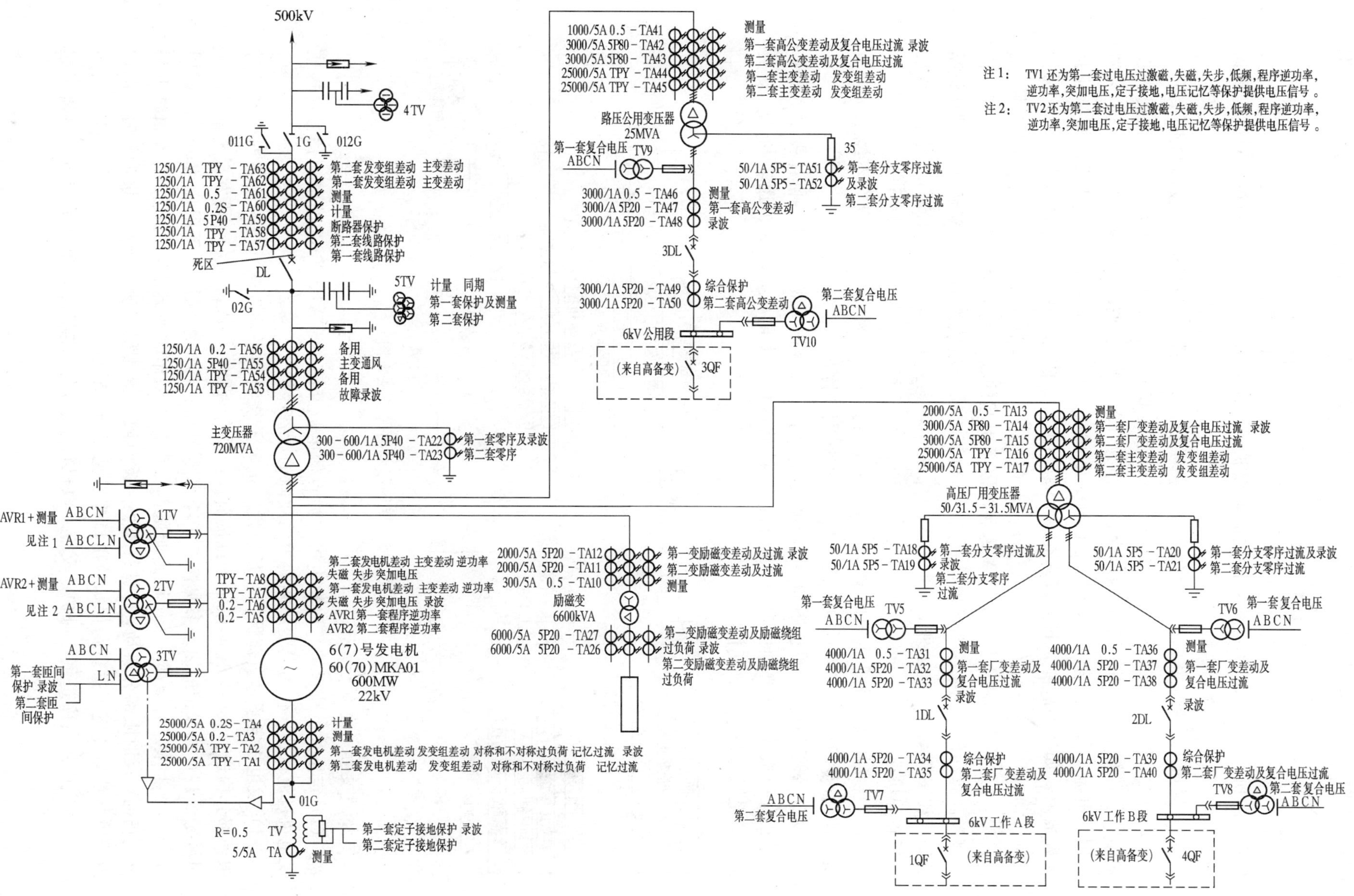

图 5.4 发电机变压器组保护配置图

注 1：TV1 还为第一套过电压过激磁，失磁，失步，低频，程序逆功率，逆功率，突加电压，定子接地，电压记忆等保护提供电压信号。

注 2：TV2 还为第二套过电压过激磁，失磁，失步，低频，程序逆功率，逆功率，突加电压，定子接地，电压记忆等保护提供电压信号。

性不一致所产生的不平衡电流，区内故障保护灵敏地动作。为防止保护在不同情况下误动、拒动，采取了下列措施。

1）为避免在变压器励磁涌流作用下保护误动，保护采用二次谐波及波形判别闭锁。

2）为防止在区外故障时 TA 的暂态与稳态饱和时可能引起的稳态比率差动保护误动作，装置增设了各相差电流的综合谐波作为 TA 饱和的判据，故障发生时，保护装置利用差电流工频变化量和制动电流工频变化量是否同步出现，先判出是区内故障还是区外故障，如区外故障，投入 TA 饱和闭锁判据，以防止 TA 饱和引起的比率差动保护误动。

3）为避免区内严重故障时 TA 饱和等因素引起的比率差动延时动作，装置设有一高比例和高起动值的比率差动保护，只经过差电流二次谐波或波形判别涌流闭锁判据闭锁，利用其比率制动特性抗区外故障时 TA 的暂态和稳态饱和，而在区内故障 TA 饱和时也能可靠正确快速动作。

4）当变压器发生严重短路事故时，短路电流大于励磁涌流。保护设有不经二次谐波闭锁差流速断功能，当差动电流达到整定值时瞬间切除故障。

变压器差动保护逻辑框图如图 5.5 所示。可见，使保护功能起作用，除了要投入保护屏上的硬压板外，还必须同时投入微机内部的软压板。发电机差动保护逻辑与图 5.5 类似，只是没有涌流开放元件。

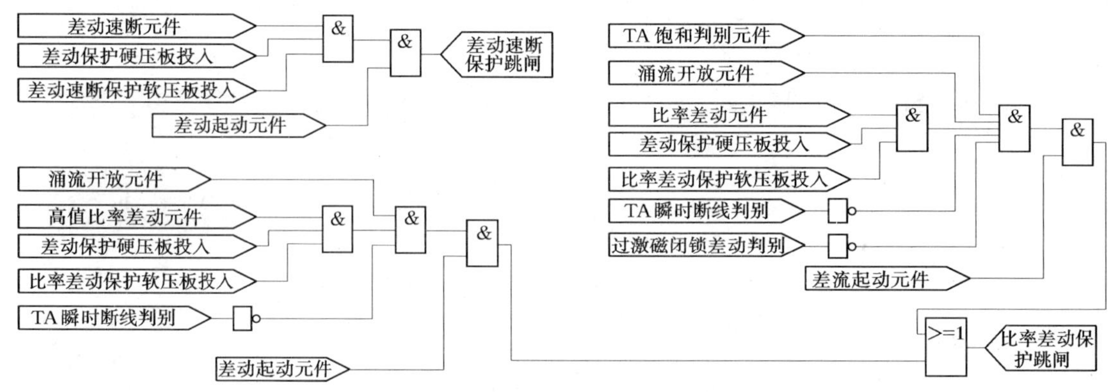

图 5.5　变压器差动保护逻辑图

2. 发变组后备保护

(1) 定子过负荷保护。取发电机中性点侧电流互感器 TA1、TA2 的电流信号，构成发电机过流保护，作为发变组相间短路故障的后备保护。

1）发电机定子过负荷保护：反应发电机定子绕组的平均发热状况，由定时限和反时限两部分构成。其中，定时限定子过负荷保护设有两段，一段跳闸，一段发报警信号。反时限定子过负荷保护的原理参见图 3.13，该保护由三部分组成：① 下限启动；② 反时限部分；③ 上限定时限部分。上限定时限部分设最小动作时间定值，当定子电流超过下限整定值时，反时限部分启动，并进行累积。反时限保护热积累值大于热积累定值时，保护发出跳闸信号。定子过负荷保护的出口逻辑见图 5.6。

2）发电机负序过负荷保护：反应发电机转子表层过热状况，也可反应负序电流引起

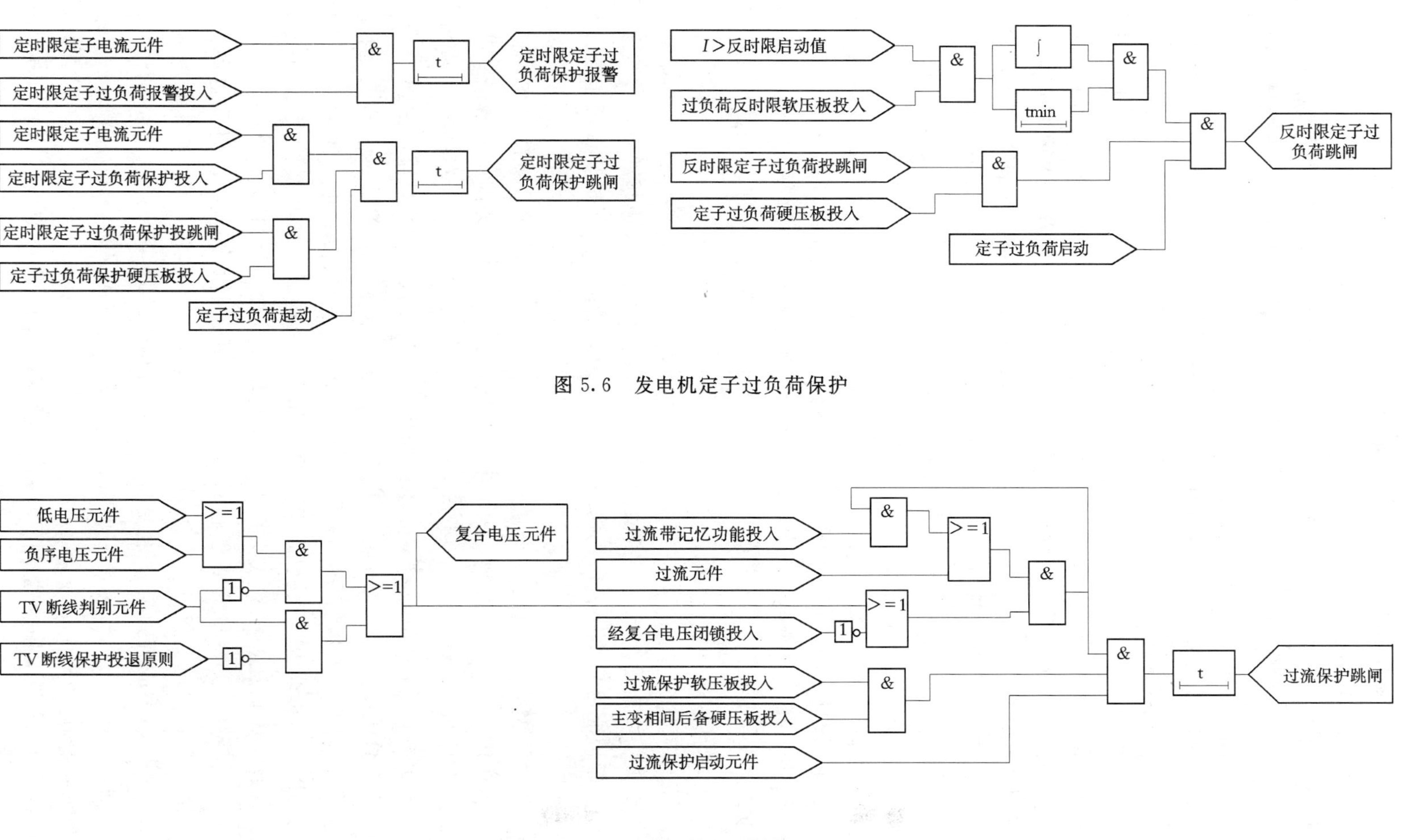

图 5.6 发电机定子过负荷保护

图 5.7 变压器复合电压过流保护出口逻辑图

的其他异常。由定时限和反时限两部分特性构成。定时限负序过负荷保护设有两段，一段跳闸，一段发报警信号。反时限负序过负荷保护由三部分组成：①下限启动；②反时限部分；③ 上限定时限部分。上限定时限部分设最小动作时间定值，当定子负序电流超过下限整定值时，反时限部分启动，并进行累积。反时限保护热积累值大于热积累定值时，保护发出跳闸信号。

其保护动作逻辑与如图 5.6 所示的对称过负荷保护类似。

（2）高厂变、高公变高压侧复合电压闭锁过电流保护。取高厂变高压侧电流互感器 TA14 的电流信号、A 分支电压互感器 TV5、B 分支电压互感器 TV6 的电压信号，构成第一套高厂变复合电压闭锁过流保护；取 TA15 的电流信号、A 段母线电压互感器 TV7、B 段母线电压互感器 TV8 的电压信号，构成第二套高厂变复合电压闭锁过流保护。取高公变高压侧电流互感器 TA42 的电流信号、低压侧电压互感器的电压信号，构成第一套高公变复合电压闭锁过流保护；取 TA43 的电流信号、低压侧母线电压互感器的电压信号，构成第二套高公变复合电压闭锁过流保护。复合电压闭锁过电流保护逻辑如图 5.7 所示。保护具有如下特点：

1）高厂变、高公变高压侧设有两段过电流保护，作为高厂变、高公变的后备保护。通过整定控制字可选择过流Ⅰ段、Ⅱ段经低压分支复合电压闭锁。

2）复合电压元件：复合电压元件由相间低电压和负序电压或门构成。保护有两个控制字（即过流Ⅰ段经复压闭锁，过流Ⅱ段经复压闭锁）来控制过流Ⅰ段和过流Ⅱ段经复合电压闭锁。

3）电流记忆功能：对于自并励发电机，在短路故障后电流衰减变小，故障电流在过流保护动作出口前可能已小于过流定值，因此，复合电压过流保护起动后，过流元件需带记忆功能，使保护能可靠动作出口。控制字“电流记忆功能”在保护装置用于自并励发电机时置“1”。

4）TV 断线对复合电压闭锁过流的影响：装置设有整定控制字来控制 TV 断线时复合电压元件的动作行为。当装置判断出本侧 TV 断线或异常时，如图 5.7 所示，若 TV 断线保护投退原则控制字为“1”时，表示复合电压元件不满足条件；若控制字为“0”时，表示复合电压元件满足条件，这样复合电压闭锁过流保护就变为纯过流保护。

（3）高厂变分支复压过流保护。取高厂变 A 分支电流互感器 TA32 的电流信号、A 分支电压互感器 TV5 的电压信号，构成第一套高厂变 A 分支复合电压闭锁过流保护；取 TA35 的电流信号、母线电压互感器 TV7 的电压信号，构成第二套高厂变 A 分支复合电压闭锁过流保护。类似地，可构成高厂变 B 分支复合电压闭锁过流保护。除没有电流记忆功能外，其他与高厂变高压侧复合电压闭锁过流保护的特性相同，不再赘述。

（4）励磁变压器过电流保护。取励磁变高压侧电流互感器 TA12、低压侧电流互感器 TA27 的电流信号，构成第一套励磁变压器过电流保护；取 TA11、TA26 的电流信号，构成第二套励磁变压器过电流保护。励磁变压器设两段过流保护，作为励磁变后备保护。各设一段延时，动作于跳闸。

（5）高厂变 6kV 侧单相接地保护（零序过流保护）。取高厂变低压例中性点，电流互感器 TA18～TA21 的电流信号，构成零序过流保护，作为变压器低压绕组及其分支引出线单相接地故障的保护，同时也可作为6kV母线上各元件的后备保护，装设分支零序过电流保护。A、B分支均设两段零序过电流保护，各设一段延时，动作于跳闸。

（6）主变压器高压侧单相接地保护。取主变高压例中性点，电流互感器TA22、TA23的电流信号，构成主变高压侧单相接地保护，用于保护主变高压绕组单相接地故障，同时也作为线路保护的后备保护。保护采用零序过流，设有两段两时限，可选择是否经零序电压闭锁。为防止涌流时零序过电流保护误动，零序电流Ⅱ段保护可经谐波闭锁。零序过流Ⅰ段一般不经谐波闭锁。

3. 发电机保护

（1）发电机定子匝间保护。检测中性点与发电机中性点直接相连、且不接地的电压互感器3TV开口三角形绕组所输出的纵向零序电压，构成定子匝间保护，作为发电机内部匝间、相间短路以及定子绕组开焊的主保护。为防止保护误动，采取了TV断线闭锁措施。

（2）发电机定子接地保护。保护发电机定子绕组的单相接地故障，发电机的中性点为高阻接地，装设零序电压式和三次谐波式接地保护。

1）基波零序电压信号取自发电机机端电压互感器1TV和2TV，保护反应发电机机端零序电压大小，保护发电机自机端起85%～95%范围的定子绕组单相接地。基波零序电压保护设两段定值，一段为灵敏段；另一段为高定值段。灵敏段动作于跳闸时，经主变高压侧零序电压闭锁，以防止区外接地故障时定子接地基波零序电压灵敏段误动。高定值段基波零序电压保护动作于信号或跳闸，均不经主变高压侧零序电压辅助判据闭锁。

2）三次谐波式接地保护可保护发电机中性点附近25%左右范围的定子接地，机端三次谐波电压取自1TV和2TV，中性点侧三次谐波电压取自发电机中性点3TV。

（3）发电机转子一点接地保护。发电机转子一点接地保护反应发电机转子对大轴绝缘电阻的下降。一点接地设有两段动作值，灵敏段动作于报警，普通段可动作于信号也可动作于跳闸。

（4）励磁绕组过负荷保护。励磁绕组过负荷保护反应励磁绕组的平均发热状况，保护动作量取励磁变高压电流互感器TA11和TA12。保护包括定时限和反时限两部分。

励磁绕组定时限过负荷保护设置两段，一段跳闸、一段发信号。励磁绕组反时限过负荷保护由三部分组成：① 下限启动；② 反时限部分；③ 上限定时限部分。上限定时限部分设最小动作时间定值。当励磁回路电流超过下限整定值时，反时限保护起动，开始累积，反时限保护热积累值大于热积累定值时，保护发出跳闸信号。

（5）发电机过激磁（U/f）保护。因为发电机、变压器中的感应电势$E=4.44fN_1k_{N1}\Phi_0$，所以发电机或变压器铁芯中的磁感应强度为

$$B=\frac{\Phi_0}{S}=\frac{E_0}{4.44fN_1k_{N1}S}\propto\frac{E_0}{f} \tag{5.1}$$

上式表明了发电机（或变压器）电压或频率变化对铁芯中的磁感应强度的影响。现代大型电机，为节省材料并减轻重量，额定电压落在空载特性曲线的浅饱和区，额定磁通密度已基本饱和。因此，当电压提高或者频率下降、使电压与频率的比U/f增大时，磁通密度B增大，励磁电流随之增加。铁芯饱和后，励磁电流急剧增大，称为过励磁状态。当磁通密度B达到额定值的1.3～1.4倍时，变压器中的励磁电流可达额定负荷电流的水

平，这是十分危险的。由于励磁电流中含有大量的高次谐波，这会使铁芯和其他金属构件中的涡流大大增加，使电机严重发热。若过励磁时间过长，可能使电机绝缘劣化，寿命降低甚至损坏。因此，大型电机都装有过励磁保护。所用电压信号取自发电机机端电压互感器 1TV 和 2TV，主要保护发电机过激磁，即当频率降低或电压升高时，引起铁芯的工作磁通密度过高而过热使绝缘老化的保护装置。保护反映发电机出口的过励磁倍数，设有定时限和反时限两个部分，以便和发电机过激磁特性近似匹配。定时限过励磁保护共设三段，二段跳闸，一段发信号。

(6) 发电机过电压保护。电压信号取自发电机机端电压互感器 1TV 和 2TV，用于反应发电机在启动、并网、甩负荷过程中，或其他各种不正常情况引起定子过电压而损坏发电机绝缘的事故。保护动作于跳闸。

(7) 发电机失磁保护。失磁保护是反应发电机励磁回路故障引起的发电机异常运行，保护发电机在发生失磁或部分失磁时，防止危及发电机安全及电力系统稳定运行的保护装置。失磁保护设有发电机低电压、定子侧阻抗、转子低电压（含变励磁低电压）和减出力四个判据，组合而成的失磁保护方案。

(8) 发电机失步保护。反应发电机失步振荡引起的异步运行，防止发电机发生失步时，造成机组受力和热的损伤及厂用电压急剧下降，使厂用机械安全受到严重威胁，导致停机、停炉严重事故。失步保护可动作于报警信号，也可动作于跳闸。当振荡中心位于发变组内部时，应作用于跳闸。

(9) 发电机逆功率保护。逆功率保护设两段时限，Ⅰ段发信号，Ⅱ段延时动作于停机。逆功率保护用于保护汽轮机，当主汽门误关或机组保护动作关闭主汽门而发变组出口断路器未动作时，发电机将变为电动机运行，从系统中吸收有功功率。此时，由于鼓风损失，汽轮机尾部叶片可能过热，造成汽轮机损坏。因此，一般不允许这种情况长期存在。

(10) 程序逆功率保护。发电机在过负荷、过励磁、失磁等各种异常运行保护动作后，采取程序跳闸，即保护动作后先关闭主汽门，由逆功率保护经主汽门接点闭锁，延时动作于发电机跳闸，这样可以防止汽轮机超速。

(11) 发电机频率异常保护。保护主要用于保护汽轮机叶片免受伤害，为防止发电机在频率偏低或偏高时，使汽轮机的叶片及其拉筋发生断裂故障而设置的保护装置。

(12) 机组启停机保护。在机组启动和停止过程中，可能发生故障，而由于频率（机组转速）较低，可能使某些保护装置受频率变化影响而拒动。为此设置启停专用的保护。为保证保护的灵敏度，要求保护元件对电量的频率反应不敏感，只反映电量的有效值。可以反应发电机、主变压器、高厂变、高公变和励磁变的相间短路，发电机定子接地等故障。该保护动作于灭磁，以降低发电机电压和短路电流。

(13) 断路器闪络保护。发变组在启动准备并列的过程中，发变组出口断路器两端系统电压与发电机电压的相位差处于不断变化的过程中，当某一时刻某相断路器两触头间的电压相位差为 180°时，其断口触头间可能被击穿而发生闪络。为防止因断路器两触头被击穿而设置该保护。当断路器未合闸，而定子回路出现负序电流因不会出现三相同时闪络时，经延时保护动作灭磁及启动断路器失灵。延时的目的是防止保护在同期合闸时三相断路器动作不完全一致而误动。

(14) 误上电（突加电压）保护。保护用于防止发电机在盘车或静止时，发生出口断路器误合闸，系统三相工频电压突然加在机端，从而引起转子过热的损伤，或由于润滑油压不足而引起的旋转轴承磨损。分为三种情况：①发电机盘车时，未加励磁，断路器误合，造成发电机异步起动；②发电机起停过程中，已加励磁，但频率低于定值，断路器误合；③发电机起动过程中，已加励磁，但频率大于定值，断路器误合或非同期合闸。

5.2.2　大型机组保护出口方式

发变组保护动作时，其出口动作方式分为下列几种：

(1) “全停Ⅰ”方式：跳发变组出口开关和发电机灭磁开关，关主汽门，跳高厂变低压侧分支开关和高公变低压侧开关，启动厂用电源切换，起动失灵保护，启动故障录波，发“主保护动作”或“后备保护动作”信号至DCS及远动装置。

(2) “全停Ⅱ”方式：跳发变组出口开关和发电机灭磁开关，关主汽门，跳高厂变低压侧分支开关和高公变低压侧开关，启动厂用电源切换，启动故障录波，发“主保护动作”或“后备保护动作”信号至DCS及远动装置。

(3) “切换到全停Ⅰ”方式：跳发变组出口开关和发电机灭磁开关，关主汽门，跳高厂变低压侧分支开关和高公变低压侧开关，启动厂用电源切换，启动失灵保护，启动故障录波，发“后备保护动作”信号至DCS及远动装置。

(4) “程序跳闸”方式：关主汽门，启动厂用电源切换，启动故障录波，发“后备保护动作”信号至DCS及远动装置。

(5) “减出力，信号”方式：减出力，发信号至DCS。

(6) “信号”方式：发信号至DCS。

(7) “信号、减出力、切换厂用电”方式：减出力，启动厂用电源切换，切换发信号至DCS。

(8) “切换厂用电”方式：启动厂用电源切换，切换发信号至DCS。

(9) “跳高厂变A分支、闭锁切换”方式：跳高厂变A分支、闭锁高厂变A分支切换。

(10) “跳高厂变B分支、闭锁切换”方式：跳高厂变A分支、闭锁高厂变B分支切换。

(11) “跳高公变低压侧开关、闭锁切换”方式：跳高公变低压侧开关、闭锁高公变切换。

(12) “解列，逆变灭磁”方式：跳发变组出口开关，逆变灭磁，启动失灵保护，发“后备保护动作”信号至DCS及远动装置。

(13) “灭磁”方式：跳灭磁开关，启动故障录波，发“后备保护动作”信号至DCS及远动装置。

发变组设置的各种保护，为便于调试、运行、检修的需要，设有保护功能压板，确定该保护是投入，还是退出。某机组保护功能配置、保护压板编号及出口方式见表5.2。

若发电机保护功能压板在投入位置，机组在运行过程中系统在某保护的保护范围内发生故障，达到保护动作整定值，则该保护动作，发出跳闸指令。而启动哪些元件跳闸，要根据保护出口方式来决定。如发电机差动保护压板1LP14在投入位置，运行中发生发电机

表 5.2　发变组保护功能配置及出口方式

序号	保护功能	功能压板	出口方式
1	发变组差动保护	1LP13	全停Ⅰ
2	发电机差动保护	1LP14	全停Ⅰ
3	主变压器差动保护	1LP1	全停Ⅰ
4	高厂变差动保护	1LP5	全停Ⅰ
5	高公变差动保护	1LP9	全停Ⅰ
6	励磁变差动保护	1LP31	全停Ⅰ
7	发电机对称过负荷保护（定时限）		减出力、信号
8	发电机对称过负荷保护（反时限）	1LP21	程序跳闸
9	发电机对称过负荷保护（反时限）		切换到全停Ⅰ
10	发电机不对称过负荷保护（定时限）		信号
11	发电机不对称过负荷保护（反时限）	1LP22	程序跳闸
12	发电机不对称过负荷保护（反时限）		切换到全停Ⅰ
13	发电机相间后备	1LP15	全停Ⅰ
14	发电机定子接地保护（基波）	1LP17	全停Ⅰ
15	发电机定子接地保护（三次谐波）		信号
16	发电机定子接地保护（三次谐波）	1LP18	切换到全停Ⅰ
17	发电机转子接地保护（高定值）		信号
18	发电机转子接地保护（低定值）	1LP19	程序跳闸
19	发电机匝间保护	1LP16	全停Ⅰ
20	发电机过电压保护	1LP25	全停Ⅰ
21	发电机过激磁保护（定时限）		减励磁，信号
22	发电机过激磁保护（反时限）	1LP26	全停Ⅰ
23	发电机失磁保护（$U>t1$）		信号
24	发电机失磁保护（$U<t2$）	1LP23	程序跳闸
25	发电机失磁保护（$U>t3$）		程序跳闸
26	发电机失步保护（心外）		信号
27	发电机失步保护（心内）	1LP24	程序跳闸
28	发电机频率异常保护	1LP28	信号
29	发电机逆功率（$t1$）		信号
30	发电机逆功率（$t2$）	1LP27	全停Ⅰ
31	程序逆功率 & 主汽门关闭（程序跳闸逆功率）	1LP27	解列，逆变灭磁
32	电压平衡保护		信号
33	主变零序过流Ⅰ段	1LP2	全停Ⅰ
34	主变零序过流Ⅱ段		全停Ⅰ
35	励磁变过流保护（定时限）		信号

续表

序号	保护功能	功能压板	出口方式
36	励磁变过流保护（反时限）	1LP32	全停Ⅰ
37	励磁绕组过负荷保护（定时限）		减励磁，信号
38	励磁绕组过负荷保护（反时限）	1LP32	程序跳闸
39	起停机保护	1LP30	灭磁
40	断路器断口闪络保护		全停Ⅰ
41	发电机突加电压保护	1LP29	全停Ⅰ
42	线路保护动作	1LP33	全停Ⅰ
43	高厂变复合电压过流保护（$t1$）	1LP6	切换厂用电
44	高厂变复合电压过流保护（$t2$）		全停Ⅰ
45	高厂变A分支复合电压过流保护	1LP7	跳A分支，闭锁切换
46	高厂变A分支零序过流保护（$t1$）		跳A分支，闭锁切换
47	高厂变A分支零序过流保护（$t2$）	1LP8	全停Ⅰ
48	高厂变B分支复合电压过流保护		跳B分支，闭锁切换
49	高厂变B分支零序过流保护（$t1$）		跳B分支，闭锁切换
50	高厂变B分支零序过流保护（$t2$）		全停Ⅰ
51	高公变复合电压过流保护（$t1$）	1LP10	跳低压侧开关，闭锁切换
52	高公变复合电压过流保护（$t2$）		全停Ⅰ
53	高公变低压侧零序过流保护（$t1$）	1LP11	跳低压侧开关，闭锁切换
54	高公变低压侧零序过流保护（$t2$）		全停Ⅰ
55	主变轻瓦斯		信号
56	主变重瓦斯	7LP7	全停Ⅱ
57	主变压力释放	7LP8	全停Ⅱ
58	主变油面温度高（低定值）		信号
59	主变油面温度高（高定值）	7LP6	程序跳闸
60	主变绕组温度高（低定值）		信号
61	主变绕组温度高（高定值）	7LP5	程序跳闸
62	主变油位		信号
63	主变冷却器全停	7LP4	程序跳闸
64	高厂变轻瓦斯		信号
65	高厂变重瓦斯	8LP7	全停Ⅱ
66	高厂变压力释放	8LP8	全停Ⅱ
67	高厂变油面温度高（低定值）		信号
68	高厂变油面温度高（高定值）	8LP11	切换厂用电
69	高厂变绕组温度高（低定值）		信号
70	高厂变绕组温度高（高定值）	8LP6	切换厂用电

续表

序号	保 护 功 能	功能压板	出 口 方 式
71	高厂变冷却器故障	8LP4	切换厂用电
72	高公变轻瓦斯		信号
73	高公变重瓦斯	8LP9	全停Ⅱ
74	高公变压力释放	8LP10	全停Ⅱ
75	高公变油面温度高（低定值）		信号
76	高公变油面温度高（高定值）	8LP12	切换厂用电
77	高公变绕组温度高（低定值）		信号
78	高公变绕组温度高（高定值）	8LP13	切换厂用电
79	高公变冷却器故障	8LP5	切换厂用电
80	励磁变温度高（低定值）		减励磁
81	励磁变温度高（高定值）	7LP10	程序跳闸
82	热工保护	1LP36	切换厂用电
83	发电机断水保护	1LP35	程序跳闸

定子相间短路，则发电机差动保护动作，由表 5.2 可知，发电机差动保护动作的出口方式是全停Ⅰ，也就是说要启动跳发变组出口开关和发电机灭磁开关，关主汽门，跳高厂变低压侧分支开关和高公变低压侧开关，启动厂用电源切换，并启动失灵保护。为确保跳闸动作的可靠性，并能根据需要投入或退出，每个对象都设置了跳闸出口压板，如表 5.3 所示。

表 5.3　　　　保护跳闸出口压板

序号	出 口 定 义	电量保护（A/B 柜）	主变非电量保护（C 柜）	厂变非电量保护（C 柜）
1	跳高压侧开关 1	1TLP1	7TLP1	8TLP1
2	跳高压侧开关 2	1TLP2	7TLP2	8TLP2
3	关主汽门 1	1TLP5	7TLP6	8TLP6
4	关主汽门 2	1TLP6	7TLP7	8TLP7
5	跳灭磁开关 1	1TLP7	7TLP4	8TLP4
6	跳灭磁开关 2	1TLP8	7TLP5	8TLP5
7	启动失灵 1	1TLP9		
8	启动失灵 2	1TLP10		
9	减出力	1TLP13		
10	减励磁	1TLP14	7TLP14	
11	逆变灭磁	1TLP15		
12	跳高厂变 A 分支	1TLP16	7TLP10	8TLP10
13	闭锁 A 分支切换	1TLP17		
14	启动 A 分支切换	1TLP18	7TLP12	8TLP12
15	跳高厂变 B 分支	1TLP19	7TLP11	8TLP11

续表

序号	出口定义	电量保护（A/B柜）	主变非电量保护（C柜）	厂变非电量保护（C柜）
16	闭锁B分支切换	1TLP20		
17	启动B分支切换	1TLP21	7TLP13	8TLP13
18	跳高公变低压侧开关	1TLP22	7TLP8	8TLP8
19	闭锁高公变低压侧切换	1TLP23		
20	启动高公变低压侧切换	1TLP24	7TLP9	8TLP9
21	启动远跳	1TLP25		

A、B保护屏的保护配置是一样的，所以两面屏跳闸出口压板的编号也是一样的。C屏主变非电量保护与厂变非电量保护是独立的，分别设置了跳闸出口压板。

（1）关于保护压板的加用与退出。发变组保护压板，除了特别要求的外，应在发电机投入热备用前投入。投用保护一般应注意下列问题。

1）保护投入前，应先检查相应的电压、电流测量回路是否正常投入。退出保护时，应先退出保护压板，再停用相关电压回路，以防保护误动。跳闸压板投入前应先检查保护无动作出口信号和装置异常信号，投压板时先用高内阻万用表电压档测量压板两端对地电压，确定无保护动作电压。

2）发电机启停机、误上电保护在机组解列后加用，并列后退出。失磁保护、逆功率保护在发电机升压正常后加用，解列后停用。线路跳闸跳发电机保护在发电机并列后加用，解列后退出。启动失灵保护在机组并列前加用，解列后退出。

3）引入了电压的保护在停电压互感器前，或者保护装置因故需要停用前，因先停相应的保护。例如，在停用6kV母线电压互感器时，厂变分支复合电压过流保护就需要退出，若可以改变保护功能，变为纯过流保护，则改为过流保护。

4）修改保护定值前，应先退出保护压板。

5）变压器重瓦斯保护，变压器运行中进行滤油、加油、更换硅胶等工作前，应申请停用，工作完毕，变压器内空气排尽后方可加用；变压器大修后充电前加用，充电后停用，运行24h若未来瓦斯信号并经排气检查却无气体后方可加用，若有信号发出或有气体，则应在排气后再运行12h，直到确无气体后再投入跳闸压板。

6）关汽机主汽门压板、断水保护压板，在确认汽机挂闸后投入。

（2）关于“失灵启动”。从表5.2中可以看出，“全停Ⅰ”出口方式是由电量保护动作驱动的，而“全停Ⅱ”出口方式是由非电量保护、如气体保护动作驱动的。两种出口方式的区别就在于前者启动失灵，后者不启动失灵。启动失灵是在发变组出口断路器因故拒跳的情况下不得已而采取的保护措施，它会扩大停电范围，所以动作必须可靠。非电量保护动作不启动失灵，有几个方面的原因。第一，启动非电量保护动作接点一般不像电量保护那样在故障切除后瞬时返回，这就有可能在断路器已跳的情况下，启动失灵的信号还存在，若电流判别元件失误，可能造成失灵保护误动；第二，若电气回路确有故障，在非电量保护动作的同时，会有电量保护动作，可由电量保护启动失灵。例如，主变瓦斯保护动作时，绝大多数情况都会有差动、阻抗、或过流等保护动作；第三，在非电量保护动作的同时，若没有相应电量保护动作，表明电气回路存在严重故障的可能性小，或者可能是非电量误动，运行实践表明非电量保护误动的可能性是存在的。非电量保护误动时不启动失灵，可以使接在发变组出口母线上的其他断路器继续运行。

对于热机侧的故障，如汽轮机振动、轴向位移故障时，汽机保护 ETS 动作关闭主汽门后，是逆功率保护切除发电机的。若逆功率保护动作而断路器拒动，让有故障的汽机保持同步转速，其后果就可想而知了。所以，为了汽轮机安全，逆功率保护必须启动失灵。

由图 5.4 可知，本机组厂内没有 500kV 母线，发变组出口断路器后直接经输电线路送到厂外变电站，本机组的启动失灵保护是可以不投入的。但当发生发变组出口断路器失灵后，要启动远方跳闸发信回路，通过通信接口，使远方变电站内与本机组拒动断路器相连的断路器跳闸。表 5.3 中的压板 1TLP25 就是为此而设置的。事实上，设计要求该机组发变组出口开关与线路对侧开关同时跳闸，故用发变组出口开关跳闸信号启动远方跳闸。这样，在合主变高压侧隔离开关前投入远跳压板，万一在合隔离开关时发生事故，就可由发变组保护启动远跳切除线路对侧断路器。

(3) 关于“程序跳闸”。对于反应短路故障的保护、如差动保护，应立即采用全停方式，以防止事故恶化。对后备保护或反应设备异常而动作的保护，如发电机过负荷、失磁、失步等，采用程序跳闸，即先关闭主汽门，再由逆功率保护动作解列灭磁（此保护也称为程序跳闸逆功率），这样做可以有效防止汽轮机超速。但是，程序跳闸也可能存在不合理的地方。有些机组运行异常、如定子过负荷、发电机失磁等，若采用解列，有可能在异常消失后及时重新并网，但使用程序跳闸，主汽门关闭后再重新启动的代价就要大得多。但采用解列方式要求汽机在大幅度甩负荷后能稳定转速。

(4) 关于“切换到全停Ⅰ”。对于某些反应发电机异常运行的保护，可以通过保护压板提供是程序跳闸还是全停的选择，这里实际执行的是“全停Ⅰ”。

(5) 关于厂用电切换。当机组故障跳闸或高厂变复合电压过流等保护动作跳闸使 6kV 工作电源失去时，是否通过厂用电快切装置启动厂用电切换，考虑的主要问题是在避免备用电源重投入故障母线的前提下，尽可能保证厂用电的供给。所以除了高厂变分支（高公变）过流（零序过流）保护动作要闭锁切换外，其他保护动作一般都启动厂用电切换。因为若厂变差动保护未动仅后备保护动作，故障可能在厂用母线及负荷上。经延时，故障仍然存在，可认为是永久性故障，或有断路器拒动，所以不宜投入备用电源。该跳分支开关的指令送到 6kV 母线工作电源进线开关的控制回路，而启动和闭锁切换的信号都送到厂用电快切装置。前者作为保护启动信号，经快切装置检测合乎切换条件时，发出信号到 6kV 母线备用电源进线开关的控制回路，投入备用电源。后者作为闭锁信号送快切装置，防止备用电源投入故障母线。高厂变分支过流保护Ⅱ段动作作用于全停，虽有切换厂用电信号，但之前Ⅰ段动作已发闭锁信号，是不能启动切换的。Ⅱ段动作作用于全停，是为了防止厂用电系统故障发展到危及发电机系统的安全。

当 ETS 启动汽机跳闸时，发“热工保护”给电气来启动厂用电切换，此时逆功率保护可能尚未动作，这样可以使厂用工作电源尚未消失之前，就切换到了备用电源。

5.3 发电机变压器组控制

发变组控制包括发变组出口断路器控制、500kV 侧隔离刀闸和接地刀闸控制，主变冷却器控制等，隔离开关与接地刀闸的控制与 220kV 系统类似，不再赘述。

5.3.1 发变组出口断路器控制

图 5.4 中的发变组出口断路器 DL 的控制与其他高压断路器控制原理是一致的，本节先分析 220kV 及以上电压等级断路器控制回路的工作原理，再介绍作为发变组出口断路器控制的特殊问题。

1. 对高压断路器控制回路的基本要求

高压断路器的正常运行，特别是故障时能及时将故障元件从系统中切除，对发电机组和电力系统安全具有决定性影响，故对其控制回路具有下列一般要求。

(1) 应有控制电源的监视回路。一旦失去电源断路器将无法操作，可能危及系统安全。因此无论何种原因失去控制电源，应能发出声、光报警信号，提醒运行人员及时处理。

(2) 应能监视跳、合闸回路的完好性，当跳闸或合闸回路故障时，发出控制回路断线信号。

(3) 应具有防止断路器"跳跃"的电气闭锁。

(4) 分、合闸指令信号应能保持足够的时间，以保证断路器能可靠地分闸或合闸，且在分、合闸操作完成后能自动解除。

(5) 对断路器的分、合闸状态应有明显的位置信号；对断路器的自动跳闸、自动合闸应有明显的动作显示信号。

(6) 当断路器的操作动力消失或动力不足时，如弹簧机构储能未满、液压或气压机构的压力降低等，应闭锁断路器动作，并发出报警信号。当 SF_6 气体压力降低使断路器不能可靠工作时，也应闭锁断路器动作，并发出信号。

2. 操作机构箱

断路器操作机构箱，或称汇控柜，是由断路器生产厂家提供的，它是实现断路器分、合操作的最终接口。

(1) 合闸操作回路。图 5.8 是采用弹簧操作机构的三相断路器 A 相合闸回路，由断路器生产厂家提供。S10 是远方/就地操作方式选择开关，S11 是就地合闸按钮，K01 是防跳继电器，Y01 是合闸线圈。S04 是储能状态触点，触点闭合表示断路器弹簧机构储能已满。K03 是 SF6 压力闭锁继电器的触点，触点闭合表示 SF_6 压力正常。就地合闸操作电源由断路器操作机构箱端子 X01－11、X01－14 引入。

假设断路器弹簧机构储能已满，且 SF_6 压力正常。若 S10 选择就地，当操作人员按下机构箱上的按钮 S11 时，操作电源 1（＋）经 S10 的端子 3－4、S11.1、K01.2、S04、S01.2、Y01、K03 到操作电源 1（－）形成回路，合闸线圈 Y01 励磁，A 相断路器合闸。若 S10 在远方位置，其触点 1－2 接通，可以接受来自断路器操作箱的远方合闸指令。

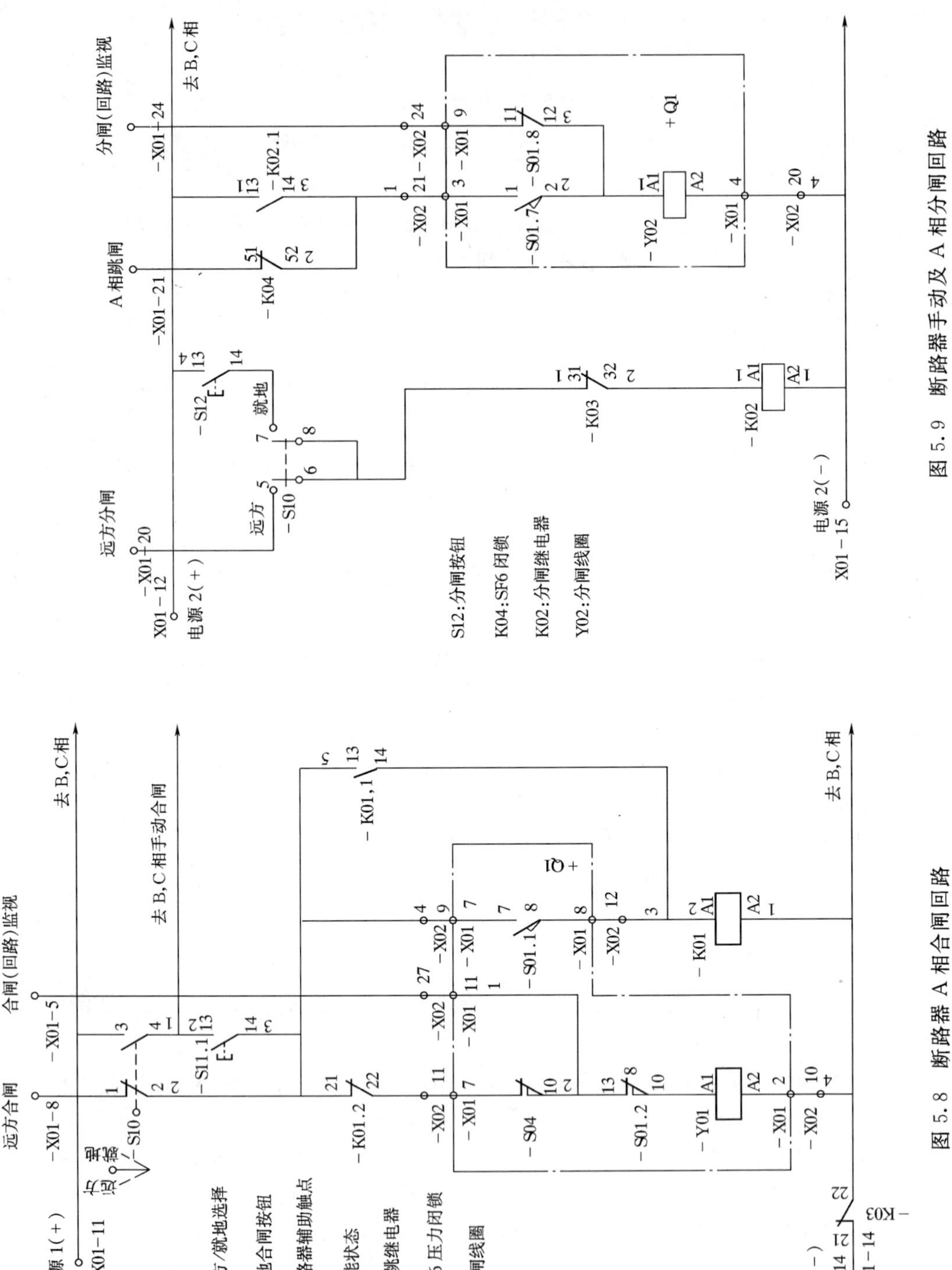

图 5.8　断路器 A 相合闸回路

图 5.9　断路器手动及 A 相分闸回路

断路器合闸后，其动分辅助触点 S01.2 断开，切断了合闸回路；辅助触点 S01.1 闭合，实现了断路器防跳功能。若断路器合闸后合闸按钮未释放，但 S01.1 闭合，将使防跳继电器 K01 励磁，从而使 K01.2 断开，切断了合闸回路。这就是说，断路器合闸指令只能执行一次，若断路器合闸于故障元件，断路器跳闸后，即使合闸指令还存在，也不可能实现第二次合闸。这就有效防止了断路器跳跃。

当断路器在分闸位置时，其辅助触点 S01.2 闭合，可以通过外部电路实现对合闸线圈的完好性进行监视。

以上是对 A 相合闸回路的分析，对于 B 相、C 相电路，操作回路是一样的。利用 S10 给出的手动操作电源，不仅供给 A 相、还同时送给 B 相和 C 相。手操按钮 S11 具有 S11.1、S11.2、S11.3 三对触点，分别用在 A、B、C 三相合闸回路。远方合闸信号也有三组信号，分别送到三相合闸回路。图中，A 相远方合闸信号是通过机构箱上的端子 X01-8 引入的。

(2) 分闸操作回路。图 5.9 是手动分闸及 A 相分闸操作回路。S12 是就地手动分闸按钮，K02 是分闸继电器，K04 是 SF6 闭锁继电器，Y02 是分闸线圈，其他与图 5.8 相同。当 S10 在就地位置时，S10 的触点⑦-⑧接通，按下分闸按钮 S12，分闸操作电源 2（+）经 S12、S10 的触点⑦-⑧、K03、K02 到电源 2（—）形成回路，分闸继电器 K02 励磁。K02 励磁时，K02.1 闭合。分闸操作电源 2（+）经 K02.1、断路器动合触点 S01.7、Y02 到电源 2（—）形成回路，分闸线圈 Y02 励磁，A 相断路器分闸。断路器分闸后，动合触点 S01.7 断开，切断了分闸回路。B 相、C 相断路器分闸回路与 A 相完全一致，通过分别接在 B 相、C 相分闸回路的分闸继电器触点 K02.2、K02.3 可使 B 相、C 相断路器分闸。类似地，通过 X01-21 断子引入的 A 相跳闸指令，也可使断路器分闸。

3. 断路器操作箱

操作机构箱是安装在现场断路器旁的，为了实现运行人员在控制室的分、合操作、保护装置的跳闸和自动装置的合闸操作，必须有一个中间部件来实现控制指令的综合与传递。这个中间部件就是断路器操作箱，它一般安装在继电保护室，综合上述各种操作指令，形成操作机构箱可以接受的远方合闸和远方分闸操作指令。

在 220kV 及以上电压等级的电力系统中，为适应单相重合闸的需要，采用分相操作的断路器，跳、合闸控制回路是分三相设计的。而运行人员的分、合闸操作，不执行单相重合闸的保护跳闸指令，仍同时作用于三相。所以，断路器操作箱具有三相操作和分相操作两个部分。图 5.10 是分相操作断路器的三相操作回路原理图。图中，ZHJ 是重合闸继电器、SHJ 是手动合闸继电器、YJJ 是压力闭锁继电器、STJ 是手动分闸继电器、TJQ 和 TJR 是保护跳闸继电器。

(1) 压力闭锁控制回路。该功能为采用液压操作机构的断路器控制回路设置。①当压力降低到禁止合闸压力时，对应的外部触点闭合，继电器 3YJJ 失磁，动合触点当 3YJJ.1 延时返回，切断了合闸回路。这样做是考虑合闸过程可能引起操作机构油压下降，为了保证合闸过程顺利完成，设置了 0.3s 延时。3YJJ.2 的作用是通过电容放电回路，延长合闸信号继电器返回时间；②当压力降低到禁止分闸压力时，对应的外部触点闭合，将继电器 11YJJ、12YJJ 短接，使其失磁。11YJJ 失磁使其触点 11YJJ.1、11YJJ.2 断开，切断了分

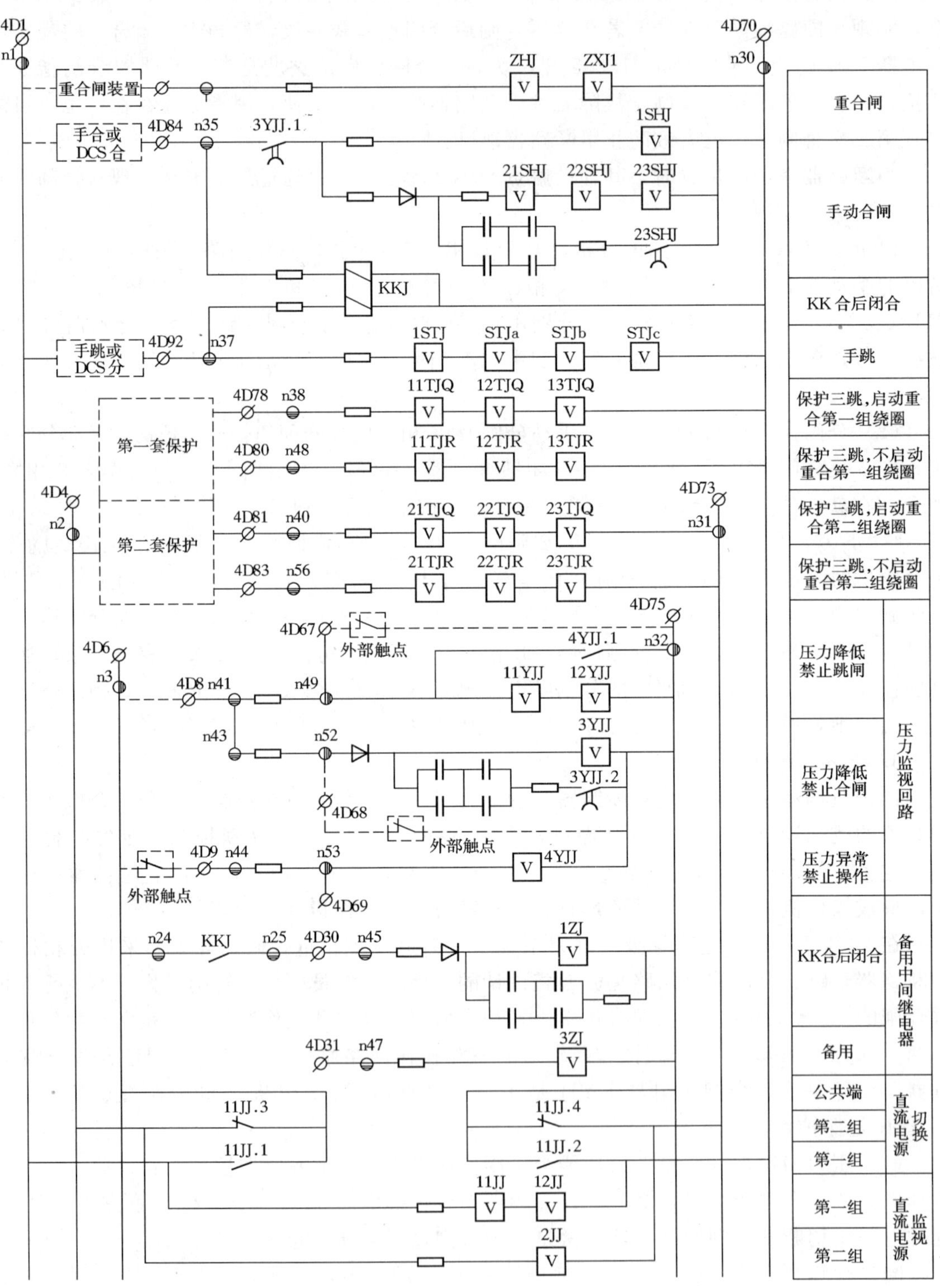

图 5.10　分相操作断路器的三相操作回路

闸回路和合闸回路（见图 5.11）；③当压力异常禁止操作时，对应的外部触点闭合，继电器 4YJJ 励磁，4YJJ.1 闭合，将继电器 11YJJ、12YJJ 短接，使其失磁，切断了分闸回路和合闸回路。例如，CY－5 型操作机构的分闸闭锁压力为 19.2MPa，合闸闭锁压力为 21.5MPa，压力降低禁止操作压力为 17MPa。

（2）直流电源监视与电源切换。操作器具有两路直流电源，第一路经端子 4D1、4D70 引入，为手动分、合闸控制回路和第一组跳闸回路供电；第二路电源经端子 4D4、4D73 引入，为第二组跳闸回路供电。继电器 12JJ 和 2JJ 分别监视第一、第二组电源，任意一组电源消失时可利用 12JJ 和 2JJ 的输出触点报警。继电器 11JJ 实现对压力监视回路电源的自动切换，当第一组电源正常时，11JJ 励磁，11JJ.1、11JJ.2 闭合，监视回路选用第一组电源；第一组电源消失时，11JJ 失磁，11JJ.3、11JJ.4 闭合，监视回路选用第二组电源。

（3）手动、DCS 系统合闸及重合闸。当合闸指令出现时，端子 4D84 与电源正极 4D1 接通，继电器 1SHJ、21SHJ、22SHJ、23SHJ 励磁。1SHJ 的三对触点 1SHJ.a、1SHJ.b、1SHJ.c 分别送到 A、B、C 三相合闸回路，执行合闸操作。21SHJ 的触点送保护回路，若手动合闸于故障线路或设备，则加速跳闸，22SHJ 送重合闸回路，若手动合闸于故障元件，则禁止启动重合闸。当手动合闸指令消失时，23SHJ 延时断开，通过电容放电使 21SHJ、22SHJ 继续励磁约 400ms，以保证当手动合闸于故障元件时能加速跳闸。当重合闸装置发出重合指令时，ZHJ 励磁，其触点送到 A、B、C 三相合闸回路，执行重合闸操作。

（4）手动、DCS 系统及保护分闸。手动分闸时，端子 4D92 与电源正极 4D1 接通，继电器 1STJ、STJa、STJb、STJc 励磁，分别启动两组跳闸回路。保护启动三相跳闸一般有两种情况，继电器 TJQ 与需要启动重合闸的保护配合，如反应输电线路故障的各种保护。继电器 TJR 与母线保护等不需要启动重合闸的保护装置配合。对于输电线路的单相接地故障，保护发出的单相跳闸指令直接加到图 5.11 所示的分相跳闸回路（若 A 相故障，跳闸指令引入到图中端子 n238 与 n17 之间），实现单相跳闸。

（5）合后继电器 KKJ。KKJ 是一个双线圈磁保持的双位置继电器，有一个动作线圈和一个复归线圈。当动作线圈加上触发电压后输出触点闭合，此后如果动作线圈失电，触点也会维持在闭合状态，直到复归线圈加上触发电压时，输出触点才断开。在本图所示的回路中，手合或 DCS 合信号使 KKJ 输出触点闭合，手分或 DCS 分信号使其触点断开。这种“记忆”功能使该触点可以表示某些特殊意义。例如，手动合闸后若保护动作使断路器跳闸，则 KKJ 仍在“合后”的闭合状态。所以，用 KKJ 的动合触点与断路器动分触点串联，就可表示断路器故障跳闸状态。

（6）分相合闸回路。当图 5.10 中的合闸继电器 1SHJ 励磁时，图 5.11（a）中的触点 1SHJ.a 闭合，合闸指令经 SHJa、TBUJa、操作箱的端子 4D86 到操作机构箱的 A 相远方合闸回路（图 5.8）输入端子 X01－8，若操作机构箱上的方式开关 S10 在远方、且操作机构动力、SF_6 压力正常，即可实现断路器合闸。在图 5.11（a）中，SHJa 是合闸自保持继电器，直到断路器合闸，图 5.8 中的断路器辅助触点 S01.2 断开，SHJa 才失磁返回。重合闸装置启动合闸时，ZHJ.a 闭合，也可使 A 相合闸。

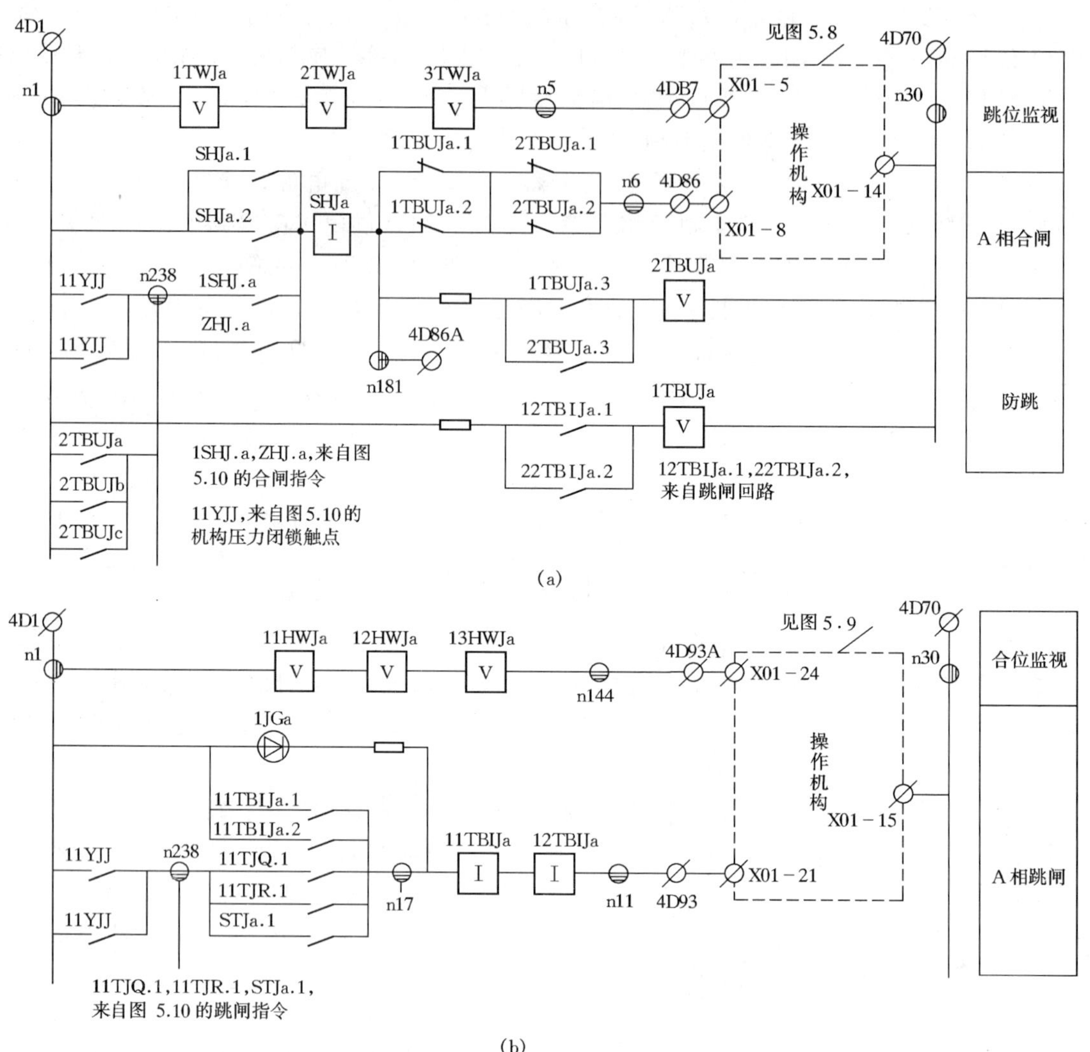

图 5.11　断路器分相操作控制回路

(a) A 相合闸回路；(b) 第一组跳闸线圈中的 A 相分闸回路

同理，手动合闸，1SHJ 励磁时，其触点 1SHJ. b、1SHJ. c 分别送与图 5.11 (a) 类似的 B 相、C 相操作控制回路，使 B 相、C 相断路器合闸。

1TWJa、2TWJa、3TWJa 是跳闸位置继电器。经操作箱的端子 4D87 到操作机构箱的 A 相合闸监视输入端子 X01－5，当断路器在跳闸位置时，S01. 2 闭合，跳闸位置继电器励磁，表示断路器在跳闸位置、且合闸线圈是完好的。

(7) 分相分闸回路。当图 5.10 中的手动分闸继电器 STJa 励磁时，图 5.11 (b) 中的触点 SHJa. 1 闭合，分闸指令经 11TBIJa、12TBIJa、操作箱的端子 4D93 到操作机构箱的 A 相分闸输入端子 X01－21 (图 5.9)，可实现断路器分闸。11TBIJa 是分闸自保持继电器，直到断路器分闸，图 5.9 中的断路器辅助触点 S01. 7 断开，11TBIJa 才失磁返回。

12TBIJa 是防跳闭锁继电器。分闸回路接通时，12TBIJa 励磁，合闸回路中的触点

12TBIJa.1 闭合，1TBUJa 励磁，1TBUJa.3 闭合，2TBUJa 励磁。动分触点 1TBUJa.1、1TBUJa.2、2TBUJa.1、2TBUJa.2 断开，可靠地切除了合闸回路，能有效防止断路器跳跃。22TBIJa.2 是第二组分闸回路中防跳闭锁继电器的输出触点，以保证两组跳闸回路中只要有一组的防跳闭锁继电器动作，就断开合闸回路。

11HWJa、12HWJa、13HWJa 是合闸位置继电器。经操作箱的端子 4D93A 到操作机构箱的 A 相分闸监视输入端子 X01-24，当断路器在合闸位置时，S01.8 闭合，合闸位置继电器励磁，表示断路器在合闸位置、且跳闸线圈是完好的。

4. 600MW 超临界机组发变组出口断路器的控制

某 600MW 超临界机组发变组出口开关采用额定电压为 550kV 的 GL317 型 SF6 断路器，分闸时间 38ms，合闸时间 100ms，开关合、分动作不同期性小于 4ms，SF6 气体正常压力为 0.85MPa。开关配 FK3.5 型弹簧操作机构，采用 110V 直流操作电源，每相一只合闸线圈、两只分闸线圈，操作机构采用交流 220V 电动机储能。

该 500kV 断路器保护屏由 PRS-721A 失灵保护及自动重合闸装置、WBC-11 分相操作箱等组成。

(1) 断路器保护。220kV 及上断路器均单独设有保护。PRS-721A 断路器失灵保护及自动重合闸装置主要功能包括断路器失灵保护、三相不一致保护、死区保护、充电保护和一次自动重合闸等。

(2) WBC-11 分相操作箱。图 5.10 和图 5.11 反映了 WBC-11 分相操作箱的主要内容。有关问题分述如下：

1) 在断路器操作箱和操作机构箱都设计了“防跳”电路，实际使用时，可只选用其中的一个。同时，在操作机构箱的合闸回路（图 5.8）选用了反映弹簧操作机构储能状态触点 S04，在断路器操作箱（图 5.10、图 5.11）又设计了液压机构的压力闭锁回路，这也是重复的。对于采用弹簧操作机构的断路器，操作箱控制回路中的液压机构压力闭锁应取消。

2) 作为发变组出口开关，合闸操作也就是发电机并列操作。并列必须考虑同期问题，所以合闸信号应是同期装置输出的合闸脉冲。也就是说，图 5.3 中的 103 与 103a 两个输出端子，应接在图 5.10 的端子 4D1 与 4D84 之间。

3) 发电机故障时，是直接启动出口断路器三相跳闸的，一般不启动重合闸。对于图 2.2 所示系统，发电机并列开关与输电线路开关是独立的，线路开关可以设置重合闸。在图 2.3 所示的系统中，与线路相连的断路器如 5013、5012、5021、5022，也可以设置重合闸。若发电机出口不设断路器，则发电机并列就要用 500kV 侧断路器，如 1 号发电机要用 5011 断路器并列，仍然可以在 5013、5012、5021、5022 断路器开关保护中设置重合闸。为实现单相重合闸，只要将线路保护输出的单相跳闸指令送到图 5.11 所示的操作相分相跳闸回路，并在断路器保护中选用单相自动重合闸功能即可。而将需要跳三相的保护动作指令，接在图 5.10 中“保护三跳、不启动重合”端子 4D80、4D83 上。

但如图 5.4 所示的系统，是发变组-线路单元接线，发变组故障和线路故障都要通过发变组出口开关 DL 切除，即使是线路瞬时性单相接地故障，都要对发电机运行产生很大影响，给重合闸造成很大困难，故一般将重合闸功能退出。

5.3.2 主变冷却器控制

大型变压器的冷却方式有强迫油循环风冷却、水冷却等几种。本节以某大型机组强迫油循环风冷却装置的二次回路为例，说明其控制与信号回路的工作原理。

1. 强迫油循环风冷却装置的特点

(1) 冷却系统接入两个独立 380V 电源 380V Ⅰ和 380V Ⅱ，可任选一个为工作电源；另一个为备用电源。当工作电源发生故障时，备用电源自动投入；当工作电源恢复时，备用电源自动退出。工作电源和备用电源投入均有信号指示。

(2) 六组冷却器每组都有工作、辅助、备用、停运四种状态，可用控制开关（SA1－SA6）手柄位置来选择其状态。这样运行灵活、也易于单个冷却器的检修。

(3) 冷却器的油泵和风扇电动机设有单独的接触器（KM1－KM6）和热继电器（KR），能对电动机过负荷和断相运行进行保护。每个冷却器控制回路还装设了自动开关（1Q－6Q），便于切换和实现对电动机的短路保护。

(4) 变压器上层油温或绕组温度达到一定值时，自动启动尚未投入的处于辅助位置的冷却器。

(5) 当运行中的、处于工作或辅助位置的冷却器发生故障时，能自动启动处于备用位置的冷却器。

(6) 变压器投入运行时，冷却系统可按负荷情况自动投入相应数量的冷却器；切除变压器及减负荷时，冷却系统能自动切除全部或相应数量的冷却器。

(7) 运行中的冷却器发生故障时，能发出故障信号。

(8) 当两电源全部消失、冷却装置全部停止工作时，可根据变压器上层油温的高低，经一定时限向相关系统发出变压器跳闸的指令。

2. 工作原理

图 5.12 是冷却器控制交流回路接线图，图 5.13（b）是它的直流回路，并有各开关的触点分合表。装置的工作原理如下。

(1) 电源的自动控制。发变组投入运行前，首先将图 5.13 中的开关 1SA、2SA、3SA 手柄置于工作位置，接通控制和信号电源，并将图 5.12 中电源Ⅰ（X1、X2、X3）、Ⅱ（X1′、X2′、X3′）同时送上。当发变组出口断路器 DL 合闸时，则其动断触点 DL.1 断开，图 5.13 中的继电器 KM 失磁，图 5.12 中的动断触点 KM.1、KM.2 闭合。若交流电源三相电压 X1、X2、X3 对称，经容量相等的电容 1C、2C、3C 后，图 5.12 中 n 点的电压约为 0，继电器 KE 两端电压约等于零，KE 失磁未动作，图 5.13 中的 6KM 失磁，图 5.12 中的触点 6KM.3、6KM.4 闭合。

当电源Ⅰ、Ⅱ有电时，图 5.12 中的 1KM 和 2KM 线圈励磁，其动合触点闭合，动断触点断开。若指定电源Ⅰ工作，则将 SA 开关手柄放在“Ⅰ”位置，此时 SAM 的触点⑬-⑭接通。回路从 X1、1KM、触点⑬-⑭、1KM.1、6KM.3、2KO.1、KM.1、1KO 到 N 接通，接触器 1KO 线圈励磁，其主触点 1KO.2 接通工作电源Ⅰ，X11、X12、X13 接电源 380V Ⅰ。由于 1KO 的动断触点 1KO.1 将 2KO 线圈回路断开，2KO 不启动，所以电源Ⅱ不工作，处于备用状态。

从图 5.13 可以看出，在发变组出口断路器未合上之前，DL.1 处于闭合状态，继电器

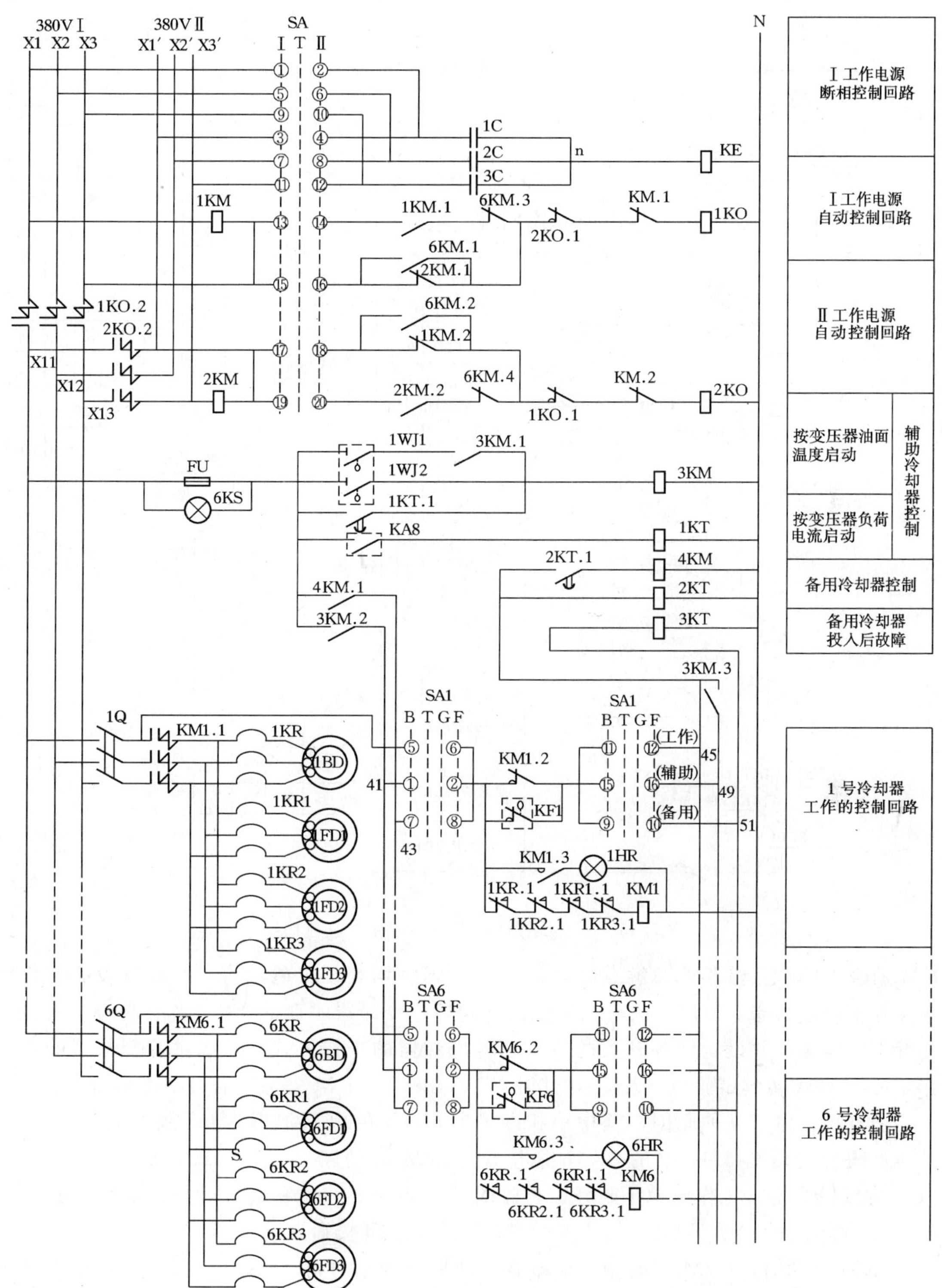

图 5.12 主变压器冷却器控制回路（交流回路）

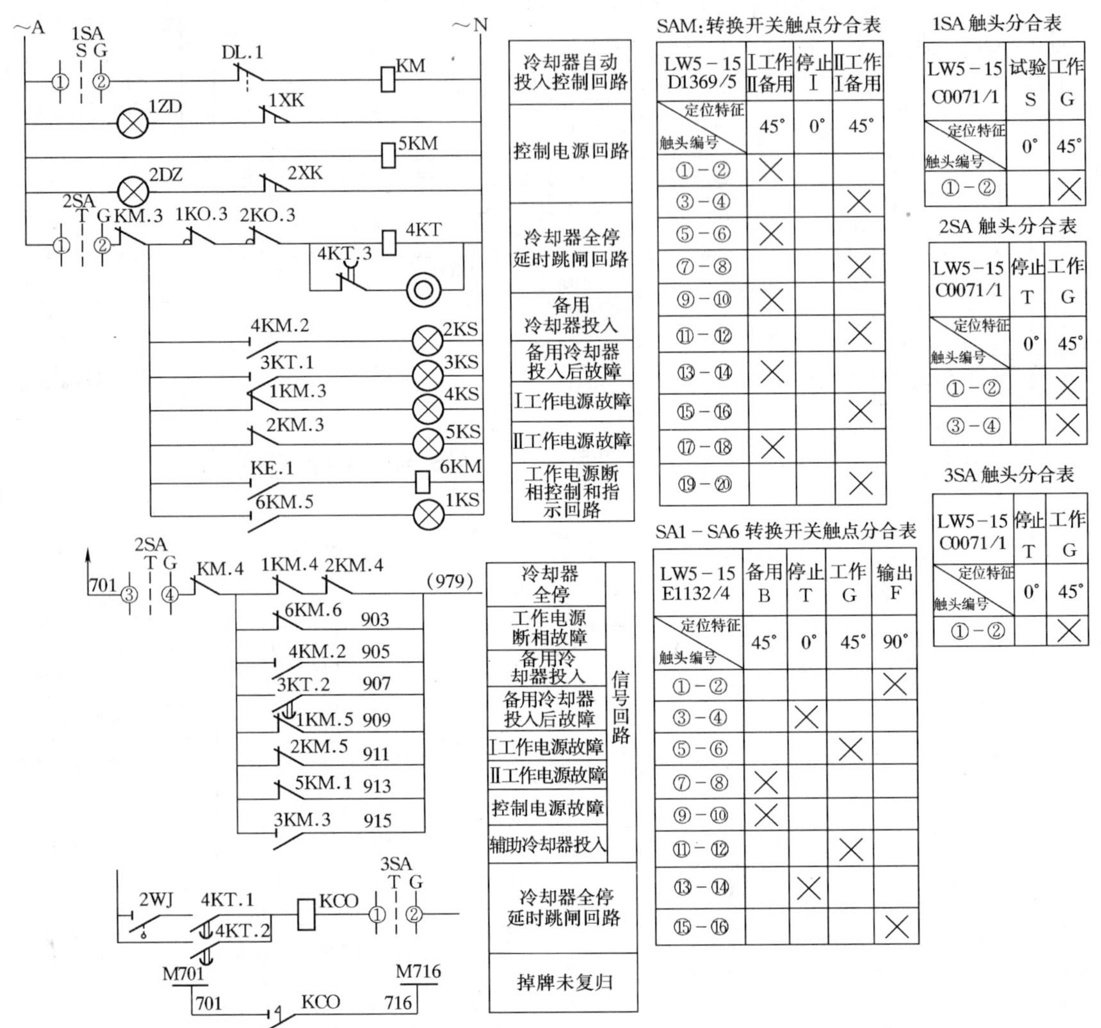

SAM:转换开关触点分合表

LW5－15 D1369/5	Ⅰ工作Ⅱ备用	停止 Ⅰ	Ⅱ工作Ⅰ备用
定位特征 / 触头编号	45°	0°	45°
①－②	×		
③－④			×
⑤－⑥	×		
⑦－⑧			×
⑨－⑩	×		
⑪－⑫			×
⑬－⑭	×		
⑮－⑯			×
⑰－⑱	×		
⑲－⑳			×

1SA 触头分合表

LW5－15 C0071/1	试验 S	工作 G
定位特征 / 触头编号	0°	45°
①－②		×

2SA 触头分合表

LW5－15 C0071/1	停止 T	工作 G
定位特征 / 触头编号	0°	45°
①－②		×
③－④		×

3SA 触头分合表

LW5－15 C0071/1	停止 T	工作 G
定位特征 / 触头编号	0°	45°
①－②		×

SA1－SA6 转换开关触点分合表

LW5－15 E1132/4	备用 B	停止 T	工作 G	输出 F
定位特征 / 触头编号	45°	0°	45°	90°
①－②				×
③－④		×		
⑤－⑥			×	
⑦－⑧	×			
⑨－⑩	×			
⑪－⑫			×	
⑬－⑭		×		
⑮－⑯				×

图 5.13　主变压器冷却器控制回路（直流回路）

KM 励磁，KM.1 和 KM.2 触点断开，1KO、2KO 均处于失磁状态，冷却器没有工作电源，处于停运状态。所以，只有当发变组并列后，冷却器才真正开始工作。此前，可以先送好工作电源，并设置好各开关的位置和各冷却器的工作方式。若要试验冷却器能否工作，可将 1SA 转到试验位（S 位），其触点①-②断开，KM 失磁，可启动冷却器工作。

当电源Ⅰ由于某种原因，其中一相断开时，n 点的电压不再为 0，继电器 KE 启动，其触点闭合起动图 5.12 中的 6KM 继电器，6KM 的动断触点 6KM.3 断开，使接触器 1KO 的线圈失电，工作电源Ⅰ断开。与此同时，6KM 的动合触点 6KM.2 闭合，通过 SA 的⑰-⑱触点，使接触器 2KO 的线圈励磁，工作电源Ⅱ接通。

6KM 启动时，6KM.5 闭合，冷却器控制柜上的信号灯 1KS 亮，发出工作电源断相信号。

当工作电源Ⅰ因某种原因电压消失时，继电器 1KM 失电，动合触点 1KM.1 断开，使1KO失电，电源Ⅰ断开。同时，1KM动断触点1KM.2闭合，2KO线圈励磁，接通电源Ⅱ；动断触点1KM.3闭合，冷却器控制柜上的信号4KS亮灯，发出电源Ⅰ故障信号。

反之亦然，若指定Ⅱ为电源工作时，将SA手柄放在工作位置Ⅱ，工作情况相同。

(2) 工作冷却器控制。每组冷却器可处于工作、辅助，备用、停止四种状态。在投入运行前，可根据具体情况来确定各组冷却器的状态。

变压器运行前，将冷却器的电源开关（1Q－6Q）合上，并将确定为工作冷却器的转换开关（SA1－SA6）手柄置于“工作”位置，其触点⑤-⑥、⑪-⑫接通。当电源Ⅰ或Ⅱ工作后，处于工作位的冷却器的接触器（KM1－KM6）线圈励磁，相应的变压器油泵（1BD－6BD）及变压器风扇（1FD－6FD）投入运行，油流继电器（KF1－KF6）断开。例如，当1号冷却器处于工作位时，回路从X11、1Q、SA1的触点⑤-⑥、1KR.1、1KR1.1、1KR2.1、1KR3.1、KM1到N接通，KM1励磁，KM1.1闭合，电机1BD和风扇1FD1、1FD2、1FD3运行。KM1.3闭合，使相应的红色信号灯1HR亮，显示该冷却器正常运行。

当1号冷却器工作时，工作冷却器中的变压器油开始流动，当流速达到规定值时，装在冷却器联管上的油流继电器动作，其动断触点KF1断开，KM1励磁使KM1.2也断开，SA1的触点⑥～⑪之间不通。

当油泵或风扇发生故障时，热继电器1KR、1KR1、1KR2或1KR3动作，1KR.1、1KR1.1、1KR2.1或1KR3.1断开，接触器KM1线圈断电，处于工作位置的冷却器停止工作。KM1.3断开，使信号灯1HR熄灭，表示工作冷却器内部故障。

当冷却器内油流速度不正常，低于规定值时，油流继电器KF1触点闭合（或KM1失磁使KM1.2闭合），回路从X11、1Q、SA1的触点⑤-⑥、KF1、SA1的触点⑪-⑫、2KT到N接通，继电器2KT励磁。经延时，2KT.1闭合，4KM励磁，4KM.1闭合，回路从X1、FU、4KM.1、SA6的触点⑦-⑧（假定6号冷却器处于备用位）、6KR.1、6KR1.1、6KR2.1、6KR3.1、KM6到N接通，KM6励磁，KM6.1闭合，电机6BD和风扇6FD1、6FD2、6FD3运行。即当工作冷却器故障时，备用冷却器自动投入。

4KM励磁还使4KM.2闭合，点亮信号灯2KS，发出备用冷却器投入信号。

(3) 辅助冷却器控制。在变压器运行前，将确定为辅助冷却器的转换开关SA1手柄置于辅助位置，其触点①-②、⑮-⑯接通，并将辅助冷却器的电源开关Q合上。辅助冷却器的投入有两种情况：

1) 根据变压器的温度投入辅助冷却器。变压器运行中，当顶层油温上升到第一上限的规定值时，1WJ1闭合，但此时辅助冷却器不能启动。当油温上升到第二上限的规定值时，1WJ2闭合，3KM励磁，回路从X11、FU、3KM.2、处于辅助位的SA1的触点①-②、热继电器动断触点、线圈KM到N接通，使辅助冷却器投入运行。当顶层油温下降到稍低于第二上限的规定值时，1WJ2断开，但3KM.1仍接通，这时辅助冷却器继续运行，直到顶层油温下降到稍低于第一上限的规定值时，1WJ1断开，辅助冷却器退出运行。

2) 根据变压器负荷投入冷却器。当变压器负荷电流达到规定值时，变压器保护回路中的电流继电器KA8动合触点闭合，时间继电器1KT励磁，1KT.1延时闭合，3KM励磁，投入辅助冷却器。

当辅助冷却器故障时，油流继电器动断触点闭合，和工作冷却器一样，启动备用冷却器控制回路，投入备用冷却器。

(4) 备用冷却器控制。变压器运行前，将确定为备用冷却器的转换开关 SA1 手柄置于“备用”位置，其触点⑦-⑧、⑨-⑩闭合，并将控制备用冷却器的电源开关 Q 合上。当工作或辅助冷却器故障时，自动投入备用冷却器。

当运行中的备用冷却器故障时，其油流继电器动作，发出“备用冷却器投入后故障”信号。例如，假定 6 号冷却器是运行中的备用冷却器，当冷却器内油流速度不正常，低于规定值时，油流继电器 KF6 触点闭合，回路从 X11、FU、4KM.1、SA6 的触点⑦-⑧、KF6、SA6 的触点⑨-⑩、3KT 到 N 接通，3KT 励磁，图 5.13 中的 3KT.1 闭合，冷控制柜上的信号灯 3KS 亮，发出发出“备用冷却器投入后故障”信号。

(5) 冷却器全停时变压器的保护回路。当两回工作电源均发生故障时，冷却器全停。工作电源Ⅰ、Ⅱ接触器的动断触点 1KO.3、2KO.3 全闭合，图 5.13 中的时间继电器 4KT 启动。20 分钟后 4KT.1 触点闭合，若此时变压器顶层油温达到 75℃，则 2WJ 闭合，KCO 励磁，向发变组保护回路发出跳闸指令。若变压器油温未到 75℃，则变压器可继续运行，30min 后，4KT.2 触点闭合，向发变组保护回路发出跳闸指令。

(6) 信号回路。冷却器控制箱内，除装设工作电源监视灯、冷却器正常工作状态或故障的监视灯外，还设有故障信号光字牌。为实现远距离监控，还可将信号向主控制室传送，如图 4.13 所示。

5.4 发电机组励磁系统及其控制

本节介绍目前国内 600MW 及以上机组广泛使用的 UNITROL 5000 励磁系统的组成、主要功能与控制操作。

5.4.1 UNITROL 5000 励磁系统组成

某 600MW 机组采用 ABB 公司生产的 UNITROL 5000 型机端自并励静止励磁系统。通过可控硅整流桥控制励磁电流，达到调节同步发电机电压和无功功率的目的。系统由励磁变压器、励磁调节器、可控硅整流器、起励和灭磁单元四个主要部分组成，如图 5.14 所示。

1. *励磁变压器*

采用室内三相干式变压器，励磁变压器高压绕组与低压绕组之间有静电屏蔽。随励磁变压器提供的测温装置包括每相两个测温元件，温度既可就地显示又可在 AVR 显示屏上显示，并可输出报警及跳闸接点。励磁变压器高压侧装设 3 组 TA 用于保护和测量表计、低压侧装设 2 组 TA 用于保护。励磁变压器设有与发电机封闭母线的接口。

2. *励磁调节器*

励磁调节器（AVR）采用微机数字型，性能可靠。根据测得的发电机电压与电流，计算出发电机有功功率、无功功率和功率因数，根据实际运行需要进行 PID 运算得到所需脉冲，控制可控硅整流桥输出，即控制发电机励磁电流，从而控制发电机电压和无功功率。AVR 设有过励磁限制、低励磁限制、V/H_Z 限制器、过励磁保护、失磁保护、电力系统稳定器、转子过电压保护和 TV 断线闭锁等单元。其附加功能包括转子接地保护、转子温度测量、整流智能均流、轴电压毛刺吸收装置等。

如图 5.14 所示，励磁自动调节系统具有 AVR 通道Ⅰ和 AVR 通道Ⅱ两个通道，一个运行，一个备用。两个通道间能相互自动跟踪，当一个通道调节器出现故障时，能自动无扰切换到另一通道运行，并发出报警。每个通道都有自动电压调节（AVR）自动、励磁电流调节（FCR）手动、紧急后备手动三种运行方式。单路调节器独立运行时，完全能满足发电机各种工况下运行调整要求，手动、自动回路能相互自动跟踪，当自动调节器故障时能自动无扰切换到手动。AVR 自动方式维持发电机端电压不变，近似于恒机端电压运行。FCR 手动方式维持励磁电流不变，调整负荷时要人为改变发电机的励磁电流，近似于恒励磁电流运行方式。紧急后备通道设有一个励磁电流调节器 FCR，只能调节励磁电流，不能直接调节发电机电压。

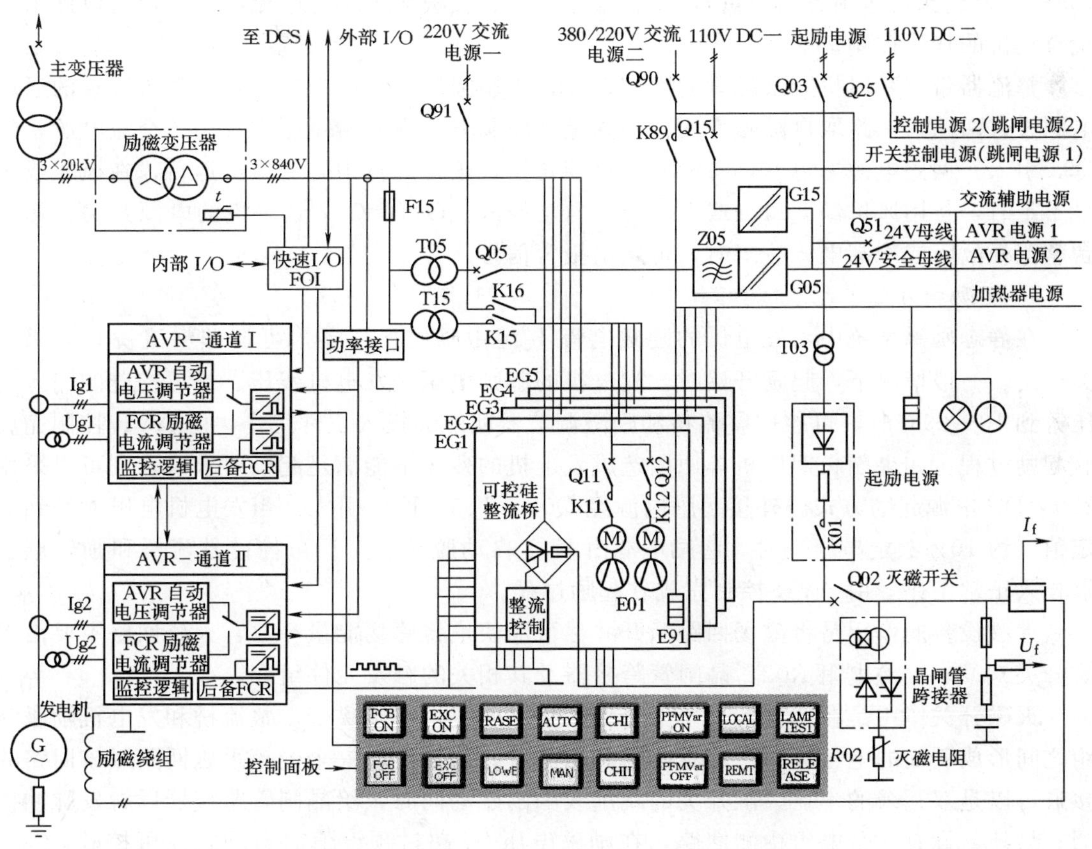

图 5.14　UNITROL 5000 励磁系统原理方框简图

在发电机并网及 AVR 自动方式下，系统可运行在恒无功功率调节（Q）或恒功率因数调节（$\cos\varphi$）方式。恒无功功率调节或恒功率因数调节是在电压调节基础上的叠加调节，对运行工况变化作缓慢反应。因此，在电网发生短时故障时，仍然是电压调节器起主导作用。

AVR 通道还具有监控功能。例如，通过对测得的发电机机端电压与励磁变副边电压的比较，可以判断发电机 TV 故障，必要时启动 AVR 通道切换；监测励磁变温度，必要时发出报警或启动励磁系统跳闸；监测可控硅整流桥温度、冷却风机状态、熔断器状态；监控可控硅整流桥交流侧与直流侧过电压等。

励磁自动调节器具有双路 24V 直流电源，一路取自励磁变压器，并经 T05、Q05、205 降压整流，作为 24VDC 安全电源；另一路是外接 110V 直流电源，经 Q15、G15、Q51 引入。

3. 可控硅整流桥

可控硅整流装置由五个功率柜（EG1～EG5）组成，每个柜内设一组整流桥，其中的一个功率柜退出运行时能满足发电机强励运行的要求；当有 2 个功率柜退出运行时，能提供发电机额定工况所需的励磁容量。整流装置的每个功率元件都设有快速熔断器保护，以便及时切除短路故障元件，并可检测熔断器熔断并给出信号。整流器采用 N－1 的布置(即有一个整流器作用备用容量)，每台整流器正、负极输出都有电流传感器，可以此来实现整流桥的均流控制。

整流器带双套风机冗余配置的冷却系统，采用强制风冷的冷却方式。整流装置的通风电源设有两路，一路取自励磁变压器，并经 T15 降压；另一路是外接 220V 交流电源，经 Q91 引入，两路电源通过 K15、K16 可自动切换。正常运行中一台风机运行，在风压或风量不足时，备用风机经 K11（或 K12）能自动投入。Q11、Q12 是风机的电源开关。任一台整流柜故障或冷却电源故障时，可发出报警信号。

4. 起励和灭磁单元

在静态励磁系统中，发电机的励磁电流 I_f 经由励磁变压器、可控硅整流桥和灭磁开关供给。一般情况下，起励开始时，发电机的起励电压是发电机残压。当可控硅的输入电压升到 10～20V 时，可控硅整流桥和励磁调节器就能够投入正常工作，由 AVR 控制完成软起励过程。如果因长期停机等原因造成发电机的残压不能满足起励要求时，则可以采用 220V DC 电源起励方式。外接起励电源经 Q03、T03、K01 引入。当发电机电压上升到规定值（约 10％额定电压）时，起励电源由 K01 自动脱开。然后可控硅整流桥和励磁调节器投入正常工作，由 AVR 控制完成软起励过程。

灭磁设备的作用是将磁场回路断开并尽可能快地将磁场能量释放，灭磁回路主要由灭磁开关 Q02、灭磁电阻 R02、晶闸管跨接器及其相关的触发元件组成。

灭磁开关作用是在任何情况下安全切断励磁电流，在励磁变、整流桥和发电机励磁绕组之间形成明确的电气隔离。灭磁电阻和晶闸管跨接器形成一个受控灭磁回路，该回路的接通可以是双冗余的。在灭磁开关的跳闸线圈励磁的同时，给晶闸管跨接器以触发脉冲接通；另外，设有一个电压检测回路，在励磁电压 U_f 超过预设值时自动触发可控硅，实现发电机快速灭磁。因此跨接器作为独立的过电压保护装置，可保护可控硅整流桥和励磁绕组免受危险过电压尖峰的冲击。

5.4.2　UNITROL5000 系统控制操作

UNITROL5000 励磁系统有“远方”和“就地”两种控制方式。

（1）远方操作：在励磁系统就地控制屏的控制面板（图 5.14）上按下“REMOTE”远方操作按钮，系统进入远方控制方式，只接受来自控制室的操作指令。

(2) 就地操作：在控制面板上按下“LOCAL”就地操作按钮，系统进入就地控制方式，使用控制面板进行就地控制。

正常情况下励磁系统由运行人员在控制室远方操作。就地控制屏的控制面板仅在调试、试验或紧急情况时使用。

1. 输入输出信号

由控制室远方控制或就地控制面板，输入到励磁控制系统指令主要有：①灭磁开关合闸/分闸（FCB ON/OFF）；②励磁投入/切除（EXC ON/OFF）；③给定增/减（RASE/LOWER）；④自动调节投入（AUTO）；⑤手动调节投入（MAN）；⑥通道选择（CHⅠ/CHⅡ）；⑦叠加调节投入/退出（PFMVAR ON/OFF）；⑧就地投入（LOCAL）；⑨遥控投入（REMOTE）。另外，还有从外部输入到励磁系统的信号，如发变组出口断路器状态，发电机转速信号等。励磁控制的输出信号主要有：①励磁系统状态；②灭磁开关状态；③励磁调节器手/自动运行方式；④叠加调节运行方式；⑤远方/就地控制方式；⑥过励限制；⑦欠励限制；⑧综合报警等。在就地使用上述输入控制命令时，必须同时在就地控制面板按下使能键（ENABLE）才有效。

励磁系统投入之前，必须保证如图 5.14 所示的外部电源（包括两路交流电源、两路直流电源、一路启励电源）全部已经送电，保证能安全启动，且必须进行下述的检查：①系统的维护工作已完成；②控制和电源柜已准备好待运行，并且适当地被锁定；③发电机输出空载，临时接地线拆除；④灭磁开关的控制电源及调节器电源已送电；⑤没有报警信号和故障信息；⑥励磁系统切换到远方控制方式；⑦励磁系统切换到自动方式；⑧发电机达到额定转速。

2. 控制操作

(1) 励磁开关合上/断开（FCB ON/OFF）。只要没有跳闸信号，命令“ON”就可以闭合灭磁开关。命令“OFF”可以断开灭磁开关，同时励磁退出，并触发晶闸管跨接器导通，使灭磁电阻切换到与转子绕组并联，以迅速灭磁。只有当发变组出口断路器在断开状态（发电机空载条件下运行）时，灭磁开关才能由远方控制来切断。来自发电机保护的跳闸指令可直接使灭磁开关跳闸。

(2) 励磁投入/退出（EXC ON/OFF）。命令“EXCITATION OFF”用来立即切断发电机励磁。此时，励磁系统整流器转换为交流逆变运行（磁场能量反馈），同时将灭磁电阻切换到与转子绕组并联，使发电机通过整流器逆变和灭磁电阻迅速放电。在退出励磁的同时，灭磁开关也断开。60s 以后，加到整流器上的触发脉冲被闭锁，整个励磁系统被完全闭锁和切断。

在不存在跳闸命令 TRIP 的条件下，励磁投入命令“EXCITATION ON”可用来使发电机的励磁投入运行。励磁系统向发电机转子输送励磁电流，使发电机电压迅速上升到额定值。在发出励磁投入命令时，如果灭磁开关在断开位置，就先自动闭合灭磁开关，以建立起励磁电流。

(3) 通道Ⅰ与通道Ⅱ之间的切换。两个通道都正常的情况下，可以自由进行切换，当监测到工作通道故障时，若备用通道正常，可自动切换到备用通道；若备用通道也故障，则自动切换到紧急后备 FCR，并退出自动调节方式。

（4）自动/手动方式之间的切换。发生发电机 TV 回路断线、励磁过电流Ⅰ段报警、V/Hz 限制等故障时，系统自动退出自动方式。

（5）增/减操作。当系统处于手动方式时，用增/减指令调整励磁电流给定值；当系统处于自动方式时，用增/减指令调整发电机电压给定值。

3. 启停操作步序

（1）励磁系统的投入步序：

1）检查现场无检修工作，人员已撤离。

2）检查发变组已转热备用状态。

3）检查励磁系统的调节、控制、起励及风扇和加热器等的电源已投入。

4）检查功率柜等柜门已锁住。

5）检查就地控制显示屏及 EDCS 画面无报警信号，同时已复归励磁系统各报警信号。

6）将励磁系统选择为“远方”控制方式。

7）将励磁系统调节方式切换为自动。

8）确认机组转速大于 2950RPM。

9）在 EDCS 画面复归励磁系统。

10）检查励磁系统具备投入条件。

11）合上灭磁开关。

12）励磁投入，检查机端电压在 5～20s 内升至正常值。

13）检查定子无电流（或主变压器空载电流）。

（2）励磁系统正常停止步序：

1）发电机在准备停机前，将有功功率降到初始负荷，将无功功率降到最低值。

2）汽机打闸，逆功率联跳发电机出口开关。

3）联锁灭磁开关跳闸。

4）转子磁场通过跨接器与非线性电阻接通，灭磁。

5）就地检查硅整流装置正常与否。

复 习 思 考 题

1. 在图 5.1（b）中，若运行系统取 C 相电压，则发电机可取什么电压作同期信号？若发电机电压或系统电压的极性接反？同期合闸时会出现什么问题？

2. 在图 5.1（a）中，2 号 TV 与 1 号 TV 之间如何核相？若核相错误会造成什么后果？

3. 在图 5.3 中，如何操作才能把发电机电压和系统电压送到同期装置中？简述发电机并列的条件与操作过程。

4. 简述发电机变压器组配置了哪些保护、各种保护的保护范围及出口方式。保护压板投入要注意哪些问题？“全停Ⅰ”与“全停Ⅱ”有什么不同？非电量保护为何不启动失灵？

5. 设置“程序跳闸”、“误上电”、“启停机”、“断路器闪络”等保护有何意义？

6. 保护启动厂用电切换与保护闭锁厂用电切换的条件有何不同？

7. 分相操作的断路器控制回路由哪几部分组成？实现断路器分、合闸操作要满足哪些条件？控制回路中要用到哪些电源？

8. 用 WBC－11 作发变组出口断路器控制元件，如何将图 5.3 中的同期合闸指令引入到断路器控制回路，试简述合闸动作过程。

9. 变压器冷却器有哪几种工作方式？它们之间是如何转换的？LKK、1K、2K 有何作用？

10. UNITROL5000 励磁控制系统由哪几部分组成？各部分有何功能？控制系统有哪些输入/输出信号？有哪些主要操作？

第 6 章　电气设备倒闸操作

电气设备倒闸操作是机组运行人员日常最重要的工作之一。一切正确的倒闸操作都是操作人员严格执行规章制度、充分发挥自己的技术水平、保持高度工作责任心，三者完美结合的结果。处理事故所进行的操作，实际上是在特定条件下进行的倒闸操作。本章以上述各章讨论的内容为基础，介绍发电厂电气设备主要的倒闸操作。需要指出的是，理解倒闸操作需要熟悉一次系统，以及相应的二次回路。在阅读操作票前，读者宜先学习并熟悉前面的相关章节，有条件时最好到现场查看实际设备。例如，6kV 开关柜，看清楚手车的“检修”、“试验”、“工作”三个位置，一次触头与二次插件，远方/就地方式开关，控制电源与储能电源开关等，认清操作项目所涉及的操作点，有利于对操作步骤的理解。

6.1　倒闸操作的一般要求

6.1.1　倒闸操作的基本概念与要求

1. 倒闸操作的基本概念

系统中的电气设备，分运行、热备用、冷备用和检修四种状态。运行状态断路器和它的隔离开关都在合闸位置，将电源至受电端的电路接通，控制操作回路正常，保护与自动装置正常投入；热备用状态断路器在分闸位置，其他同运行状态。冷备用状态断路器在分闸位置外，还要断开断路器的隔离开关和电压互感器的隔离开关、取下控制回路的熔断器；检修状态在冷备用基础上再加用安全措施，如合接地刀或挂接地线、挂检修标识牌等。电气设备由一种状态转换到另一种状态，就需要进行一系列的操作，这种操作叫做电气设备的倒闸操作。

倒闸操作包括断开或合上某些断路器和隔离开关；拉开或合上某些直流操作回路；装上或取下控制回路或电压互感器回路的保险；加用或退出某些继电保护和自动装置；检查电气设备有无电压及验明无电后挂上临时接地线或合上接地刀闸；拆除临时接地线或拉开接地刀闸等。倒闸操作是一件既重要又复杂的工作，若发生误操作事故，危害性极大，可能会导致设备的损坏、危及人身安全、造成大面积停电，给用户造成巨大影响。因此，必须采取有效的措施，确保操作的正确与系统的安全运行。

防止误操作的措施包括组织和技术两个方面，组织措施是指运行人员必须树立高度的责任感和牢固的安全思想，认真执行操作票制度和监护制度的有关规定，任何操作必须严格按照安全规程规定执行。技术措施主要是在断路器和隔离开关之间装设机械或电气闭锁装置。例如在 4.3.2 节中介绍的，断路器在未断开前，闭锁该电路的隔离开关拉开（防止带负荷拉隔离开关），在断路器接通后，闭锁该电路的隔离开关合上（以防止带负荷合隔离开关）。此外，隔离开关与接地刀闸之间也应装有闭锁装置。如图 4.16 所示，只有当

QS1、QS2 和 QF 均在断开位置时，才可对接地刀闸 02G 进行操作；只用在 02G 断开时，才能对相应的隔离开关和断路器进行操作。以避免在设备运行中，误合接地刀闸，在设备检修时误合开关，而造成设备和人身事故。

运行经验表明，严格执行组织措施并完善技术措施，是防止发生误操作事故的重要保证。

2. 电气操作票制度在执行中的具体要求

电气操作票是“两票三制”（两票：工作票、操作票；三制：交接班制、巡回检查制、设备定期轮换试验制）中的重要内容之一。电气操作票制度在执行中的一般要求是：

(1) 不使用操作票的操作范围不得任意扩大。按照《电业安全工作规程》的规定，允许不要操作票的电气操作有：①事故处理；②拉合断路器的单一操作；③拉开接地刀闸或撤除全厂（所）仅有的一组接地线。其他操作均要操作票。

(2) 操作票的使用，应符合下述规定：①操作票应先编号，并按照编号顺序使用；②一个操作任务填写一张操作票；③操作票中所填设备名称，实行中文名称和数字双重编号。

(3) 操作票中应填写的内容：①操作任务；②应分合的断路器及隔离开关的名称、编号；③检查断路器及隔离开关的分、合实际位置；④装上或取下控制回路、信号回路、电压互感器回路的熔断器；⑤定相或检查电源是否符合并列条件；⑥检查负荷分配情况；⑦断开或投入保护（压板）或自动装置；⑧检查回路是否确无电压；⑨挂、拆接地线（合、拉接地刀闸），检查接地线（接地刀闸）是否拆除（拉开）等。

倒闸操作中的辅助操作包括：①测量绝缘电阻；②变压器或消弧线圈改分接头；③起停强油循环变压器的油泵；④接通或断开断路器的合闸动力电源及隔离开关的控制电源或气源等。这些操作是否写入操作票中，应根据各厂的操作习惯确定。

(4) 操作票实行三审制。“三审”是指操作票填好后，必须进行三次审查：①自审，由操作票填写人进行；②初审，由操作监护人进行；③复审，由值班负责人进行。

三审后的操作票经值长批准生效，有关操作还应取得调度正式操作令后执行操作。

(5) 固定操作票的使用。对于与电气运行方式关系不大的频繁操作或特定操作，在不违反《电业安全工作规程》、不降低安全水平的情况下，经领导批准，可以使用内容、格式统一的固定操作票。使用固定操作票，也要审票，并执行监护。一般可考虑使用固定操作票的操作主要有：①高、低压电动机停、送电；②发电机解列；③设备定期联动试验等。

3. 倒闸操作中的几个环节

倒闸操作一般有以下几个环节：

(1) 发布和接受任务。在需要进行操作前，值长应向电气值班负责人发布操作任务（通常称“预令”），并讲清操作目的，值班负责人在接到操作任务后，应重复一遍，将此任务记在操作记事本上，并确定操作人和监护人。发布操作任务，应同时交代安全注意事项。

(2) 填写操作票。填写操作票的目的是拟定具体操作的内容和顺序，应参照典型操作票的原则步骤进行填写，防止在操作过程中发生顺序颠倒或漏项。操作人在接受任务后，根据操作任务查对模拟图和实际运行方式，认真填写操作票。填写操作票时，字迹应清楚，不得涂改，不得使用铅笔填写。

（3）审核批准。操作人填写好操作票后，先自审一遍并签名，然后由监护人、值班负责人、值长逐级审核，无误后分别在操作票上签字批准。

（4）模拟操作。模拟操作是为了再次核对操作票的正确性，经值班负责人批准后进模拟操作。此时，监护人应按照操作票的项目顺序唱票，由操作人在模拟图上进行模拟操作。如属于微机控制的模拟操作方式，应按微机所规定的方法进行模拟操作。

（5）发布正式操作命令。运行值班员在准备好操作票，经审票、模拟无误，一切工作准备就绪后，由值长或值班负责人发布正式操作命令，监护人重复操作命令，值长或值班负责人认为正确无误时，发出命令“对，执行”，监护人在操作票上填写好开始时间，进行操作。

（6）现场操作。操作人和监护人携带操作工具进入现场，操作前先核对操作设备的名称、编号，以保证和操作票相同。当监护人认为操作人站立位置正确、使用安全用具符合要求时，由监护人按操作票的顺序及内容高声唱票，操作人应再次核对设备名称和编号，稍加思考（三秒思考制）无误后，复诵一遍。监护人确认无误后下达“对、执行”的命令，此时操作人方可按操作命令进行操作。在操作过程中，监护人还应监视操作人操作方法是否正确。当操作人操作完一项时，监护人立即在操作项目左侧做一个记号“√”，然后再进行下一项操作。

（7）操作复查。操作项目全部完毕后，还应复查一遍，着重检查操作过的设备状态是否正确、正常。

（8）操作汇报。操作工作全部完毕后，监护人向发令人汇报已经操作完毕，并汇报开始和结束时间，然后由操作人在操作票的规定部位加盖“已执行”章。

（9）记录。由值班负责人将操作起始时间记大操作记事本或交接班记事本中，并注明该设备的作业及安全措施情况。

6.1.2 倒闸操作的原则与注意事项

1. 倒闸操作的基本原则

倒闸操作的基本原则是为了保证电气设备安全运行和操作任务的顺利完成而制定的。它是拟写操作票内容、顺序和执行倒闸操作任务的准则。因此，在填写操作票和进行倒闸操作时，应遵守下列基本原则：

（1）应使用断路器拉、合闸。在装设断路器的电路中，拉、合闸均应使用断路器，绝对禁止使用隔离开关切断或接通负荷电流。

（2）断路器两侧隔离开关的拉、合顺序。送电线路若需停电时，应先拉开断路器，然后拉开线路（负荷）侧隔离开关，最后拉开母线（电源）侧隔离开关。送电时操作顺序与此相反。

采用这种顺序主要是为了防止带负荷拉、合隔离开关扩大故障范围。停电时，若经断路器分闸操作后，断路器因故未分开，实际仍在闭合状态（指示分开，实际未分开），先拉线路侧隔离开关（如图2.2所示中的2GL6），隔离开关拉弧造成的短路相当于线路侧短路，可由线路保护动作跳2DL切除故障。若先拉母线侧隔离开关2GL1（或2GL2），隔离开关拉弧造成的短路故障点在电流互感器内侧，是母线保护范围内的故障，就得由母线保护动作跳开母线W1（或W2）上的所有断路器，扩大了事故停电范围。送电时，应先合母线侧隔离开关（如图2.2所示中的2GL1），后合线路侧隔离开关（如2GL6）。这样，若万一操作隔离开关前断路器 2DL 已在合位且线路有故障或已接有负载，则可在合 2GL6，造成弧光短路时由 2DL 跳闸切除故障。否则会在合 2GL1（或 2GL2）时发生带负荷合隔离开关，使母线跳闸，扩大了事故范围。

从上述分析中可以看出几点：①拉、合隔离开关时，若断路器实际在合闸位置，可能因拉弧造成短路故障。为减小这一短路故障的影响，除了应满足上述操作顺序外，还应保证在万一发生故障时断路器能自动跳闸。为此，在进行隔离开关操作前，必须检查断路器的状态，其控制电源应已投入，动力电源已投入（或开关已储能），跳闸回路是完好的，其相关保护已投入。②当母线可视为电源点，线路是负荷时，上述规定是正确的。如果线路对侧是电源，本侧母线无电压，要用线路对侧电源对本侧母线进行充电，从全局看，合理的操作顺序宜先合线路侧隔离开关，再合母线侧隔离开关。所以操作顺序也是相对的，关键是电源点在哪边。③对于如图 2.3 所示的 3/2 接线，操作顺序更加灵活。例如，若 500kVⅠ母有电，要通过 5011 开关向 1 号主变充电，则应先合 50111、再合 50112，然后合 5011 开关。但若 500kVⅠ母无电，要用线路对侧电源、如用 500kVⅡ回线路对 500kVⅠ母充电时，则宜先合线路侧隔离开关 50212，后合母线侧隔离开关 50211。对于中开关 5012 开关两侧的隔离开关，采用何种顺序呢？这就要看中开关两侧联的出线（或发变组）的状态，以及哪个相对更重要。例如，500kVⅠ回线路运行，1 号主变没运行，就可先断开 5012 开关，再拉开 50121，然后拉开 50122。因为，带负荷拉隔离开关发生在停电侧，保护动作只是要跳开 5011 和 5012 开关，对系统不会产生大的影响。反之，先拉 50122，若发生带负荷拉隔离开关，则要跳开 5013 和 5012 开关，使线路退出运行。当中开关两侧线路（负荷）、如 1 号主变和 500kVⅠ回线路都运行时，若要将 5012 开关停电检修，先拉开哪一侧隔离开关，就要考虑两侧线路（负荷）对系统的影响程度大小。一般宜按照先断中开关，再拉开对系统影响较小侧的隔离开关，最后拉开对系统影响较大侧的隔离开关。

（3）变压器各侧断路器拉开顺序。变压器停电时，先拉开负荷侧断路器，后拉开电源侧断路器。送电时操作顺序与此相反。①双绕组升压变压器停电时，应先拉开变压器高压侧断路器，再拉开变压器低压侧断路器，最后依次拉开变压器高、低侧隔离开关。送电时操作顺序与此相反。②双绕组降压变压器停电时，应先拉开变压器低压侧断路器，再拉开变压器高压侧断路器，最后依次拉开变压器低、高侧隔离开关。送电时操作顺序与此相反。③三绕组升压变压器停电时，应顺序拉开变压器高、中、低三侧断路器，再依次拉开变压器高、中、低三侧隔离开关。送电时操作顺序与此相反。④三绕组降压变压器停电时，应顺序拉开变压器低、中、高三侧断路器，再依次拉开变压器低、中、高三侧隔离开关。送电时操作顺序与此相反。但某些兼供厂用电的变压器和联络变压器的电源在中压侧，这时应先拉中压侧。

上述操作原则，归结到一点，就是送电时要先合电源侧断路器，再合负荷侧断路器。停电时与之相反。

合闸操作的顺序，可用如图 2.6（b）来说明。假定两台小型变压器 T1、T2，都只在电源侧装有过流保护。若 T2 已处于运行状态，现要投入 T1 运行，但 T1 内部存在短路点在投运前没被发现，如先投入 T1 负荷侧开关 1Q，则 T2 通过分段开关 3Q 提供短路电流，相当于 T2 的外部故障，T2 的过流保护动作跳闸而使两段 380V 母线失压，负载失去电源。若先合电源侧开关 1QF，则变压器 T1 的过流保护动作即可切除故障而不影响供电。对于装有差动保护的变压器，无论哪一侧充电，回路故障均在保护范围内，但万一差动保护拒动，先送负荷侧开关时，T1 的过流保护无启动电流，仍由 T2 的过流保护使 T2 跳闸。所以，为了减少对运行设备的冲击，并取得正常的后备保护，仍应按先送电源侧、后送负荷侧的原则操作。停电时若先断开电源侧开关 1QF，则使变压器 T1 从负荷侧反充电，励磁涌流由运行变压器 T2 提供，对其造成很大的冲击，可能使 T2 跳闸。在如图 2.9 所示的系统中，若锅炉变 A 检修，锅炉变 B 带锅炉 PC1A、PC1B 两段运行，恢复锅炉变 A 运行的操作就与上述情况类似。

对于单台变压器运行［图 2.6（b）中 3Q 断开］，也应按先送电源侧、后送负荷侧的原则操作。按这样的顺序，如遇故障，便于按送电范围检查、判断和处理。如送电源侧开关时，变压器保护动作，故障一般在变压器保护范围；送负荷侧开关时保护动作，故障一般在负荷侧母线或负荷上。此外，变压器的电流表一般装在电源侧，先合电源侧，有问题可从表计上反映出。停电时先停负荷侧，再断开电源侧开关，可以避免开关切断较大的电流，以减小操作过电压。

（4）倒换母线时的操作原则。在双母线倒母线时，应首先给备用母线充电或检查母联断路器合好且两组母线电压相等，并取下母联断路器的操作熔断器，然后进行倒换母线隔离开关的操作。这时，逐一合上需要转换至另一组母线的隔离开关，再逐一拉开停电母线上相应的隔离开关。但根据各发电厂配电装置的布置情况，为了缩短操作路程，避免往返奔跑，重复劳动，影响操作进度，也可以先合一把隔离开关，再拉一把相应的隔离开关，完成一组电气设备的倒闸操作任务。根据两母线上电源和负荷分配不同，若母联断开，则两母线电压差可达数百伏到数千伏。取下母联的操作熔断器，是为了防止在操作过程中母联误跳，确保等电位操作隔离开关。此外，为了防止倒母线过程中母线保护误动，应投入母线互联压板，如图 3.33（b）所示。

（5）环网的并、解列操作。环网的并、解列操作亦称合环、解环操作。这些操作除应符合线路和变压器操作的一般技术原则外，还应具备下条件：①合环操作时，首先要考虑的问题是相位一致，在变压器初次合环或进行了可能引起相位变化的检修后的合环操作，与发电机同期一样，均要先进行定相，以免发生事故。其次，各电气设备不应过负荷，系统继电保护装置应适应环网的方式；②进行解环操作时，首先应满足的条件是解环后各电气设备不应过负荷，其次是继电保护不致误动作。上述原则也同样适用于厂用电系统，如高压启动/备用电源与工作电源的并联切换，厂用电运行方式变化。

（6）仅有熔断器和隔离开关电路的操作原则。对于只有熔断器和隔离开关电路，送电操作时，应先给上熔断器，后合入隔离开关。停电操作顺序相反。

（7）回路中未设置断路器时，允许用隔离开关进行如下操作：①拉、合无故障的电压互感器和避雷器；②拉、合母线和直接连接在母线上设备的电容电流；③ 拉、合变压器中性点的接地隔离开关，但当中性点上接有消弧线圈时，只有在系统没有接地故障时方可进行；④与断路器并联的旁路隔离开关，当断路器在合闸位置时可拉、合断路器的旁路电流；⑤拉、合励磁电流不超过 2A 的空载变压器和电容电流不超过 5A 的 10kV 以下无负载线路；⑥拉、合电压在 10kV 以下，电流在 10A 以下的环路均衡电流。

(8) 倒闸操作项目的排列顺序。操作项目的排列顺序有技术顺序及便利顺序两种。技术顺序是不允许改变的，如上述各项原则的规定。便利顺序是指在符合技术顺序的前提下，尽量缩短操作人员的路程，以便节约时间，提高效率。如图 2.2 所示，要停断路器 2DL、4DL 和两侧隔离开关时，可先拉开断路器 1DL 及隔离开关 2GL1 或 2GL2，然后再拉开断路器 4DL 及隔离开关 4GL1 或 4GL2；也可先拉开断路器 2DL、4DL，再拉开两个断路器的两侧隔离开关，究竟按什么顺序操作，可根据现场具体设备布置的实际情况决定。

(9) 在挂接地线或合接地刀闸前必须验电，以防止带电挂接地线或带电合接地刀闸。验电前应选择经检验合格的、电压等级合适的验电器，并从外观上检查无破损、受潮等异常情况；验电时操作人应戴绝缘手套、穿绝缘鞋，以保证人身安全；验电前应先到同电压等级的带电设备上验电，以证明验电器完好。

(10) 在倒闸操作中，必须严格执行操作监护制度和唱票复诵制度，认真核对设备名称和编号，以防止走错间隔，误拉、误合断路器或隔离开关。

2. 倒闸操作的注意事项

(1) 在电气设备送电前，必须检查有关工作票已全部终结（若检修工作未完，又急需送电，则应将工作票收回）、安全措施已全部拆除，常设遮拦和标识牌已全部恢复，检修人员的交代为“可以运行”，并测量绝缘电阻。在测量绝缘电阻前，必须隔离电源并进行放电。此外，还应检查隔离开关和断路器确在断开位置。

(2) 在倒闸操作前必须了解系统的运行方式，考虑继电保护及自动装置整定值的调整，以适应新的运行方式的需要，防止因继电保护及自动装置误动或拒动而造成事故。

(3) 备用电源自动投入装置、重合闸装置必须在所属主设备停运前退出运行，在所属主设备正常运行后投入。而保护装置、冷却设备（如变压器冷控系统、整流柜风机等）应在所属主设备停运后退出运行，在所属主设备送电前投入运行。

投入保护应按先“交流”，再“直流”，后“出口”的顺序进行。即先送保护所需的电压、电流信号，再送保护工作电源，检查保护装置工作正常，无出口信号后加用保护压板，以防止保护装置在投入的暂态过程中误动。

(4) 在进行电源切换或电源设备倒母线时，必须先解除备用电源投入连锁，操作结束后再进行调整。

(5) 在进行同期并列操作时，若同步表指针在零位晃动、停止或旋转太快，则不得进行并列操作，注意防止非同期并列。

(6) 在倒闸操作中，应注意分析表计的指示。如在倒母线时，应注意电源分布的平衡，并尽量减少母联断路器的电流，使之不超过限额，以防止因设备过负荷而跳闸。

(7) 在下列情况下，应取下直流操作熔断器，切断断路器的操作电源。① 需检修断路器时；② 在二次回路及保护装置有人工作时；③ 在倒母线过程中拉合母线隔离开关、断路器旁路隔离开关及母线分段隔离开关时，必须取下母联断路器、分段开关及旁路开关直流操作熔断器，以防止带负荷拉合隔离开关；④ 在继电保护故障情况下，应取下断路器的直流操作熔断器，以防止因断路器误合或误跳而造成停电事故；⑤断路器缺油或无油时，应取下断路器的直流操作熔断器，以防止系统中发生故障而跳断路器时，造成断路器爆炸，但此时用于保护的直流熔断器应加用，以便在断路器拒跳时启动失灵保护。

(8) 在断路器操作后，应检查有关信号灯及测量仪表的指示，以判断断路器动作的正确性。但不能仅从信号灯及测量仪表的指示（更不能仅靠信号灯指示）来判断断路器的实际开、合位置，应到现场检查断路器的机械位置指示器来确定实际开、合位置，以防止在操作隔离开关时，发生带负荷拉、合隔离开关事故。

总之，在倒闸操作中，防止误拉、误合断路器或隔离开关；防止带负荷拉、合隔离开关；防止带电挂接地线或带电合接地刀闸；防止带地线合闸；防止非同期合闸等，是防止误操作的重点。

6.2　启动/备用变压器的送电操作

6.2.1　变压器操作的一般问题

1. 变压器投运前的准备工作

变压器的运行与停止是通过对变压器各侧开关合闸与分闸操作来实现的。开关在合闸前，特别是在检修工作结束后恢复送电以前，值班人员应详细地检查。根据安全规程检查工作票是否已全部终结，临时接地线、遮拦和标识牌等是否已全部拆除，常设遮拦和标识牌等是否已全部恢复。检查各侧一次回路中的设备，从电源母线到变压器的出线为止。包括变压器外壳接地情况；油枕、油套管油位、油色以及设备有无渗漏油；压力释放阀、气体继电器是否完好；分接开关位置是否一致、各引线接头是否紧固；呼吸器干燥剂是否为蓝色（或白色），等等。经过这些初步检查后，再测定变压器的绝缘电阻。如测得的绝缘电阻值低于规定值，应由技术负责人根据变压器状况决定是否可以投入运行。

在合上变压器的隔离开关前，应先检查变压器的断路器确在断开位置，投入变压器保护和冷却系统；检查变压器断路器的传动机构，可先对断路器进行合、跳闸各一次，然后合上隔离开关，再用断路器将变压器投入运行。对于新投产或大修后的变压器，在投运前要进行3～5次全电压充电冲击试验。变压器充电的意义是：

(1) 空载投、切变压器可能产生很高的过电压，最高可达到2.5～3倍额定电压，可利用这个电压来检验变压器的绝缘强度。因为切断空载变压器，被切断的电流可近似地看成电感电流，电感中的电流瞬间到0，电流对时间的变化率很高，会感应出很高的电压。

(2) 变压器在空载合闸时会产生励磁涌流，该涌流将在变压器的绕组上产生很大的电动力，利用这个电动力可以检验变压器内部构件的机械强度，可以发现安装质量上的问题，例如支撑不牢等。

(3) 利用变压器空载合闸时的励磁涌流来检验变压器差动保护是否会误动，检查继电器的选型、整定、接线（包括极性）等是否符合要求。

为了减小励磁涌流，变压器充电一般在高压侧进行。当高压侧有几个电源时，宜用容量较小的电源充电。这样，如果变压器充电前存在故障，可使变压器充电时的短路电流小一些。

2. 变压器合闸和分闸操作的原则

变压器合闸和分闸除符合6.1.2节的基本原则外，还应遵守下列原则：

(1) 变压器分合闸必须使用断路器进行，对空载变压器也如此。因为如用刀闸切断空载变压器，将可能产生弧光以至造成短路。

(2) 变压器合闸时应先从电源侧进行，分闸时应先从负荷侧进行。对于分闸，先拉开负荷侧开关切断负荷电流。而电源侧开关只切断变压器空载电流。

(3) 如果高压侧只装隔离开关，低压侧装空气开关或负荷开关。合闸应先合高压侧而后合低压侧，拉闸应先拉低压侧开关而后拉高压侧隔离开关。

(4) 变压器停、送电操作前，应先合上中性点接地隔离开关。以防止操作过程中产生的过电压损坏变压器的绝缘。

产生过电压主要有以下两种情况：一是截断电感电流引起的操作过电压，这是开关分、合的暂态过程引起的；二是传递过电压，这与变压器一次、二次侧绕组间的分布电容有关。在分、合开关过程中，开关的三相触头不可能完全同步动作，可能有一相或两相先合（或先断），产生的效果就相当于一相或两相短时断线，两相断线时中性点电压等于相电压，一相断线时，中性点电压等于线电压的一半。对于采用分级绝缘的变压器，中性点处的绝缘强度比绕组端部的要低，中性点电压升高可能击穿该处绝缘。该电压还经高、低绕组之间的耦合电容传递到低压侧，引起低压侧过电压。如图 6.1 所示，某厂一台 220kV/10kV、Y，d11 连接的变压器从高压侧引入电源前，未合中性点地刀 QS0，合 QF1 时三相严重不同期，电容传递过电压造成变压器低压侧多处绝缘击穿。经实测分布电容（C_1、C_0），并由计算得到，QF1 一相先通和两相先通的传递过电压分别达 107kV 和 54kV，相当于低压侧额定相电压的 18.6 倍和 9.3 倍！可以根据示意图作简单的分析：设 A 相绕组一侧、二侧间的分布电容为 C_{1a}，二次侧 a 相对地分布电容为 C_{0a}，一次侧电压为 u_A，则经分布电容传递到二次侧的电压大致可以估算为

$$u_a = \frac{C_{1a}}{C_{1a} + C_{0a}} u_A$$

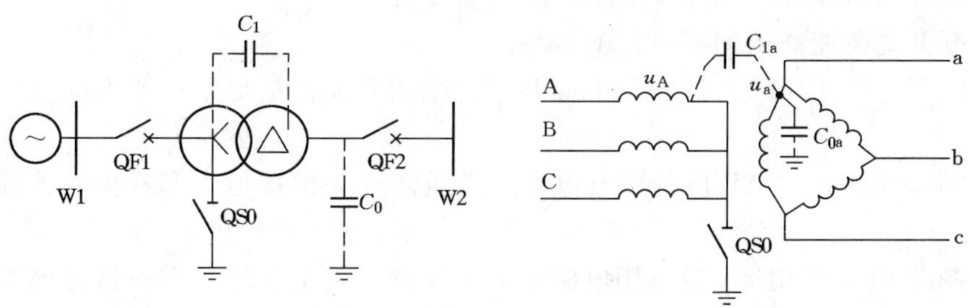

图 6.1 分布电容传递过电压示意图

对于有载调压的变压器，如启动/备用变压器，为防止分、合闸操作和调压过程中的不平衡电压损坏设备，其中性点多采用固定接地。

(5) 两台变压器并联运行，只有一台中性点接地时，若要停止中性点接地的那台变压器运行，必须先将另一台变压器的中性点接地开关先合上，方可进行停电操作。否则会使系统变成中性点不接地系统，发生接地故障时保护不能正确动作，且使设备绝缘受到破坏。

(6) 变压器仅一侧装有保护时，变压器投入运行应先将具有继电保护的一侧先投入，以便故障时断开。

6.2.2　高压起动/备用变压器送电操作顺序

某 600MW 机组起动/备用变压器（高备变）一次系统如图 4.15 所示，其检修转运行操作顺序如下：

(1) 检查高备变有关检修工作结束，工作票已全部终结。

(2) 检查高备变高压侧开关母线侧隔离开关 1QS 三相在断开位置。

(3) 检查高备变高压侧开关母线侧隔离开关 2QS 三相在断开位置。

(4) 检查高备变高压侧隔离开关 6QS 三相在断开位置。

(5) 检查高备变高压侧开关 QF 三相在断开位置。

(6) 检查 6kV 厂用 1A 段备用电源进线 TV1 在检修位置。

(7) 检查 6kV 厂用 1A 段备用电源开关 1QF 在检修位置。

(8) 检查 6kV 厂用 1B 段备用电源进线 TV2 在检修位置。

(9) 检查 6kV 厂用 1B 段备用电源开关 2QF 在检修位置。

(10) 检查 6kV 厂用 1C 段备用电源进线 TV3 在检修位置。

(11) 检查 6kV 厂用 1C 段备用电源开关 3QF 在检修位置。

(12) 检查 6kV 厂用 2A 段备用电源进线 TV4 在检修位置。

(13) 检查 6kV 厂用 2A 段备用电源开关 4QF 在检修位置。

(14) 检查 6kV 厂用 2B 段备用电源进线 TV5 在检修位置。

(15) 检查 6kV 厂用 2B 段备用电源开关 5QF 在检修位置。

(16) 检查 6kV 厂用 2C 段备用电源进线 TV6 在检修位置。

(17) 检查 6kV 厂用 2C 段备用电源开关 6QF 在检修位置。

(18) 断开高备变高压侧开关母线侧接地刀闸 02G。

(19) 断开高备变高压侧开关变压器侧接地刀闸 03G。

(20) 断开高备变高压侧接地刀闸 04G。

(21) 断开 6kV 厂用 1A 段备用电源开关进线侧开关柜接地小车或拆除该处三相短路接地线。

(22) 断开 6kV 厂用 1B 段备用电源开关进线侧开关柜接地小车或拆除该处三相短路接地线。

(23) 断开 6kV 厂用 2A 段备用电源开关进线侧开关柜接地小车或拆除该处三相短路接地线。

(24) 断开 6kV 厂用 2B 段备用电源开关进线侧开关柜接地小车或拆除该处三相短路接地线。

(25) 断开 6kV 厂用 1C 段备用电源开关进线侧开关柜接地小车或拆除该处三相短路接地线。

(26) 断开 6kV 厂用 2C 段备用电源开关进线侧开关柜接地小车或拆除该处三相短路接地线。

(27) 拆除高备变高压侧中性点接地线。

(28) 在高备变高压侧套管接头处验明三相无电压。
(29) 测量高备变高压侧线圈绝缘合格。
(30) 恢复高备变高压侧中性点接地线。
(31) 在中性点接地电阻箱拆除高备变 6kV A 分支中性点接地线。
(32) 在高备变 6kV A1 分支备用进线电压互感器静触头处验明三相无电压。
(33) 测量高备变低压侧 A 分支线圈绝缘合格。
(34) 恢复高备变 6kV A 分支中性点接地线。
(35) 在中性点接地电阻箱拆除高备变 6kV B 分支中性点接地线。
(36) 在高备变 6kV B1 分支备用进线电压互感器静触头处验明三相无电压。
(37) 测量高备变低压侧 B 分支线圈绝缘合格。
(38) 恢复高备变 6kV B 分支中性点接地线。
(39) 合上高备变冷却风机工作电源Ⅰ开关。
(40) 合上高备变冷却风机工作电源Ⅱ开关。
(41) 合上高备变冷却风机控制电源开关。
(42) 将高备变冷却风机电源选择开关切至工作电源Ⅰ。
(43) 投入高备变冷却风机运行。
(44) 合上高备变有载调压装置电源开关。
(45) 检查高备变有载调压装置正常。
(46) 将高备变有载调压装置调压方式开关切至远方位置。
(47) 检查 6kV 厂用 1A 段备用电源进线侧 TV 高、低压保险完好。
(48) 合上 6kV 厂用 1A 段备用电源开关进线侧 TV 高压保险。
(49) 将 6kV 厂用 1A 段备用电源开关进线侧 TV 送至试验位置。
(50) 合上 6kV 厂用 1A 段备用电源开关进线侧 TV 二次插件。
(51) 将 6kV 厂用 1A 段备用电源开关进线侧 TV 送至工作位置。
(52) 合上 6kV 厂用 1A 段备用电源进线侧 TV 二次小开关。
(53) 检查 6kV 厂用 1B 段备用电源进线侧 TV 高、低压保险完好。
(54) 合上 6kV 厂用 1B 段备用电源开关进线侧 TV 高压保险。
(55) 将 6kV 厂用 1B 段备用电源开关进线侧 TV 送至试验位置。
(56) 合上 6kV 厂用 1B 段备用电源开关进线侧 TV 二次插件。
(57) 将 6kV 厂用 1B 段备用电源开关进线侧 TV 送至工作位置。
(58) 合上 6kV 厂用 1B 段备用开关进线侧 TV 二次小开关。
(59) 检查 6kV 厂用 1C 段备用电源进线侧 TV 高、低压保险完好。
(60) 合上 6kV 厂用 1C 段备用电源开关进线侧 TV 高压保险。
(61) 将 6kV 厂用 1C 段备用电源开关进线侧 TV 送至试验位置。
(62) 合上 6kV 厂用 1C 段备用电源开关进线侧 TV 二次插件。
(63) 将 6kV 厂用 1C 段备用电源开关进线侧 TV 送至工作位置。
(64) 合上 6kV 厂用 1C 段备用开关进线侧 TV 二次小开关。
(65) 检查 6kV 厂用 2A 段备用电源进线侧 TV 高、低压保险完好。

(66) 合上 6kV 厂用 2A 段备用电源开关进线侧 TV 高压保险。
(67) 将 6kV 厂用 2A 段备用电源开关进线侧 TV 送至试验位置。
(68) 合上 6kV 厂用 2A 段备用电源开关进线侧 TV 二次插件。
(69) 将 6kV 厂用 2A 段备用电源开关进线侧 TV 送至工作位置。
(70) 合上 6kV 厂用 2A 段备用开关进线侧 TV 二次小开关。
(71) 检查 6kV 厂用 2B 段备用电源进线侧 TV 高、低压保险完好。
(72) 合上 6kV 厂用 2B 段备用电源开关进线侧 TV 高压保险。
(73) 将 6kV 厂用 2B 段备用电源开关进线侧 TV 送至试验位置。
(74) 合上 6kV 厂用 2B 段备用电源开关进线侧 TV 二次插件。
(75) 将 6kV 厂用 2B 段备用电源开关进线侧 TV 送至工作位置。
(76) 合上 6kV 厂用 2B 段备用开关进线侧 TV 二次小开关。
(77) 检查 6kV 厂用 2C 段备用电源进线侧 TV 高、低压保险完好。
(78) 合上 6kV 厂用 2C 段备用电源开关进线侧 TV 高压保险。
(79) 将 6kV 厂用 2C 段备用电源开关进线侧 TV 送至试验位置。
(80) 合上 6kV 厂用 2C 段备用电源开关进线侧 TV 二次插件。
(81) 将 6kV 厂用 2C 段备用电源开关进线侧 TV 送至工作位置。
(82) 合上 6kV 厂用 2C 段备用开关进线侧 TV 二次小开关。
(83) 合上高备变保护装置电源。
(84) 合上高备变高压侧开关 QF 控制电源。
(85) 检查 220kV 母线电压互感器运行正常，投入高备变保护及各低压分支保护。
(86) 检查高备变相关保护无异常报警。
(87) 检查高备变高压侧开关 QF 油色、油位、油压正常。
(88) 将高备变高压侧开关 QF 控制方式切至“就地”位置。
(89) 合上高备变高压侧开关 QF 油泵电源。
(90) 检查高备变高压侧开关 QF 油压正常。
(91) 检查高备变高压侧开关 QF 三相均在断开位置。
(92) 合上高备变高压侧开关母线侧隔离开关 1QS 操作电源。
(93) 将高备变高压侧开关母线侧隔离开关 1QS 控制方式开关切至“远方”位置。
(94) 控制室远方合上高备变高压侧开关母线侧隔离开关 1QS。
(95) 就地检查高备变电源侧隔离开关 1QS 三相均在合闸位置。
(96) 断开高备变高压侧开关母线侧隔离开关 1QS 操作电源。
(97) 合上高备变高压侧隔离开关 6QS 操作电源。
(98) 将高备变高压侧隔离开关 6QS 控制方式开关切至“远方”位置。
(99) 控制室远方合上高备变高压侧隔离开关 6QS。
(100) 就地检查高备变高压侧隔离开关 6QS 三相均在合闸位置。
(101) 断开高备变高压侧隔离开关 6QS 操作电源。
(102) 将高备变高压侧开关 QF 控制方式切至“远方”位置。
(103) 合上 6kV 厂用 1A 段备用电源开关 1QF 控制电源。

(104) 将6kV厂用1A段备用电源开关1QF控制方式切至“就地”位置。
(105) 检查6kV厂用1A段备用电源开关1QF本体无异常，开关三相均已断开。
(106) 将6kV厂用1A段备用电源开关1QF小车送至试验位置。
(107) 装上6kV厂用1A段备用电源开关1QF二次插件。
(108) 将6kV厂用1A段备用电源开关1QF送至工作位置。
(109) 检查6kV厂用1A段备用电源开关1QF一次触头三相均已接触良好。
(110) 合上6kV厂用1A段备用电源开关1QF动力电源。
(111) 检查6kV厂用1A段备用电源开关1QF储能正常，开关分闸指示正常。
(112) 将6kV厂用1A段备用电源开关1QF控制方式切至“远方”位置。
(113) 合上6kV厂用1B段备用电源开关2QF控制电源。
(114) 将6kV厂用1B段备用电源开关2QF控制方式切至“就地”位置。
(115) 检查6kV厂用1B段备用电源开关2QF本体无异常，开关三相均已断开。
(116) 将6kV厂用1B段备用电源开关2QF小车送至试验位置。
(117) 装上检查6kV厂用1B段备用电源开关2QF二次插件。
(118) 将6kV厂用1B段备用电源开关2QF送至工作位置。
(119) 检查6kV厂用1B段备用电源开关2QF一次触头三相均已接触良好。
(120) 合上6kV厂用1B段备用电源开关2QF动力电源。
(121) 检查6kV厂用1B段备用电源开关2QF储能正常，开关分闸指示正常。
(122) 将6kV厂用1B段备用电源开关2QF控制方式切至“远方”位置。
(123) 合上6kV厂用1C段备用电源开关3QF控制电源。
(124) 将6kV厂用1C段备用电源开关3QF控制方式切至“就地”位置。
(125) 检查6kV厂用1C段备用电源开关3QF本体无异常，开关三相均已断开。
(126) 将6kV厂用1C段备用电源开关3QF小车送至试验位置。
(127) 装上检查6kV厂用1C段备用电源开关3QF二次插件。
(128) 将6kV厂用1C段备用电源开关3QF送至工作位置。
(129) 检查6kV厂用1C段备用电源开关3QF一次触头三相均已接触良好。
(130) 合上6kV厂用1C段备用电源开关3QF动力电源。
(131) 检查6kV厂用1C段备用电源开关3QF储能正常，开关分闸指示正常。
(132) 将6kV厂用1C段备用电源开关3QF控制方式切至“远方”位置。
(133) 合上6kV厂用2A段备用电源开关2QF控制电源。
(134) 将6kV厂用2A段备用电源开关2QF控制方式切至“就地”位置。
(135) 检查6kV厂用2A段备用电源开关2QF本体无异常，开关三相均已断开。
(136) 将6kV厂用2A段备用电源开关2QF小车送至试验位置。
(137) 装上检查6kV厂用2A段备用电源开关2QF二次插件。
(138) 将6kV厂用2A段备用电源开关2QF送至工作位置。
(139) 检查6kV厂用2A段备用电源开关2QF一次触头三相均已接触良好。
(140) 合上6kV厂用2A段备用电源开关2QF动力电源。
(141) 检查6kV厂用2A段备用电源开关2QF储能正常，开关分闸指示正常。

(142) 将6kV厂用2A段备用电源开关2QF控制方式切至“远方”位置。
(143) 合上6kV厂用2B段备用电源开关5QF控制电源。
(144) 将6kV厂用2B段备用电源开关5QF控制方式切至“就地”位置。
(145) 检查6kV厂用2B段备用电源开关5QF本体无异常，开关三相均已断开。
(146) 将6kV厂用2B段备用电源开关5QF小车送至试验位置。
(147) 装上检查6kV厂用2B段备用电源开关5QF二次插件。
(148) 将6kV厂用2B段备用电源开关5QF送至工作位置。
(149) 检查6kV厂用2B段备用电源开关5QF一次触头三相均已接触良好。
(150) 合上6kV厂用2B段备用电源开关5QF动力电源。
(151) 检查6kV厂用2B段备用电源开关5QF储能正常，开关分闸指示正常。
(152) 将6kV厂用2B段备用电源开关5QF控制方式切至“远方”位置。
(153) 合上6kV厂用2C段备用电源开关6QF控制电源。
(154) 将6kV厂用2C段备用电源开关6QF控制方式切至“就地”位置。
(155) 检查6kV厂用2C段备用电源开关6QF本体无异常，开关三相均已断开。
(156) 将6kV厂用2C段备用电源开关6QF小车送至试验位置。
(157) 装上检查6kV厂用2C段备用电源开关6QF二次插件。
(158) 将6kV厂用2C段备用电源开关6QF送至工作位置。
(159) 检查6kV厂用2C段备用电源开关6QF一次触头三相均已接触良好。
(160) 合上6kV厂用2C段备用电源开关6QF动力电源。
(161) 检查6kV厂用2C段备用电源开关6QF储能正常，开关分闸指示正常。
(162) 将6kV厂用2C段备用电源开关6QF控制方式切至“远方”位置。
(163) 检查220kV母线W1电压正常。
(164) 合上高备变高压侧开关QF。
(165) 检查高备变高压侧开关QF三相均在合闸位置。
(166) 检查高备变充电正常。
(167) 检查高备变6kV各分支电压正常。
(168) 全面检查，汇报。

其中，(1) ~ (43) 项为高压起动备用变压器检修转冷备用操作。主要工作是拆除(接地)安全措施，测量变压器绝缘，投入变压器冷却器控制回路。各种设备，包括开关、母线、变压器等，检修转备用时应按规程要求测量绝缘，要选择好对应量程绝缘表、带好专用工具、测绝缘前先验明设备无电压，测绝缘后应放电。当前高压启动/备用变高压侧中性点一般为固定接地方式运行(不设中性点接地刀闸)。若系统中并列运行机组多，且设置了两台高压启动/备用变并列运行时，可设中性点接地刀闸，其中一台可以中性点不接地运行，但是，在进行启动和调压前，必须先将变压器中性点接地。若高备变高压侧装设了中性点接地刀闸，则应将第(27)项改为“检查高备变中性点接地刀闸已断开”，将第(30)项改为“合上高备变中性点接地刀闸”。

第(44) ~ (162) 项为高压起动备用变压器由冷备用转热备用。主要工作是投入各低压分支进线电压互感器，投入(或检查)变压器高压侧电压互感器；投入变压器保护与各低压分支保护，以及各低压分支开关转热备用；对于采用专线从外系统引入启动/备用电源的系统，还要投入线路保护（本系统中，假定启动/备用电源从老厂 220kV 母线引入，母线电压互感器、母线保护及其他相关保护已正常投入）；检查变压器高压侧开关的状态，为隔离开关和断路器送操作电源；合高备变高压侧隔离开关。按照倒闸操作原则，送电时应先合电源侧隔离开关 1QS（或 2QS），再合负荷侧隔离开关 6QS。在合隔离开关前，宜先投入变压器保护，并为断路器送操作电源，建立操作机构动作能源，以便于万一变压侧有故障、且变压器高压侧断路器实际在合闸位置时，能自动启动断路器跳闸。这样的操作顺序也应注意：断路器操作能源建立后，就有可能发生误操作使其先于隔离开关合闸。为防止误操作，可以采取以下措施：第一，有的系统断路器合闸操作电源与分闸操作电源分别设置，且分设开关，这样的系统在合隔离开关前可只送分闸电源；第二，为断路器送电前先将断路器远方/就地方式开关切至就地位置，以防外部信号误合；第三，严格执行操作监护制度，在合隔离开关前检查确认断路器三相开关在断开位置。另外，为防止误动，一般要求隔离开关操作完毕后，将其操作电源断开。

第（103）～（162）项操作是将 6kV 母线备用电源开关转热备用，在本操作任务中，这部分操作根据各厂操作习惯和机组状态可以与高压侧同时做，也可以分开做。作为高备变送电的操作，只要变压器充电正常，检查各备用分支电压正常即可。若机组尚未启动，6kV 母线尚未送电，6kV 母线备用电源开关可以先保留在检修位置，待 6kV 母线送电时去处理。

第（163）～（167）项为高备变空载合闸（充电）操作。对于新安装或大修后第一次送电的变压器，要做几次分、合闸冲击试验。励磁涌流的大小合闸初相角 α_0 有关，重复几次，是为了得到最大冲击电流的考验。

操作至此，高备变处于充电备用状态，可根据现场实际需要，使用快切装置（或手动）将 6kV 厂用母线切换至高备变供电。若高厂（高公）变已运行，可以投入快切装置（或 BZT 装置）让高备变作联锁备用。需要注意的是，高备变一般按单台机组最大启动容量设计，若让其带多段母线负荷应考虑其容量问题。

6.3　厂用电系统倒闸操作

厂用电系统的倒闸操作是比较频繁的，主要有厂用母线的停、送电操作；工作电源与备用电源切换操作；电压互感器停、送电操作；电动机的停、送电操作等。

6.3.1　6kV 厂用电系统操作

6.3.1.1　6kV 母线检修转运行操作顺序

某 600MW 机组厂用电一次系统如图 2.9 所示，操作前启动/备用变压器已投入运行。6kV 厂用 1A 段母线由检修转运行操作顺序如下：

（1）检查 6kV 厂用 1A 段母线所有检修工作已结束、具备运行条件。

（2）检查 6kV 厂用 1A 段母线所有负荷开关均在检修位置。

（3）检查 6kV 厂用 1A 段母线 TV 柜内接地小车已拉开。

（4）检查 6kV 厂用 1A 段工作电源开关 1DL 在检修位置。

(5) 检查6kV厂用1A段备用电源开关1QF在检修位置。

(6) 检查6kV厂用1A段母线绝缘合格。

(7) 检查高备变运行正常。

(8) 检查6kV厂用1A段备用电源进线电压正常。

(9) 检查6kV厂用1A段母线TV一次保险完好。

(10) 合上6kV厂用1A段母线TV一次保险。

(11) 将6kV厂用1A段母线TV送至试验位。

(12) 合上6kV厂用1A段母线TV二次插件。

(13) 将6kV厂用1A段母线TV送至工作位。

(14) 合上6kV厂用1A段母线TV二次小开关。

(15) 合上6kV厂用1A段母线TV直流二次小开关。

(16) 合上6kV厂用1A段母线备用电源进线开关1QF控制电源开关。

(17) 合上6kV厂用1A段母线备用电源进线开关1QF电压回路小开关。

(18) 投入6kV厂用1A段母线备用电源进线开关1QF相关保护。

(19) 将6kV厂用1A段母线备用电源进线开关1QF控制方式开关切至"就地"位。

(20) 检查6kV厂用1A段母线备用电源进线开关1QF三相均已断开。

(21) 将6kV厂用1A段母线备用电源进线开关1QF送至试验位置。

(22) 合上6kV厂用1A段母线备用电源进线开关1QF二次插件。

(23) 检查6kV厂用1A段母线备用电源进线开关柜分闸指示绿灯亮。

(24) 将6kV厂用1A段母线备用电源进线开关1QF送至工作位置。

(25) 合上6kV厂用1A段母线备用电源进线开关1QF电机储能开关。

(26) 检查6kV厂用1A段母线备用电源进线开关1QF储能正常。

(27) 将6kV厂用1A段母线备用电源进线开关控制方式开关切至"远方"位。

(28) 合上6kV厂用1A段母线备用电源进线开关1QF。

(29) 检查6kV厂用1A段母线备用电源进线开关1QF确已合上。

(30) 检查6kV厂用1A段母线充电正常。

(31) 全面检查，汇报。

其中，第(1)～(6)项为系统由检修转冷备用的操作与检查。对于如图5.4所示的系统，机组并列前必须由启动/备用变压器提供厂用电。在机组并列前，母线送电时确认工作电源开关的状态是必要的。在机组汽轮发电机未运转的情况下，若工作电源开关误合，将造成启动/备用变压器经工作电源开关向发电机反送电，发电机从系统吸收很大的励磁电流，对发电机和系统造成伤害。为避免发生这种情况，在机组启动前，6kV厂用母线工作电源进线开关不宜置于热备用位置。而对于如图2.3所示的系统，由于发电机出口专设断路器，就不存在这个问题。

第(7)～(15)项是确认备用电源正常，投入母线电压互感器。第(16)～(30)项是用备用电源进线开关为母线送电母线由冷备用转运行的相关操作。为避免在开关柜就地操作过程中外部误发合闸信号，首先将控制方式开关置于就地位是必要的。关于是先为开关合上动力(储能)电源开关，再将开关送至工作位，还是将开关送至工作位后再合动力电源开关，多采用后者。虽然先合动力电源后，在操作开关过程中，若遇故障、且开关实际上在合位时可以跳闸，但在开关由试验位送至工作位的过程中，开关两侧的隔离开关（两侧触头）几乎是同时合上的，这并不像两个隔离开关先、后操作可以缩小故障范围，而且高压开关柜具有防止带负荷合闸的措施，当真空断路器在试验位置合闸后，小车无法进入工作位置。所以，这种情况下带保护和动力电源合隔离开关的意义不大。在试验位置送上控制电源，不送储能动力电源，可以显示小车位置和开关状态信息，但开关不储能，可防止在操作过程中误合断路器。

母线检修后，是用工作电源进线开关、还是用备用电源开关为母线送电，与系统接线和机组运行状态有关。对于如图 2.3 所示的系统，只要工作/备用电源存在，不管机组处于什么状态都可以用工作、或者备用电源为母线送电，而对于如图 5.4 所示的系统，必须要在机组并列、且输出适当负荷后，才能使用工作电源。若用工作电源为母线送电，操作顺序类似，不同的只是，要检查高厂变运行正常与工作电源进线电压正常，操作的是工作电源进线开关。

顺便指出：有的开关二次插件固定在开关本体上，在将开关送入试验位的过程中，二次插件也同时合上了，无须单独操作。

6.3.1.2 6kV 母线运行转检修操作顺序

(1) 检查 6kV 1A 段母线上所有负荷已停电。

(2) 检查 6kV 1A 段母线备用电源进线开关 1QF 在分位。

(3) 退出 6kV 1A 段快切装置（或 BZT 装置）。

(4) 断开 6kV 1A 段母线工作电源进线开关 1DL。

(5) 检查 6kV 1A 段母线工作电源进线开关 1DL 确已断开。

(6) 检查 6kV 1A 段母线三相电压为 0。

(7) 将 6kV 1A 段母线备用电源进线开关 1QF 方式选择开关转至“就地”位。

(8) 断开 6kV 1A 段母线备用电源进线开关 1QF 的储能开关。

(9) 将 6kV 1A 段母线备用电源进线开关 1QF 送至试验位。

(10) 取下 6kV 1A 段母线备用电源进线开关 1QF 的二次插件。

(11) 断开 6kV 厂用 1A 段母线备用电源进线开关 1QF 电压回路小开关。

(12) 停用 6kV 厂用 1A 段母线备用电源进线开关 1QF 保护。

(13) 断开 6kV 1A 段母线备用电源进线开关 1QF 的控制电源开关。

(14) 将 6kV 1A 段母线工作电源进线开关 1DL 方式选择开关转至“就地”位。

(15) 断开 6kV 1A 段母线工作电源进线开关 1DL 的储能开关。

(16) 将 6kV 1A 段母线工作电源进线开关 1DL 送至试验位。

(17) 取下 6kV 1A 段母线工作电源进线开关 1DL 二次插件。

(18) 断开 6kV 厂用 1A 段母线工作电源进线开关 1DL 电压回路小开关。

(19) 停用 6kV 厂用 1A 段母线工作电源进线开关 1DL 保护。

(20) 断开 6kV 1A 段母线工作电源进线开关 1DL 的控制电源开关。

(21) 断开 6kV 厂用 1A 段母线 TV 二次小开关。

(22) 将 6kV 厂用 1A 段母线 TV 送至试验位置。

(23) 取下6kV厂用1A段母线TV二次插件。

(24) 将6kV厂用1A段母线TV送检修位置。

(25) 取下6kV厂用1A段母线TV一次保险。

(26) 断开6kV厂用1A段母线TV直流二次小开关。

(27) 验明6kV 1A段母线三相电压确无电压。

(28) 将接地小车推入6kV厂用1A段母线TV柜内。

(29) 全面检查，汇报。

其中，第(1)～(6)项为母线停电，转热备用。操作前，工作电源开关为母线供电。在断开工作电源开关前退出快切装置（或BZT装置），是为了防止母线失压后快切装置（或BZT装置）再发合备用电源的误操作信号。第(7)～(20)项为停电源开关，即开关由热备用转冷备用，与送电时顺序相反。第(21)～(26)项为停电压互感器。第(27)～(28)项为母线由冷备用转检修。只是母线检修，开关没有送到检修位置。第(27)～(28)项操作为母线接地，转检修状态。由于是母线检修，开关可以不转检修，工作（备用）电源进线电压互感器，由于有开关隔离，也可以不退出，它们随高厂（高备）变投入和退出。

6.3.1.3 6kV厂用电由高备变转高厂变运行操作顺序

对于图5.4和图4.15组合而成的系统，若机组并列且已带足够的负荷，可以将6kV厂用电由高备变转高厂变运行，下面以6kV 1A段段为例列出操作顺序。

(1) 检查6kV厂用1A段母线工作电源进线TV一次保险完好。

(2) 合上6kV厂用1A段母线工作电源进线TV一次保险。

(3) 将6kV厂用1A段母线工作电源进线TV送至试验位置。

(4) 合上6kV厂用1A段母线工作电源进线TV二次插件。

(5) 将6kV厂用1A段母线工作电源进线TV送至工作位置。

(6) 合上6kV厂用1A段母线工作电源进线TV二次小开关。

(7) 检查6kV 1A段工作电源电压正常。

(8) 检查高厂变冷却系统工作正常。

(9) 检查高厂变保护投入。

(10) 检查6kV厂用1A段母线工作电源进线开关1DL确断。

(11) 合上6kV厂用1A段母线工作电源进线开关1DL控制电源开关。

(12) 合上6kV厂用1A段母线工作电源进线开关1DL电压回路小开关。

(13) 投入6kV厂用1A段母线工作电源进线开关1DL相关保护。

(14) 将6kV厂用1A段母线工作电源进线开关1DL控制方式开关切至“就地”位。

(15) 检查6kV厂用1A段母线工作电源进线开关1DL试验位置。

(16) 合上6kV厂用1A段母线工作电源进线开关1DL二次插件。

(17) 检查6kV厂用1A段母线工作电源进线开关柜分闸指示绿灯亮。

(18) 将6kV厂用1A段母线备工作源进线开关1DL送至工作位置。

(19) 合上6kV厂用1A段母线工作电源进线开关1DL电机储能开关。

(20) 检查6kV厂用1A段母线工作电源进线开关1DL储能正常。

（21）将6kV厂用1A段母线工作电源进线开关1DL控制方式开关切至“远方”位。

（22）检查6kV厂用1A段母线备用电源进线开关1QF控制方式开关在“远方”位。

（23）检查6kV 1A段段备用电源电压正常，与工作电源的差压在允许范围内。

（24）投入6kV 1A段厂用电快切装置，检查快切装置工作正常。

（25）快切装置屏加用“快切跳工作1A段开关”、“快切合工作1A段开关”、“快切跳备用1A段开关”、“快切合备用1A段开关”压板。

（26）检查6kV厂用1A段快切装置正常，无闭锁信号。

（27）检查6kV厂用1A段工作、备用电源满足同期条件（电源在同一系统）。

（28）选择6kV厂用1A段并联切换方式。

（29）启动6kV厂用1A段电源切换。

（30）检查6kV厂用1A段快切装置切换正常，6kV厂用1A段工作电源进线开关1DL合闸，备用电源进线开关1QF分闸。

（31）检查6kV厂用1A段电压正常。

（32）复归6kV厂用1A段工作电源进线开关与备用电源进线开关的闪烁信号。

（33）复归6kV厂用1A段快切装置。

（34）检查，汇报。

其中，第（1）～（20）项的操作是投入工作电源进线电压互感器，将工作电源开关转热备用状态，不是本操作的必有项目，可能在机组启动、系统恢复过程中已经完成。第（21）～（23）项检查工作电源开关在热备用、工作/备用电源开关控制方式在远方、工作电源与备用电源的压差在允许范围是进行备用电源到工作电源切换的必备条件。若电压差不满足要求，可以先调节备用电源电压。第（24）～（26）项为投入或检查快切装置的工作状态。第（27）～（32）为切换操作。当工作、备用电源满足同期条件时，可以选择并联切换；不满足同期条件时，只能选择串联切换。对600MW及以上容量的机组，发变组的输出功率一般要输送到较远的500kV及以上电压等级的电网，而备用电源可能从老厂或附近的110kV或220kV电网取得，工作/备用电源可能具有较大相位差，使得厂用电不得不采用串联切换。启动切换和装置复归操作可以在快切装置屏，也可以在控制室DCS操作界面，实现后者只需要将快切装置投入遥控即可。

在机组带上负荷、厂用电已切换到工作变供电的情况下，复归快切装置的操作为工作电源故障时自动切换到备用电源做好了准备。对于使用备用电源自动投入（BZT）装置的系统，此时应加用BZT功能压板。

6.3.1.4　6kV厂用电动机检修转热备用操作顺序

1. 电动给水泵开关（采用真空开关）由检修转热备用

（1）检查电动给水泵系统工作票已全部终结。

（2）检查电动给水泵一次、二次系统完好，符合送电条件。

（3）断开电动给水泵开关柜内接地闸刀。

（4）检查电动给水泵开关柜内接地闸刀三相确在断开状态。

（5）检查电动给水泵开关三相确在断开状态。

（6）测量电动给水泵电气回路绝缘合格。

(7) 送上电动给水泵开关控制电源小开关。

(8) 合上电动给水泵开关电压回路小开关。

(9) 合上电动给水泵开关照明防潮小开关。

(10) 投入电动给水泵保护。

(11) 检查电动给水泵开关控制方式开关在“就地”位置。

(12) 将电动给水泵开关由检修位置送至试验位置。

(13) 合上电动给水泵开关二次插件。

(14) 检查电动给水泵开关柜面板上分闸指示灯绿灯亮。

(15) 将电动给水泵开关由试验位置送至工作位置。

(16) 送上电动给水泵开关动力电源小开关。

(17) 检查电动给水泵开关储能正常。

(18) 将电动给水泵开关控制方式开关切至“远方”位置。

(19) 检查，汇报。

其中，第(1)～(6)项由检修状态转冷备用状态。第(7)～(18)项是由冷备用转热备用，操作过程与6kV母线电源进线开关类似，最终由运行人员在集控室DCS操作界面上启动给水泵运行。

2. C磨煤机开关(采用F-C开关)由冷备用转热备用

(1) 检查C磨煤机开关三相高压熔丝完好。

(2) 检查C磨煤机开关三相确在断开状态。

(3) 检查C磨煤机电气回路绝缘合格。

(4) 送上C磨煤机开关装置控制电源小开关。

(5) 送上C磨煤机开关电压回路小开关。

(6) 送上C磨煤机开关照明防潮小开关。

(7) 投入C磨煤机保护。

(8) 检查C磨煤机开关控制方式开关在“就地”位置。

(9) 将C磨煤机开关由检修位置送至试验位置。

(10) 合上C磨煤机开关二次插件。

(11) 检查C磨煤机开关分闸指示灯绿灯亮。

(12) 将C磨煤机开关由试验位置送至工作位置。

(13) 送上C磨煤机开关动力电源小开关。

(14) 将C磨煤机开关控制方式开关切至“远方”位置。

(15) 检查，汇报。

6.3.1.5 6kV厂用变频调速电动机的停、送电操作

异步电动机转速n与电源频率f_1及转差率s之间的关系为

$$n = n_1(1-s) = \frac{60f_1}{p}(1-s)$$

这说明，异步电动机的转速可以通过改变电源的频率f_1、定子磁极对数p和转差率s来改变。改变电源频率的调速方法，是先将工频三相交流电整流变为直流，再用可控硅元

件组成的逆变电路在变频控制器的控制下变换成频率可调的三相交流电输出，去驱动异步电动机，便可实现电动机转速调节。目前，变频调速技术已在高压厂用电动机中得到广泛应用，取得良好经济效益。某厂一次风机、送风机、引风机分别配置一套 MLVE RT - D06 高压变频调速装置，以“一拖一”方式供各风机作变频调速运行。MLVERT - D06 高压变频调速装置配置控制柜、模块柜、变压器柜 、旁路柜各一台，主要设备包括高压变频装置、干式移相变压器、自动真空接触器及隔离开关。变频调速装置的输入可为 4.2～6.6kV 工频电源，输出为 0～6kV、0～50Hz 连续可调的交流电源。

图 6.2 是变频电机一次接线图。其中 QF11 是 6kV 电源开关，采用真空断路器，其控制回路与图 4.12 类似，只是在合闸回路增加了来自变频控制装置的“高压合闸允许”信号。虚线框内的元件是实现为变频控制与工频控制的切换而设计的。KM1～KM3 为高压真空接触器，QS1、QS2 为高压隔离开关。

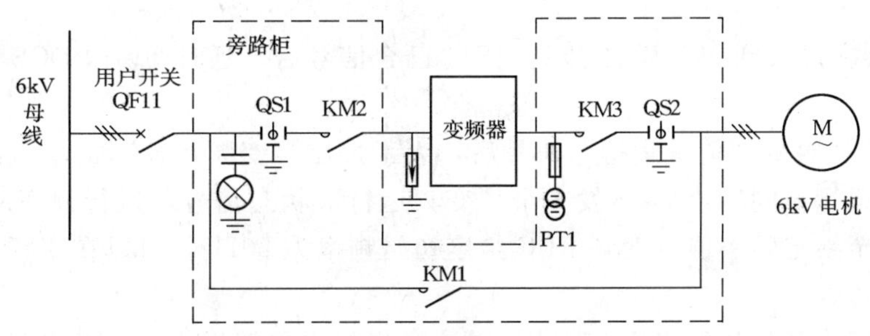

图 6.2 电动机变频控制一次系统图

1. 变频装置送电操作顺序

(1) 检查系统检修工作票已终结，安全措施已拆除，确认变频装置、高压电源开关及电缆绝缘合格，装置各部件完好，二次接线完整，具备送电条件。

(2) 检查高压电源开关 QF11 负荷侧地刀已断开。

(3) 合上高压电源开关 QF11 的控制电源开关。

(4) 加用 6kV 高压电源开关的保护压板（运行在变频方式时停用电动机差动保护，工频运行时投入差动保护运行）。

(5) 检查高压电源开关控制方式开关在“就地位”。

(6) 检查高压电源开关 QF11 已断开，合闸弹簧未储能。

(7) 将高压电源开关 QF11 送至工作位，检查开关工作位置指示灯亮。

(8) 合上高压电源开关储能电源开关，检查弹簧储能正常。

(9) 将高压电源开关控制方式开关投至“远方位”。

(10) 将风机变频装置主控制电源、备用控制电源分别送电。

(11) 检查变频控制方式开关在“就地位”。

(12) 检查变频器本体控制电源开关已合好，确认控制电源供电正常，整个变频系统处于预备工作状态。

(13) 检查变频器变压器柜、功率柜风扇正常，风扇动力电源开关已合好。

(14) 确认变频器前后柜门全部关好。

（15）检查接触器 KM1、KM2、KM3 已断开。

（16）依次合上 QS1、QS2 刀闸。

（17）将变频控制切至“远方位”。

2. 风机启停操作（以送风机为例）

（1）变频启动：

1）变频器在启动之前手动合上 QS1、QS2。

2）人工选择“变频方式运行”，变频器在接收到 DCS 发送的“变频方式运行”指令后，自动合 KM2、KM3（KM1 处于断开位置），在系统条件允许（柜门已关、控制电源正常、风扇开关正常和没有其他电气故障）情况下，延时 300s 向 DCS 发出“高压合闸允许”信号。

3）DCS 在接收到“高压合闸允许”信号后，检查启动条件满足，手动操作合 6kV 高压开关 QF11。

4）变频器在接收到 6kV 高压开关 QF11 已合信号后，延时 30s 向 DCS 发一个“请求运行”信号。

5）DCS 在接收到“请求运行”信号后，人工发出“变频运行”指令。接收运行指令后变频器开始运行，同时给 DCS 发一个“变频运行”状态信号，运行频率从 0Hz 按照设定的时间升频至给定频率值（变频 PLC 给定初始频率为 20Hz，可以在变频器启动以前预设频率给定值）。

6）“变频运行”信号发出后 15s 内，检查送风机出口挡板应自动开启，超过 15s 出口挡板未能打开应立即停止送风机运行。

（2）变频正常停机：

1）逐渐关闭准备停止的风机动叶。

2）在 DCS 上人工给变频器发出“停机”信号。

3）变频器接收到“停机”信号后，运行频率按照设定的时间降至 0Hz，然后断开“变频运行”信号，延时 2s（可调）发出“联跳 6kV 电源开关”信号，再延时 2s（可调）断开 KM2、KM3。

4）关闭风机出口挡板。

（3）工频启动：

1）在 DCS 上选择“工频方式运行”。

2）变频器自动合 KM1、断开 KM2、KM3，发“高压合闸允许”信号。

3）确认风机启动条件满足，手动操作合上 6kV 高压开关 QF11。

4）风机启动后 15s 内，检查风机出口挡板自动开启，超过 15s 出口挡板未能打开应立即停止风机运行。

（4）工频停运：

1）逐渐关闭准备停止的风机动叶。

2）断开 6kV 高压开关 QF11。

3）关闭风机出口挡板。因工频与变频方式的切换仍需断开 6kV 开关，使整个装置停电，系统不设计工频与变频方式切换的功能，切换由人工操作完成。送电操作时应注意：

启动变频器之前，应保证电机处于静止状态。送、停电顺序应遵循：必须先给控制部分送电，得到高压合闸允许后，再合 F11 送高压电源；关机时先停稳电机，再断高压开关 F11，然后断控制电源。

变频装置具有过流保护功能。变频器的输入、输出均有电流检测，正常情况下，变频器的过流保护值是变频器额定电流的 1.5 倍，当输入、输出电流有效值超过过流保护点时，变频器向 DCS 报出重故障信号，同时给出跳高压开关信号，系统停止运行。

6.3.2 380V 厂用电系统操作

1. 锅炉 400V PC1A 段母线送电操作顺序

对于如图 2.9 所示的厂用电系统，该送电操作包括 1A 锅炉变冷备用（或检修）转运行，400V PC1A 段母线冷备用转运行，操作步骤如下：

（1）检查 1A 锅炉变一次回路完好，符合送电条件。

（2）检查 1A 锅炉变绝缘合格。

（3）检查 400V 锅炉 PC1A 段母线绝缘合格。

（4）检查 1A 锅炉变低压侧开关在检修位置。

（5）检查 1A 锅炉变高压侧开关柜后地刀在分位。

（6）检查 1A 锅炉变高压侧开关三相确在断开状态。

（7）送上 1A 锅炉变高压侧开关控制电源小开关。

（8）合上 1A 锅炉变高压侧开关照明防潮小开关。

（9）投入 1A 锅炉变保护。

（10）检查 1A 锅炉变高压侧开关控制方式开关在“就地”位置。

（11）将 1A 锅炉变高压侧开关小车由检修位置送至试验位置。

（12）合上 1A 锅炉变高压侧开关二次插件。

（13）检查 1A 锅炉变高压侧开关分闸指示灯亮。

（14）将 1A 锅炉变高压侧开关小车由试验位置送至工作位置。

（15）合上 1A 锅炉变高压侧开关动力电源小开关。

（16）检查 1A 锅炉变高压侧开关储能正常。

（17）将 1A 锅炉变高压侧开关控制方式开关切至“远方”位置。

（18）检查 400V 锅炉 PC1A 段母线各负荷开关均在“检修”位，母联开关在“检修”位。

（19）检查 400V 锅炉 PC1A 段母线 TV 一次熔丝完好。

（20）合上 400V 锅炉 PC1A 段母线 TV 一次熔丝。

（21）检查 400V 锅炉 PC1A 段母线 TV 二次空气开关完好。

（22）合上 400V 锅炉 PC1A 段母线 TV 二次空气开关。

（23）合上 400V 锅炉 PC1A 段母线 TV 控制电源小开关。

（24）检查 1A 锅炉变低压侧开关三相确在断开状态。

（25）合上 1A 锅炉变低压侧开关控制电源小开关。

（26）检查 1A 锅炉变低压侧开关控制方式开关在“就地”位置。

（27）将 1A 锅炉变低压侧开关送至试验位置。

(28) 合上 1A 锅炉变低压侧开关控制电源小开关。

(29) 检查 1A 锅炉变低压侧开关面板分闸指示绿灯亮。

(30) 将 1A 锅炉变低压侧开关小车送至工作位置。

(31) 合上 1A 锅炉变低压侧开关动力电源小开关。

(32) 检查 1A 锅炉变低压侧开关储能正常。

(33) 将 1A 锅炉变低压侧开关控制方式开关切至“远方”位置。

(34) 合上 1A 锅炉变高压侧开关。

(35) 检查 1A 锅炉变高压侧开关三相确已合好。

(36) 检查 1A 锅炉变充电正常。

(37) 合上 1A 锅炉变低压侧开关。

(38) 检查 1A 锅炉变低压侧开关合闸正常。

(39) 检查 400V 锅炉 PC1A 段母线电压正常。

(40) 全面检查，汇报。

第 (1) ～ (6) 项为冷备用状态检查，第 (7) ～ (17) 项为变压器冷备用转热备用，第 (18) ～ (33) 项为 400V 锅炉 PC1A 段母线冷备用转热备用。第 (18) 项检查母联开关在“检修”位置是必要的，这决定了合锅炉变低压侧开关时可以不必考虑同期问题。由于高、低压侧操作起点不同，高压侧 6kV 母线已运行，开关在检修位，低压侧开关和母线均在检修位，所以要先投入 400V 母线电压互感器，再将低压侧开关由冷备用转热备用。第 (34) ～ (36) 项为变压器充电，第 (37) ～ (39) 项为锅炉 PC1A 段母线转运行。与高备变与 6kV 母线送电类似，该操作任务可分成 1A 锅炉变送电和锅炉 PC1A 段母线冷备用转运行时，在第 (17) 项后可以直接执行第 (34) ～ (36) 项，直接完成锅炉变充电工作。

2. 400V 1A 汽机变由检修转运行

(1) 检查 1A 汽机变所有检修工作票已终结，变压器可投入运行。

(2) 拆除 1A 汽机变本体低压侧接地线。

(3) 断开 1A 汽机变 6kV 开关柜内接地刀闸。

(4) 检查 1A 汽机变 6kV 开关在检修位置。

(5) 检查 1A 汽机变低压侧开关在检修位置。

(6) 拆除 1A 汽机变低压侧中性点接地线。

(7) 在 1A 汽机变本体高、低压侧分别验明三相确无电压。

(8) 测量 1A 汽机变绝缘合格。

(9) 恢复 1A 汽机变低压侧中性点接地线。

(10) 合上 1A 汽机变 6kV 开关控制电源小开关。

(11) 合上 1A 汽机变高压侧开关照明防潮小开关。

(12) 投入 1A 汽机变 6kV 开关侧保护。

(13) 检查 1A 汽机变高压侧开关控制方式开关在“就地”位置。

(14) 检查 1A 汽机变 6kV 开关在断开位置。

(15) 将 1A 汽机变 6kV 开关送至试验位置。

(16) 合上 1A 汽机变高压侧开关二次插件，检查 1A 汽机变高压侧开关分闸指示灯亮。

(17) 将1A汽机变高压侧开关小车送至工作位置。

(18) 合上1A汽机变高压侧开关动力电源小开关。

(19) 检查1A汽机变高压侧开关储能正常。

(20) 将1A汽机变高压侧开关控制方式开关切至“远方”位置。

(21) 合上1A汽机变低压侧开关控制电源小开关。

(22) 检查1A汽机变低压侧开关控制方式开关在“就地”位置。

(23) 检查1A汽机变低压侧开关三相确在断开状态。

(24) 将1A汽机变低压侧开关送至试验位置。

(25) 将1A汽机变低压侧开关小车送至工作位置。

(26) 合上1A汽机变低压侧开关动力电源小开关。

(27) 检查1A汽机变低压侧开关储能正常。

(28) 检查1A汽机变低压侧开关面板分闸指示绿灯亮。

(29) 将1A汽机变低压侧开关控制方式开关切至“远方”位置。

(30) 检查400V汽机PC1A-1B联络开关控制方式开关在“远方”位置。

(31) 合上1A汽机变高压侧开关。

(32) 检查1A汽机变高压侧开关确在合位。

(33) 检查1A汽机变充电正常。

(34) 检查1A汽机变与1B汽机变为同一系统。

(35) 合上1A汽机变低压侧开关。

(36) 检查1A汽机变低压侧开关确在合位。

(37) 检查1A汽机变电流指示正确。

(38) 断开400V汽机PC1A-1B联络开关。

(39) 检查400V汽机PC1A-1B联络开关确在断开位置。

(40) 投入400V汽机PC1A-1B备用电源自动投入装置联锁。

(41) 全面检查，汇报。

第(1)～(9)项为高压侧开关由检修转冷备用；第(10)～(20)项为高压侧开关由冷备用转热备用；第(21)～(29)项为低压侧开关由冷备用转热备用；第(30)～(40)项为400V汽机PC 1A段由联络电源开关供电转工作电源开关供电。本操作任务与前上一个操作任务的差别有两点：①400V母线的状态不同；②变压器状态不同。本操作起点400V母线通过联络开关在运行，转为工作电源供电必须考虑同期问题。若6kV工作1A段和1B段同在一个系统，例如两段均由高厂变或高备变供电，电源可以采用并联切换。若6kV工作1A段与1B段不由一个系统供电，如6kV工作1A段由高厂变供电，而6kV工作1B段由高备变供电，且高厂变与高备变的电源不满足同期条件，在低压侧就不能采用并联切换。不满足同期条件时，只能采用串联切换。为使切换过程母线不失压，有的系统采用自动切换装置，先断备用(工作)电源开关，再合工作(备用)电源开关。本例中就是要先断开母线联络开关，再合上变压器低压侧开关。切换过程中间母线会有瞬时停电。有的系统还设计有备用电源自动投入装置(BZT)，当工作电源失去时，自动投入备用电源。为防止备用电源重合于故障母线，有的系统也不设BZT，母线失压后，先由运行人员检查确认母线无故障、且断开母线上所有负荷开关后，再为母线充电试送电，然后根据需要逐步合上负荷开关。

上一个操作（锅炉400V PC1A段母线送电）的起点1A锅炉变处于冷备用状态，对绝缘状态等只需检查确认，本操作的起点1A汽机变处于检修状态，要实测设备绝缘，而为了测绝缘，必须断开中性点接地线，测量之后还要恢复。

3.400V塑壳开关送电操作顺序

对于电压400V、容量100kW及以上的电动机，一般采用MT型断路器，送电操作与PC进线电源开关操作基本一致，而容量75kW及以下的电动机、采用塑壳式空气断路器＋接触器＋马达控制器（即抽屉开关）控制，二次回路见图4.7，送电操作（冷备用转热备用）步骤如下。

(1) 检查（待送电设备）有关工作票已终结，安全措施已拆除。

(2) 就地检查（待送电设备）具备投运条件。

(3) 用试电笔测试确认（待送电设备）抽屉开关输出无电。

(4) 测量（待送电设备）电气回路绝缘合格。

(5) 检查（待送电设备）抽屉开关完好。

(6) 测量（待送电设备）抽屉开关绝缘合格。

(7) 合上（待送电设备）抽屉开关控制回路电源小开关。

(8) 检查（待送电设备）抽屉开关确在“断开”状态。

(9) 将（待送电设备）抽屉开关推至“试验”位置。

(10) 检查（待送电设备）抽屉开关确已推至“试验”位置。

(11) 检查（待送电设备）抽屉开关分闸指示绿灯亮。

(12) 检查（待送电设备）抽屉开关保护回路及测控装置投运正常，无报警信号。

(13) 检查（待送电设备）抽屉开关控制方式小开关确在“就地”位置。

(14) 将（待送电设备）抽屉开关推至“工作”位置。

(15) 检查（待送电设备）抽屉开关确已推至“工作”位置。

(16) 合上（待送电设备）抽屉开关内塑壳开关。

(17) 检查（待送电设备）抽屉开关内塑壳开关已经合好。

(18) 将（待送电设备）抽屉开关控制方式小开关切至“远方”位置。

(19) 全面检查，汇报。

4.400V塑壳开关停电操作（热备用转冷备用）步骤

(1) 检查（待停电设备）已经停运，操作界面显示运行电流为零值。

(2) 检查（待停电设备）接触器已断开，抽屉开关绿色指示灯亮。

(3) 用钳形表测量（待停电设备）抽屉开关输出电流为零值。

(4) 将（待停电设备）抽屉开关控制方式小开关切至“就地”位置。

(5) 断开（待停电设备）抽屉开关内塑壳开关。

(6) 将（待停电设备）抽屉开关拉至“试验”位置。

(7) 检查（待停电设备）抽屉开关确已拉至“试验”位置。

(8) 断开（待停电设备）抽屉开关控制回路电源小开关。

(9) 将（待停电设备）抽屉开关拉至“隔离”位置。

(10) 用试电笔测试确认（待停电设备）抽屉开关输出无电。

(11) 全面检查，汇报。

6.4 发电机并列、解列操作

本节以图 5.4 所示系统为例，讨论发电机并列、解列操作。

6.4.1 发电机冷备用转热备用操作顺序

发电厂主接线不同，发电机启动前的准备和发电机并网操作稍有差别。对于如图 5.4 所示系统，发电机冷备用转热备用的基本步骤如下。

(1) 检查发变组系统、高厂变系统、高公变系统、励磁系统所有工作票已终结，所有接地刀闸已拉开，所有接地线已拆除。

(2) 检查发变组系统、高厂变系统、高公变系统、励磁系统一次、二次系统设备完好。

(3) 检查发电机、主变、高厂变、高公变绝缘合格。

(4) 检查继电保护室发变组保护屏、自动装置屏、测量控制屏等装置电源均已送上，测控、保护用电压信号开关均已合上，变送器屏、测控屏、故障录波屏等运行正常。

(5) 检查 500kV 电压互感器 4TV 已投入，500kV 线路保护屏、断路器开关保护屏运行正常。

(6) 投入主变高侧电压互感器 5TV。

(7) 合上主变冷却器两路交流电源开关，投入主变冷却器。

(8) 合上高厂变冷却器两路交流电源开关，投入高厂变冷却器。

(9) 合上高公变冷却器两路交流电源开关，投入高公变冷却器。

(10) 合上发电机励磁系统起励电源开关。

(11) 合上发电机励磁系统两路直流电源开关。

(12) 合上发电机励磁系统两路交流电源开关。

(13) 检查发电机励磁系统各电源小开关均确已合好。

(14) 检查发电机灭磁开关两路跳闸电源开关确已合好。

(15) 检查发电机各励磁功率柜风机源开关确已合好。

(16) 检查发电机启励电源开关确已合好。

(17) 检查发电机励磁系统无异常报警信号。

(18) 检查发电机灭磁开关在断开位置。

(19) 检查发电机电压互感器 1TV 一次保险良好。

(20) 装上发电机电压互感器 1TV 一次保险。

(21) 将发电机电压互感器 1TV 小车推至工作位置。

(22) 检查发电机电压互感器 1TV 二次插件确已插好。

(23) 合上发电机电压互感器 1TV 二次小开关。

(24) 检查发电机电压互感器 2TV 一次保险良好。

(25) 装上发电机电压互感器 2TV 一次保险。

(26) 将发电机电压互感器2TV小车推至工作位置。

(27) 检查发电机电压互感器2TV二次插件确已插好。

(28) 合上发电机电压互感器2TV二次小开关。

(29) 检查发电机电压互感器3TV一次保险良好。

(30) 装上发电机电压互感器3TV一次保险。

(31) 将发电机电压互感器3TV小车推至工作位置。

(32) 检查发电机电压互感器3TV二次插件确已插好。

(33) 合上发电机电压互感器3TV二次小开关。

(34) 检查发电机机端避雷器完好。

(35) 将发电机机端避雷器小车推至工作位置。

(36) 合上发电机中性点接地变刀闸01G。

(37) 检查机6kV1A段工作电源开关1DL在检修位置。

(38) 投入6kV1A段工作电源电压互感器TV5。

(39) 检查机6kV1B段工作电源开关2DL在检修位置。

(40) 投入6kV1B段工作电源电压互感器TV6。

(41) 检查机6kV1C段工作电源开关3DL在检修位置。

(42) 投入6kV1C段工作电源电压互感器TV9。

(43) 按机组启动、发电机空载时的要求检查发变组保护状态，压板和小开关投退正确。

(44) 检查发变组保护装置运行正常，无异常报警信号。

第(1)～(2)项是启动前对发变组系统的全面检查。检查的内容主要包括各部件的清洁状况及整个一次回路和二次回路的完好性。检查发电机、励磁系统设备、出线连接设备、配电设备、保护装置、测量表计和监控操作盘等是否完好。如果发电机是直接与升压变压器连接的，则应检查变压器的连接线、变压器本体、变压器高压侧断路器等是否都完整好用。检查发电机滑环应光滑、整洁，电刷刷握完整，电刷能上、下起落，压力均匀。检查发电机氢、油、水系统运行正常。检查发电机灭火装置应良好，消防水管有水压。发电机启动前，应收回一切工作票，拆除安全措施，如检查各短接线和接地线是否都已拆除等，并恢复常设遮拦和标示牌。

第(3)项是测量绝缘。电气设备检查完以后，就要测量设备与系统的绝缘。对于图5.4所示的系统，测量项目主要包括：发电机定子绕组、转子绕组的绝缘；励磁变绕组绝缘；主变、高厂变、高公变绕组的绝缘等。绝缘测量应在发电机定子内冷水运行正常、水化验合格，发电机电压互感器隔离开关、发电机中性点隔离刀闸、发电机灭磁开关等均断开的条件下进行。

第(4)～(5)项实际上是要使位于继电保护室的本机组所有相关的二次设备全部进入运行状态。发变组各屏保护压板，应参照5.2.2讨论的压板投退的基本要求、按事先拟定的检查卡，逐一检查、加用。应注意的是，在加用发变组出口断路器跳闸压板时，必须检查确认无任何保护动作与出口信号。但是，因此时发电机出口电压互感器及6kV各工作分支电压互感器尚未投入，发变组保护并未处于正常运行方式。所以，第(43)～(44)项还需对发变组保护进行全面检查。顺便指出，由于发电机启动是零起升压，汽机冲转前发电机电压为零，此时TV投退操作一般不会对保护行为产生影响。当发电机升压后，操作TV时电压回路的暂态过程可能会引起保护误动，宜先投TV、检查保护工作正常、无出口信号后加用相关保护压板，操作顺序不得颠倒。

第（10）～（18）项是发电机励磁系统投运前检查与操作。主要是送给励磁调节器交、直流工作电源、各屏冷却风机交流电源、灭磁开关操作电源、启动励磁备用电源等，让励磁调节器通电运行。第（18）项检查确认发电机灭磁开关在断开位置是必要的，发电机未达额定转速前，向励磁绕组送电可能导致发电机过励磁。

第（19）～（36）项为投入发电机电压互感器和发电机中性点接地变刀闸。第（37）～（42）项为投入6kV工作电源电压互感器。确认6kV各分支工作电源进线开关不在工作位置，对于如图5.4所示的发变组接线系统，这是防止高备变向发电机反充电的必要措施。

从上面的操作项目可以看出，发电机冷备用转热备用，即发电机启动前的准备工作完成后，除灭磁开关、主变高压侧断路器和隔离开关未合外，其他操作全部完成。发电机并列就剩下合灭磁开关升压和合断路器并网了。至于主变高压侧隔离开关未合，如前所述，与6kV各分支工作电源进线开关不在工作位置一样，是防止系统向发电机反充电的措施。

发电机启动是从汽机侧的操作开始的，发电机有一定的“剩磁”。机组在额定转速下，断开灭磁开关，发电机也有一定“残压”。所以，发电机一旦转动起来，即使转速很低，也应认为发电机和其联结的各种装置已带电，此时不准在电气回路中做任何工作。因此，发电机启动前的准备工作，包括发电机系统检查、测量和试验、以及有关保护的投入，应在汽轮机冲转前完成。

6.4.2　发电机升压及自动准同期并网操作顺序

（1）检查发变组系统已恢复至热备用状态。

（2）检查发变组保护压板位置正确、发变组保护无异常报警。

（3）检查励磁系统运行正常，无异常报警。

（4）检查发变组出口断路器DL两侧接地刀闸011G、02G确在断开状态，其动力与控制电源已断开。

（5）检查高厂变、高公变冷却器运行正常。

（6）检查主变冷却器运行正常，将主变冷却器方式选择开关投入三组于“工作”位、二组于“辅助”位、一组于“备用”位。

（7）检查发电机转速已升至3000r/min并已稳定。

（8）检查发变组出口断路器DL三相均在断开位置。

（9）合上主变高侧隔离开关1G动力电源与控制电源。

（10）将主变高侧隔离开关1G控制方式开关切至“远方”位置。

（11）加用发变组保护启动远跳压板。

（12）合上主变高侧隔离开关1G。

（13）检查主变高侧隔离开关1G确在合闸位置。

（14）断开主变高侧隔离开关1G动力电源与控制电源。

（15）检查发变组出口断路器DL油色、油位、油压正常，SF_6压力正常。

（16）检查发变组出口断路器DL控制电源已合上。

(17) 将发变组出口断路器 DL 控制方式切至“就地”位置。

(18) 合上发变组出口断路器 DL 动力电源。

(19) 检查发变组出口断路器 DL 储能正常。

(20) 将发变组出口断路器 DL 控制方式开关切至“远方”位置。

(21) 选择 AVR 通道 I 工作。

(22) 选择 AVR 控制方式在“远方”。

(23) 选择 AVR 励磁控制“自动”方式。

(24) 操作励磁系统投入。

(25) 检查灭磁开关自动合闸。

(26) 检查励磁调节器工作正常。

(27) 检查发电机电压自动升至 20kV 左右。

(28) 核对发电机空载参数。

(29) 检查发电机三相电压平衡且无异常报警。

(30) 检查三相定子电流平衡，大小为主变空载励磁电流。

(31) 检查发电机励磁整流柜风机运行正常。

(32) 加用发电机失磁、逆功率保护压板、励磁柜故障跳发变组压板。

(33) 加用 500kV 线路保护中的线路保护联跳发变组压板。

(34) 加用 500kV 断路器保护中的失灵联跳发变组压板。

(35) 合上发变组自动同期装置电源。

(36) 将发变组同期屏自动准同期装置控制方式开关切至“远方”位。

(37) 检查同期装置无异常信号，将同期装置置于“投入”位。

(38) 向 DEH 系统发出同期请求信号。

(39) 检查 DEH 同期允许，启动自动同期程序。

(40) 观察发变组出口断路器 DL 自动合闸，检查三相开关确在合闸位置。

(41) 检查发电机正常带上初负荷。

(42) 退出自动同期装置运行。

(43) 调整发电机无功功率正常。

(44) 停用发变组误上电、启停机保护压板。

(45) 全面检查，汇报。

第 (1) ～ (7) 项是在发电机冲转转过程中按机组热备用的要求对系统进行的全面检查，为发电机并网作准备。第 (8) ～ (14) 项是在确认发电机 3000r/min 的条件下，进行合主变高侧隔离开关 1G 的操作，这是防止发电机误上电的重要措施。在合隔离开关前加用发变组保护启动远跳压板是必要的，在合主变高侧隔离开关 1G 时，若厂内系统有故障，且此时断路器 DL 尚未送电，自然无法跳闸，可以直接启动线路对侧断路器跳闸。此外，对于 IG 与 DL 之间的故障，是发变组保护的死区，即使 DL 跳闸，故障也不能切除，必须由线路对侧切除。第 (15) ～ (20) 项是将发变组出口断路器 DL 转为热备用方式。

第 (21) ～ (29) 项为利用励磁调节装置为发电机升压。对于发电机变压器组接线，并网前发电机定子电流就是主变压器空载电流，是维持主变空载电压所必须的，某

600MW 机组，发电机空载时定子电流约 60A。发电机升压时应注意：发电机达到额定转速后才能合灭磁开关。相对于一定的发电机电压，频率越低需要励磁电流越大，励磁系统在发电机转速低于额定值时工作易发生励磁过流，甚至引发事故。发变组出口隔离开关，也要在发电机达到额定转速后才合上，以防止在启动、试验过程中误合发变组出口断路器造成对系统和发电机的冲击。发电机空载特性曲线对指导发电机升压具有重要意义。在升压过程中，监视转子电流、定子三相电压，并核对发电机空载特性，以确定定子绕组、转子绕组和定子铁芯有无故障，以及表计指示的正确性。若励磁电流大、励磁电压较低或定子电压较低，则励磁回路可能存在短路故障；若额定电压下转子电流较额定空载励磁电流显著增大，则可能是转子绕组有匝间短路或定子铁芯片间短路，在定子铁芯中形成涡流；如果发现有定子电流过大，就说明定子回路有短路；还要检查发电机三相电压应平衡，借以检查一次引线有无断路，电压互感器有无断路。

第（30）～（32）项是在发变组并列前加用发变组和发变组与线路有关保护，与一次系统组成和机组所配置保护的特性有关。

第（33）～（40）项为利用自动同期装置实现发电机自动准同期并网。在并网过程中，自动同期装置处于中心地位，它接受待并发电机系统电压和运行系统电压，通过调压、调速、合闸三组输出指令，建立了与发电机励磁调节装置、汽轮机控制系统 DEH 和发变组出口断路器控制回路的联系，实现了发电机电压调节、汽轮机转速（发电机频率）调节和发电机并网。DEH“同期请求”与“同期允许”是自动同期装置与 DEH 之间的一对“握手”信号，是在并网操作的条件下，将汽机转速控制权临时交给同期装置的一种约定。从 5.1.2 节已知，将同期装置置于“投入”位操作，实际上是将运行系统与待并系统电压信号引入到同期装置，对于如图 5.4 所示的系统，待并发电机系统电压由 5TV 提供，运行系统电压由 4TV 提供。

升压前不加失磁、逆功率保护压板，是为了防止保护误动作。因为此时发电机频率、电压、励磁电压均未达正常值。逆功率保护也可以在机组并网，带上初负荷后再投入。发变组误上电、启停机保护是在发电机并列前使用的特殊保护，发电机并列后，为防止其误动，应将其退出。

对于如图 2.3 所示的系统，并列操作可用发电机出口断路器进行，发电机并网前主变、高厂变、高公变均已运行，厂用电也可能已切换到工作电源。若发电机出口不设断路器，并网操作就要先用 5011 断路器与系统并列，再用 5012 断路器与系统合环。因为这样即使并列过程中发生故障且并列断路器失灵，也只影响一段母线，不会使线路跳闸。其他操作与上述过程一致。

6.4.3 发电机的解列停机

发电机停止运行包含解列、解列灭磁和停机三个层次。解列指仅断开发电机变压器组出口开关，这时发电机可带厂用电运行；解列灭磁指断开发电机变压器组出口开关，同时断开励磁开关，此时汽轮机拖动发电机空转；停机则是在解列灭磁的同时关闭汽轮机主汽门，使发电机转速也降下来。下面是图 5.4 所示的系统发电机停机，即发变组由运行转热备用的操作顺序。

（1）检查厂用电已切至高备变供电。

（2）检查发电机有功降至接近零。

（3）减小发电机励磁将发电机无功降至接近于零。

（4）断开主变高压侧断路器 DL。

（5）检查主变高压侧断路器 DL 三相确已断开。

（6）检查发电机三相定子电流正常。

（7）在励磁调节器操作界面选择励磁系统退出。

（8）检查灭磁开关确已断开。

（9）检查发电机励磁电流到零。

（10）合上主变高压侧隔离开关 1G 的操作电源与控制电源。

（11）断开主变高压侧隔离开关 1G。

（12）检查主变高压侧隔离开关 1G 三相确已断开。

（13）断开主变高压侧隔离开关 1G 的动力电源与控制电源。

最后，还要加用发电机并网后退出的保护压板，如误上电、起停机保护压板，退出发电机并列过程中加用的保护压板，如失磁保护、逆功率保护压板等。

单元机组正常停机时，在发电机解列之前，必须先将厂用电倒至备用电源，并逐渐将负荷转移到并列运行的其他机组上去。减小发电机的有功与无功功率至某一规定值时，停用自动励磁调节器，然后把有功功率减至零，无功功率减至接近于零。此时发电机有功功表应指示零、无功表指示应接近于零，定子电流表指示也应接近于零，再断开发电机变压器组主开关与系统解列。若有功功率未至零就解列，可能会使汽轮机超速。为防止汽轮机超速，目前有些大型机组停机时，先将机组负荷减到 5%～10%额定负荷，再关闭汽轮机主汽门，然后由程序逆功率保护动作跳发电机而实现停机。如前所述，在停机状态断开发变组出口隔离开关、并拉开其操作电源是防止发电机误上的关键措施。

如图 5.4 所示的系统，上述发电机解列灭磁操作比较简单，对于如图 2.3 所示的系统，发电机出口安装了断路器，发电机解列灭磁前无需切换厂用电，操作更简单。但对于如图 2.3 所示的系统，若发电机出口不设断路器，操作就复杂一些。1 号发电机解列灭磁时应先断开 500kV 侧边开关 5011，再断开中开关 5012，然后断开灭磁开关。接着断开主变高压侧隔离开关 50116，实现发变组系统与运行系统的隔离。之后依次合上边开关 5011 和中开关 5012，恢复 500kV 串的正常运行。

至于发变组热备用转冷备用或转检修的操作，与冷备用转热备用操作大致相反。包括主变、高厂变、高公变冷却器停电、发电机励磁回路停电、发电机电压互感器与厂用 6kV 工作分支电压互感器退出至检修位置、断开发电机中性点闸刀、6kV 母线工作电源进线开关退至试验或检修位置、发变组保护与自动装置停电等。若要转检修，则要验明无电后合上接地刀闸 011G、02G，在发电机 TV 与封闭母线连接处、高厂变分支、高公变低压侧与相应 6kV 各段工作电源进线开关下静触头之间验明无电后接地。也就是，要将发变组出口断路器两侧、主变压器、高厂变、高公变绕组的输入输出端、发电机机端全部接地。

6.4.4 发变组系统一次回路与二次回路的联系

图 6.3 是反映发变组系统一次回路与二次回路的联系的示意图，其中的一次部分是由图 4.15 与图 5.4 组合而成的。下面简要分析一次回路与二次回路之间的联系。

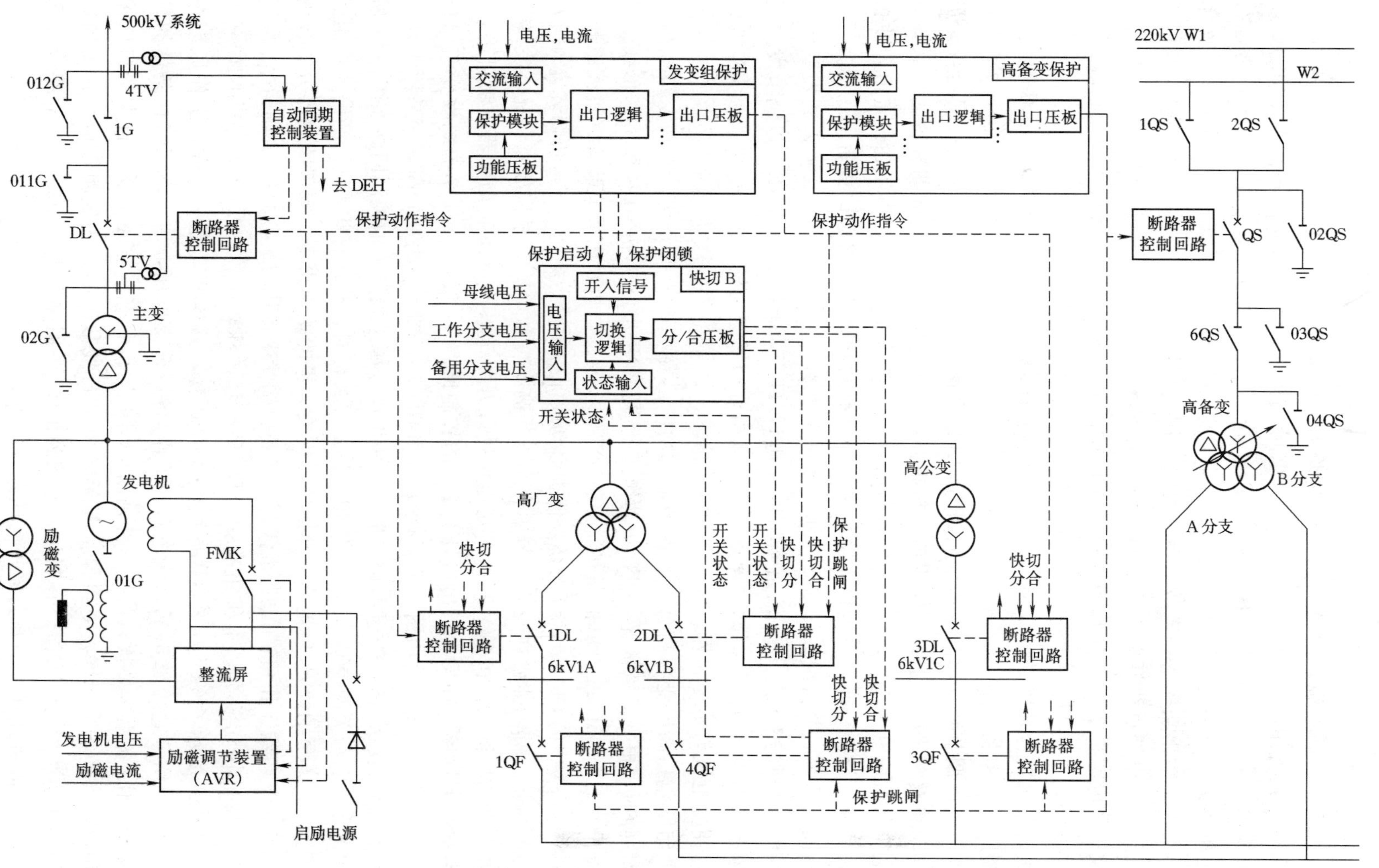

图 6.3 发变组一次回路与二次回路的联系

1. 一次系统

为获得机组启动电源，高备变经高压侧开关QF从老厂220kV母线取得高压电源，降压后A分支经备用电源进线开关1QF、3QF分别为6kV工作1A段和6kV公用1C段母线供电，B分支经备用电源进线开关4QF为6kV工作1B段母线供电。机组正常运行时，发电机的输出由主变升压后，经发变组出口断路器DL和500kV高压输电线路向系统送电。当机组输出功率达一定数值后，可将厂用电切换为高厂变和高公变供电。高厂变低压分支经工作电源进线开关1DL、2DL分别向6kV工作1A和1B段母线供电，高公变低压侧经工作电源进线开关3DL向6kV公用1C段母线供电，高备变转入备用状态。

2. 二次系统

二次设备主要包括励磁调节装置、自动同期装置、发变组与厂用电保护、快切装置，以及各断路器的控制回路。

发电机励磁调节装置，其基本组成如图5.14所示。机组启动时，它能根据运行人员指令，自动将发电机电压上升到额定值；机组并网时，它能接受自动同期装置的指令调节发电机电压与系统电压相等；机组并网运行时，它能自动维持发电机电压在设定值，并根据运行人员或系统指令调整发电机无功功率，还具有对励磁系统的保护功能。

自动同期装置，其接线如图5.3所示。发电机并列时，它根据从5TV得到发变组电压和从4TV得到的系统电压，输出调频指令到DEH、调压指令到AVR，以调节发电机电压和频率，当发电机满足同期并列条件时，输出合闸指令到发变组出口断路器DL的控制回路，使发电机与系统并列。

发变组（包括高厂变与高公变）保护，其功能已在5.2节中介绍。当发变组或高厂（公）变故障时，根据故障情况，发保护动作指令到发变组出口断路器DL和6kV母线工作电源进线开关1DL、2DL、3DL的断路器控制回路，以及发电机励磁调节装置（跳灭磁开关FMK，即图5.14中的Q02）。需要时还发保护启动或保护闭锁指令到厂用电快切装置。

高备变保护，其功能已在4.3.1节中介绍。当高备变故障时，根据故障情况，发跳闸指令到高备变高压侧QF和6kV母线备用电源进线开关1QF～6QF的断路器控制回路。

断路器控制回路，如发变组出口开关DL的控制回路，就是5.3.1节介绍发变组出口断路器控制回路，主要部分由图5.10、图5.11和图5.8、图5.9组成。高备变高压侧开关QF的控制回路与变组出口开关DL的类似。6kV工作电源进线开关的控制回路如图4.12所示，备用电源进线开关的控制回路与之类似，只是开关柜对外接线有些差别。断路器控制回路主要接受运行人员的远方/就地分、合指令，相关保护的跳闸指令，实现断路器分、合闸操作。对于6kV母线工作/备用电源进线开关，还要接受来自快切装置的分/合闸指令。

6kV厂用电快切装置，本机组有A、B、C 3套，6kV工作1A、1B、公用1C各1套，图6.3中只表示了6kV工作1B母线配置的B套，其他两套完全一样，工作原理在4.3.3节中已介绍。它接受6kV母线电压、工作/备用分支电压，用于电源切换条件的判断；它接受工作/备用开关状态信号，已判断厂用电运行状态；它还接受来自发变组保护启动厂用电切换的指令，当发变组保护判断出6kV母线故障时，还发闭锁信号，闭锁厂用电切换。快切装置的输出指令有四条，分别为工作/备用电源进线开关的分/合指令，送到工作/备用电源进线开关的断路器控制回路。

3. 一次回路与二次回路之间的联系

电压互感器和电流互感器是从一次系统到二次系统的信号通道，是保护和自动装置的“眼睛”。保护和自动装置根据从 TV 和 TA 得到的一次系统电压、电流信号，以及其他状态信号、如断路器状态信号、保护压板信号、自动/手动信号、远方/就地信号等，进行分析判断，发出动作指令到相应的断路器控制回路，实现控制和保护功能。断路器控制回路是保护和自动装置的“手”，它执行二次系统控制指令、实现了对一次系统的操作。相应地，保护和自动装置是系统的“大脑”，是分析判断的工具。例如，在发电机运行过程中，发电机保护根据发电机电流判断出发生发电机对称过负荷，且其反时限保护第一时限动作时，保护启动程序跳闸，发出关汽轮机主汽门和启动厂用电切换保护动作指令，前者送到汽轮机 ETS 跳闸回路，关闭主汽门；后者送到快切装置，使之发出分工作电源进线开关的指令到 1DL、2DL、3DL 的断路器控制回路，发合备用电源进线开关的指令到 1QF、4QF、3QF 的断路器控制回路，实现厂用电切换。汽轮机跳闸后，发电机输出功率由正变负，当发电机保护判断出机组逆功率时，逆功率保护动作，发出解列和逆变灭磁指令。解列指令送发变组出口断路器 DL 的控制回路，使发电机解列；逆变灭磁指令送励磁调节装置，进行逆变灭磁，并使灭磁开关 FMK 跳闸。

6.5　倒闸操作误操作实例

6.5.1　非同期并列操作

从发电机并列操作前的准备及并列操作的步骤看，各种措施的核心就是防止非同期并列，以下介绍几种非同期并列实例，以增强对其重要性的认识。

1. 电缆头 A 相、C 相接反引起非同期并列事故

如图 6.4 所示，某发电机通过电缆与系统相接。因电缆头漏油停机处理，恢复时发电机侧的电缆头 A 相、C 相接反，结果发电机与系统相接时，正相序 A、B、C 变成了负相序 C、B、A。并列前虽测量发电机电压互感器 TV1 和母线电压互感器 TV2 相序，均为正相序，但未经核相试验，所以并机前一直未发现电缆头接错的严重错误，造成发电机并列时发生 60°非同期并列事故。并列时断路器断口电压为线电压，这类似发电机 A 相、C 相间发生短路，使发电机绕组严重损伤。

如图 6.4 所示，发电机电压互感器 TV1 和母线电压互感器 TV2 均为 Y/Y0－12 接线，一次、二次侧同名相相电压、线电压均同相位。当发电机出口断路器 QF 断开时，分别检查 1a、1b、1c 和 2a、2b、2c 均为正相序。如果电缆不接错，在 QF 断开时，分别将代表发电机电压的 $\dot{E}_{1ab}$ 和代表系统电压的 $\dot{E}_{2ab}$ 送同期装置，当两者满足同期条件时合上 QF，就能完成同期并列工作。由于接错线，相当于将 A 相、C 相互换后取电压信号，$\dot{E}_{2ab}$ 变成 $\dot{E}'_{ab}$ 后比较相位。很显然，当 $\dot{E}'_{2ab}$ 与 $\dot{E}_{1ab}$ 同相位时，$\dot{E}_{2ab}$ 与 $\dot{E}_{1ab}$ 相位差为 60°。

实际上电缆接线错误通过自核相就很容易发现。断开 QF1，合上 QF。将发电机升到额定电压后，分别测量 1a、1b、1c 和 2a、2b、2c 之间的电压。由于电缆 A 相、C 相接反，TV2 的 A 相绕组上加的是 C 相电压，C 相绕组上加的是 A 相电压。所以，同名相

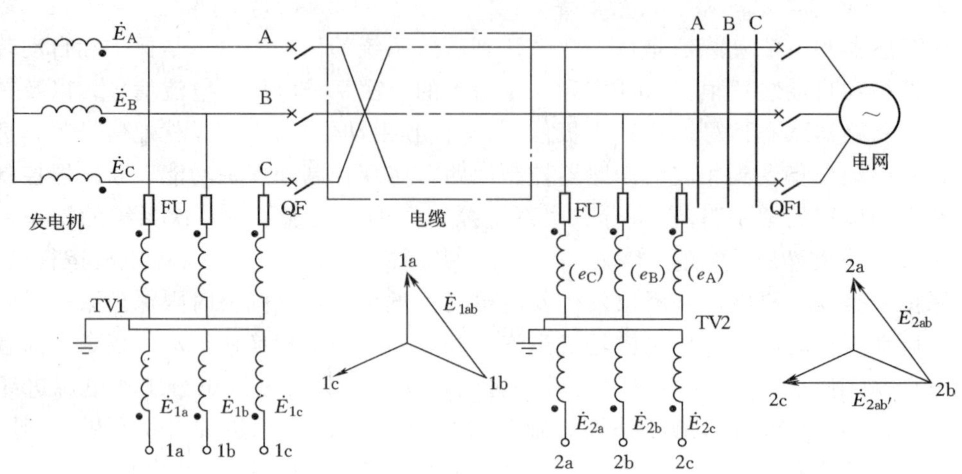

图 6.4　发电机电缆头 A 相、C 相接反示意图

1a 段与 2a、1c 和 2c 之间的电压均为线电压，不满足表 5.1。应查找接线错误，直到满足表 5.1 为止。一般来说，母线电压互感器接线是在与系统（电源）核相时确定的，发电机电压互感器及引线必须以母线和母线电压互感器为参照校核，才能保证发电机正确地与系统并列。本例中，应以 TV2 为参照，调整 1a 段、1b、1c 或电缆头接线，又因为检修的是电缆头，所以首先因考虑的是改变电缆头接线。

2. 电压互感器连接组别接错引起非同期并列事故

某机组发电机电压互感器 TV1 和母线电压互感器本来和图 6.4 一样，都是 Y，Y0－12 连接组，但发电机电压互感器检修时，将 TV1 的二次绕组的极性搞错了，首尾颠倒引出，连接组别由 Y，Y0－12 变成为 Y，Y0－6 连接组，如图 6.5 所示。未经核相检查就启动机组，直到发电机并列时，值班人员确实在同期点合的闸，却出现了强烈的冲击电流，引起发电机强励动作，这才发现问题。很显然，这是一起 $\delta=180°$的非同期并列。

连接组别接反的相量图如图 6.5 所示。但同期回路接线仍然保持原来的接线，于是，

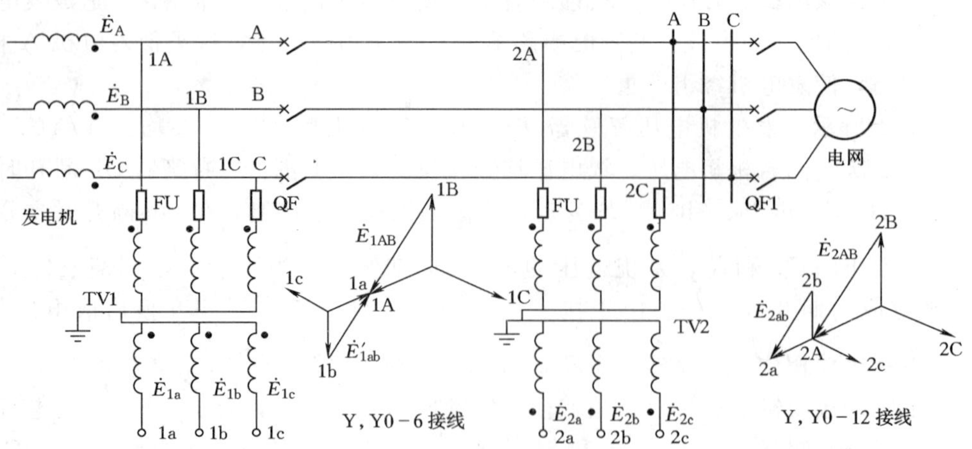

图 6.5　电压互感器连接组别接错示意图

将电压$\dot{E}'_{1ab}$与$\dot{E}_{2ab}$送同期装置进行同期检测。显然，当$\dot{E}'_{1ab}$与$\dot{E}_{2ab}$与同相时，发电机实际电压$\dot{E}_{1AB}$必然与母线电压$\dot{E}_{2AB}$反相，因而引起180°非同期并列。在检修过程中很容易接错引线极性而引发180°非同期并列。例如，在图5.3中，将引入同期装置的电压$\dot{U}_{CS}$或$\dot{U}_{CF}$中任何一个的引线极性接反，都会造成类似错误。

核相时，这个错误也是很容易发现的。如断开QF1、合上QF，让发电机电压同时进入TV1和TV2，并投入同期。此时$\dot{E}_{1AB}$与$\dot{E}_{2AB}$同相，$\dot{E}'_{1ab}$与$\dot{E}_{2ab}$必然反相，同期表定会显示不同期。

3. 运行人员误操作引起非同期并列

运行人员误操作引起非同期的例子很多。例如，某厂在发电厂并列操作时，同期装置已发出并列操作信号，但断路器不能合闸。在查找原因时未将母线侧隔离开关拉开，在进行拉、合试验和活动合闸接触器时，造成断路误合闸，使发电机在任意功角δ下并入电网。还有的在同期表卡针时盲目合闸，以及系统运行方式不清楚盲目操作造成非同期并列等。下面利用图6.6介绍一起操作顺序错误引起的非同期并列事故。

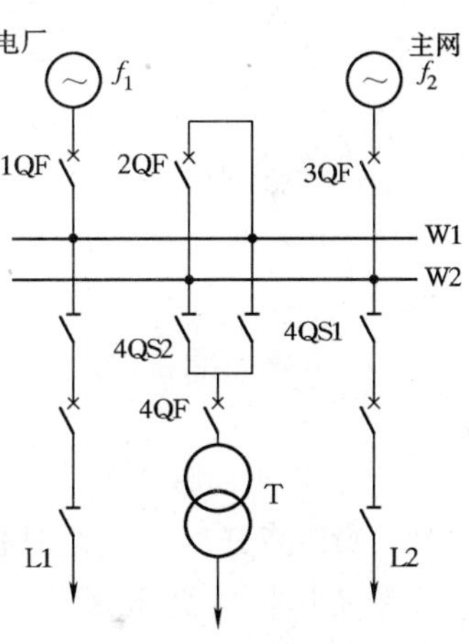

图6.6　隔离开关非同期并列

如图6.6所示，某电厂35kV双母线母联断路器2QF断开，分母线运行。母线W1由电厂供电；变压器经断路器4QF、隔离开关4QS2接母线W2，由主网供电。由于电厂和主网未并列，其间有频率差$\Delta f=f_1-f_2$。某日，调度命令将变压器T由W2倒至W1，改由电厂供电。倒闸操作的顺序应是：①断开断路器4QF；②断开隔离开关4QS2；③合隔离开关4QS1；④合4QF。实际操作时，未按上述步骤操作，操作完第一项后，未断4QS2就合上了QS1，使两母线的电源并列，因两母线电源频率不等，4QS1的合入造成两母线通过隔离开关非同期并列，使断路器1QF电流速断保护动作跳闸，慌乱中又错将4QS1断开，4QS1断开时的电弧造成母线W1接地，线路L1停电，4QS1烧毁。

6.5.2　误拉、误合断路器及隔离开关

倒闸操作是电气设备运行中的一项经常性工作，必须严肃、认真，按操作规程办事，按操作票执行，稍有疏忽，往往会造成不可挽回的损失。以下介绍几个具有代表性的事故，希望引起重视和注意，吸取事故教训，防止类似事故再发生。

(1) 某发电厂，发电机变压器组停止运行后，工作厂变T1停电，厂用电负荷由备用厂变T0供电，运行方式如图6.7所示。机组起动前，继电保护班临时口头联系要给T1做保护传动试验（无工作票），值班人员忘了断开隔离开关QS1，就先合上了T1的断路器QF1、QF2，造成厂用电向发电机G反方向送电，发电机以电动机方式全电压起动，QF4分支过电流保护动作，6kV A段母线停电。简要分析如下。

合上QF1、QF2时，220kV系统通过备用变T0、断路器QF4、QF2、OF1、T1、QS1，形成向发电机供电回路。由于发电机的电抗远远小于厂用变压器的电抗，故反充电

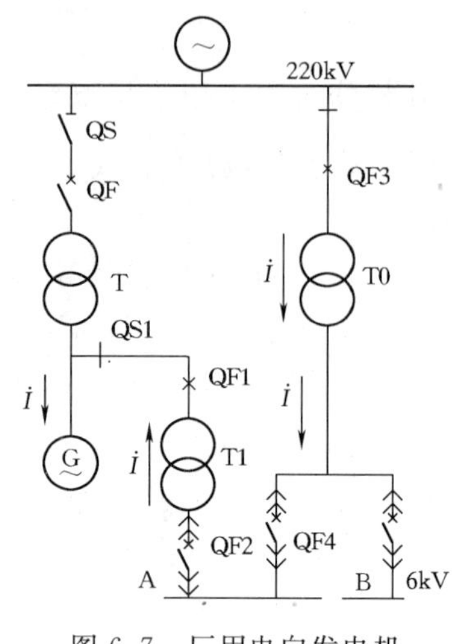

图 6.7　厂用电向发电机反送电示意图

电流 I 很大，经计算其值约为正常时厂用变压器 T1 出口三相短路电流的一半。由电机学原理知道，给发电机三相定子绕组突然加上额定电压时，由于转子处于静止状态，定子电流的磁场高速切割转子绕组，其阻尼绕组和励磁绕组（若灭磁开关合上）相当于变压器突然短路的次级绕组，暂态电抗小，反充电电流大是不难想象的。反送电的直接危害主要有以下几点：

1）引起 6kV 的 A 段、B 段两段厂用母线电压严重下降。由于发电机的阻抗很小，约为厂变 T1 短路阻抗的 1/10，6kV 母线电压经计算约为 $50\%U_N$。而 6kV 的 A 段、B 段马达低电压保护整定为 $65\%U_N$，低电压保护将动作使部分运行的高压电动机跳闸；与此同时，在故障厂用母线上连接的低压厂用变压器二次侧（380V）电压也将严重下降，引起部分低压电动机跳闸。

2）由于起动电流很大，故可能引起 QF4 的分支过流保护护动作跳闸，6kV A 段母线停电。

3）在毫无准备的情况下，发电机突然自动转起来，可能对人身、设备安全带来不良影响。

为了防止向发电机回路反送电，应在运行操作上采取以下措施：①发电机一旦与电网解列，QF 断开后，应及时拉开母线隔离开关 QS；②对于发电机变压器组，还应拉开工作厂用变压器的高压侧隔离开关 QS1，或将低压侧小车断路器 QF2 拉至检修位置。以保证电源回路有明显的断开点。对于采用封闭母线的单元机组，没有 QS1 和 QF1，更应注意断开低压侧小车开关 QF2（图 5.9 中的 QF1 和 QF2）。发电机检修恢复备用后，同时工作厂用变压器也可恢复备用，但 QS1 宜在发电机并网后再合入或推入工作位置。然后根据需要合上 QF1 和 QF2，投入 T1 运行。对于如图 5.4 所示的系统，宜在发电机并网后再将工作电源进线断路器 1DL、2DL、3DL 的小车送入工作位置。

从这个例子看出，发电机停电时，将励磁回路断开是必要的。

如果反送电电源来自主变，即 220kV 系统通过主变向发电机反送电，由于主变的阻抗比两个厂变的小得多，反充电电流就更大。如某厂 1 号发电机解列后去拉母线侧隔离开关，在检查发变组主断路器是否断开时，却误将断路器合上，使 200MW 发电机全电压启动，线路保护动作跳闸（线路另一端的保护），全厂停电。

又如，某发电厂，3 号发电机起动升速已达 1400r/min，班长派人去合该机 220kV 母线隔离开关。因工作互不联系，班长又在单元控制室拉合发电机断路器，造成 3 号发电机在全电压下起动，使母线电压骤然下降，线路保护动作跳闸。

（2）某发电厂，3 号发电机大修后做保护传动试验时，应拉合 3 号发电机的灭磁开关，但值班人员走错位置，又无人监护，却误拉了相邻运行中的 4 号发电机的灭磁开关，致使该发电机失磁，系统摆动。发现错误后，匆忙中合上 4 号发电机灭磁开关企图挽救，却使事故进一步扩大，引起该机主断路器及其厂用变压器的断路器联锁跳闸，100MW 机组停运。

(3) 某发电厂，3号机与4号机共用一台备用变压器（类似图4.8，1号机组与2号机组共用一台启备变）。4号发电机停机前倒工作厂用变压器，值班人员未查对厂用电运行方式，主观上认为在3号机组控制室操作的备用厂用变压器高压侧断路器已合上了（实际未合）。于是在4号机组控制室合上备用厂用变压器的低压侧断路器，就将4号工作厂用变压器的断路器拉开未看备用厂用变压器是否带负荷，也未看4号工作厂用变压器电流是否转移，引起6kV的4段（与4号机组对应的厂用母线）厂用母线停电。

(4) 某110kV变电所，110kV 1号母线停电后，拉母线电压互感器隔离开关时，却走错位置，又未查对编号，造成误拉运行中的110kV 2号母线电压互感器隔离开关，致使110kV全部线路的阻抗保护失去电压误动跳闸，全所停电。

(5) 某发电厂，2号发电机在备用中，摇测发电机绝缘电阻准备起动。值班人员错误地走到运行中的1号发电机间隔，将1号发电机的两组电压互感器拉开，引起强励动作，低电压过电流保护动作跳闸，造成1号发电机解列停机。

(6) 某发电厂，厂用6kV的A段母线工作电源的8号小车断路器检修后送电时，发现触头接触不良，需拉出重新推入。运行值班员寻找操作工具返回继续操作时，走错间隔误将相邻的7号小车断路器（为1号炉甲引风机电动机断路器）拉出，因该断路器机械闭锁失灵未跳闸，带负荷拉小车断路器，引起6kV的A段母线弧光短路，1号炉灭火，1号发电机解列，引起系统振荡，地区电网频率降到46.8Hz。

(7) 某电厂热控检修人员办票后到2号机更换发电机定子冷却水进水就地压力表，当时运行巡检员同去，因定子冷却水进口压力表二次阀关闭后，二次阀杆漏水严重，巡检员怕水影响6kV开关室通风口，将发电机定子冷却水进口压力表一次阀关闭，使断水保护差压信号消失，引起断水保护动作。这是运行人员不了解热工断水保护原理和系统保护配置情况造成的。所以，单元机组运行人员掌握保护原理和配置是很重要的。

附录　兆欧表的原理与使用

1. 兆欧表的工作原理

兆欧表是测量电气设备绝缘电阻的专用仪器，在电气运行中经常使用。其测量电压有500V、1000V、2500V、5000V等几种。而数字兆欧表的测试电压可在500～5000V之间调整。一般兆欧表有三个接线端子，一个标有“线路”或“L”，接于被试设备的高压导体上；另一个标有“地”或“E”，接于被试设备的外壳或接地；第三个标有“屏蔽”或“G”，接于试验时需要屏蔽的电极上。

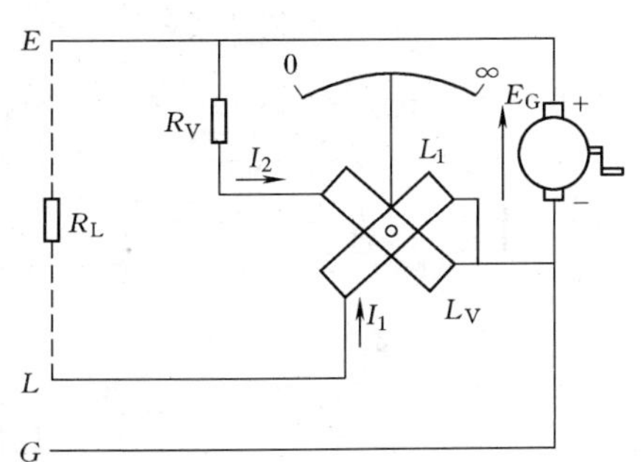

附图1　兆欧表的原理接线图

兆欧表的工作原理接线附图1，内部主要由电源和测量机构两部分组成。电源为手摇发电机或晶体管直流电源。电源为手摇发电机的兆欧表也称为“摇表”。测量机构的工作原理与图2.25所示的磁电式测量机构类似。不同的是，兆欧表有两个电流线圈 L_1 和 L_V，它们绕向相反，固定在一起，组成可动线圈，均处于一永久磁铁的不均匀磁场中。R_V 为限流电阻，R_L 为被测设备的绝缘电阻。当摇转发电机手柄时，电势 E_G 就加到两个并联电的电路上，流过两线圈的电流分别为

$$I_1 = \frac{E_G}{R_L + r_{L1}}, \quad I_2 = \frac{E_G}{R_V + r_{LV}}$$

式中：r_{L1}、r_{LV}分别为两个线圈 L_1、L_V 的电阻。这两个电流将产生不同方向的转矩，在力矩差的作用下，可使线圈旋转。表针的偏转角与这两个电流的比值有关。又因为并联支路中电流的分配与它们的电阻成反比。所以，当 r_{L1}、r_{LV}、R_V 和 E_G 一定时，表针的偏转角反映了被测电阻 R_L 的大小。

当 L、E 两端子间开路时，线圈 L_1 中没有电流流过，只有线圈 L_V 中有电流 I_2 流过，指针按顺时针方向偏转到最大，即"∞"位置。这种情况相当于被测电阻 R_L 为无穷大。当 L、E 两端子间短路时，两个并联支路都有电流流过，且流过线圈 L_1 的电流 I_1 最大，这时指针就按逆时针方向偏转到最小，即位置"0"，指示被测电阻为零。当 L、E 两端子间接上被测电阻 R_L 时，指针在 0～∞之间，指针停留的位置由 I_1 的大小决定，即由 R_L 决定，故根据表盘的指示读数就能得到被测电阻 R_L 的大小。

2. 屏蔽端子的使用

从上面可以看出，兆欧表测量的是接于 L 与 E 两端子间的电阻。屏蔽端子 G 的作用由附图 1 中可以看出，G 端直接在发电机的"－"端相连接，E 端直接与发电机的"＋"端相连，因而接于 G、E 两端之间的电阻中的电流，直接由发电机"＋"端出来，流回"－"端，没有流经两电流线圈，因此，这个电流对兆欧表的指示不起作用。在测量试验中，如需排除掉某一电流的影响时，即可将此电流引入 G 端。例如，测量电流互感器一次侧对地绝缘时，如需排除互感器表面泄漏的影响时，可按附图 2 接线。L 接电流互感器上端一次侧，"E"接电流互感器下端基座，用金属软线在瓷套管上紧紧缠绕一圈，并引到 G 端，这样瓷套表面泄漏电流就被截断了，不能从 L 端到 E 端。因此，所测的绝缘电阻只能包含电流互感器内部的泄漏，而不包含瓷表面的泄漏。

这种用屏蔽线排除表面泄漏影响的原理可以用附图 2（b）作简单分析。设在互感器

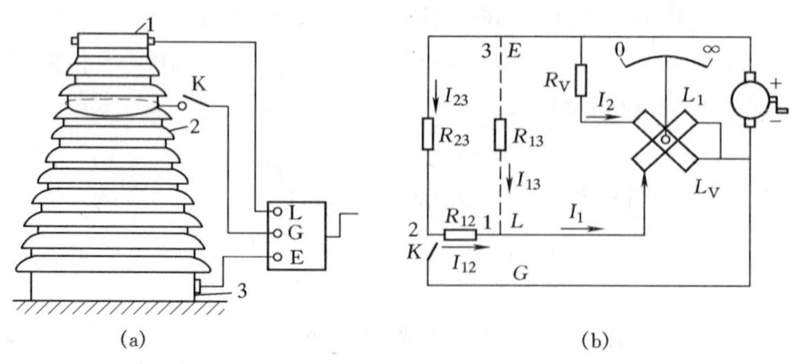

附图 2　屏蔽端子的使用

（a）电流互感器绝缘电阻的测量；（b）互感器绝缘电阻测量的原理接线

内部，一次线圈与地之间的绝缘电阻为 R_{13}，测量时流过 R_{13} 的电流为 I_{13}，在互感器表面，一次线圈通过瓷套管对地的绝缘电阻为 R_{23}，流过 R_{23} 的电流为 I_{23}，一次线圈与瓷套管之间的绝缘电阻为 R_{12}，流过 R_{12} 的电流为 I_{12}。若不接屏蔽线，相当于图中开关 K 不合上，流过线圈 L_1 的电流为 I_{13} 与 I_{13} 之和，测量电阻是互感器内部绝缘电阻与表面绝缘电阻的并联值，小于 R_{13}。采用屏蔽线后，I_{23} 直接经电源形成回路，由于 L_1 的阻抗很小，L 和 G 端电位基本相等，I_{12} 很小可以忽略不计，故测量值只反映互感器内部绝缘状况。当电气设备的绝缘电阻下降时，使用这种方法可以判断是内部绝缘下降还是外部原因。

3. 测量绝缘电阻时的注意问题

测量绝缘电阻时必须注意以下几点。

（1）测量前，必须检查被测设备的各侧电源都已隔绝，并验明确实无电。使用的兆欧表应完好，基本要求是：在空载情况下，指针应能达到"∞"，接线端短路时指示应为0。

（2）测量时，应区分兆欧表接线柱的线（L）柱和接地（E）端，并先将 E 端接地，然后将 L 端接到另一接地点，若兆欧表测试为0，则表明"接地"端接地良好，否则测得的绝缘数据将是虚假的。测量时应将两根连接导线拉直并分开，不要缠绕在一起。这样可以减少线间电容和对地电容对绝缘电阻值的影响，提高测量准确性。

（3）兆欧表的转速不宜过快或过慢，以匀速 120r/min 为宜。由于发电机分布电容较大，最初充电电流较大，因而兆欧表指示值很小，但这不能表示设备绝缘不良。必须经过一段时间，待指针稳定后再读数，才能得到正确的结果。

（4）测量吸收比时，应在引线接至被测导体 15s 时读取一个数值，待兆欧表测至 60s 时再读取一个数值，即为测量完毕。如不需测量吸收比，可直接在 60s 时测读绝缘数值。吸收比是指 60s 时的读数 R_{60} 和 15s 时的读数 R_{15} 的比值，即 R_{60}/R_{15}，其数值应>1.3。吸收比反映了被测设备绝缘材料的受潮程度。受潮越严重，吸收比越小。这是因为电机的绕组存在对地电容，如附图 3 所示。电容量 C_0 的大小除决定于绕组和铁芯间的距离及两者的面积这两个固定因素外，还与绝缘介质的介电系数有关，而介质受潮时介电系数将明显下降。因此，当绝缘物受潮时，电容量 C_0 将减小。在绝缘电阻的测量过程中，由于电容量的减小，充电时间相应缩短，使加在绝缘物上的电压迅速达到兆欧表输出电压值，从而使 R_{60}/R_{15} 的数值减小。反之，如电容值较大，则充电时间延长，测至 15s 时，尚在充电过程中，充电电流 i_C 较大，测量电流 i 也较大，因而此时仪表读出的阻值 R_{15} 较小，60s 时，充电过程已结束，$i=i_j$，仪表读出的阻值 R_{60} 就是绝缘电阻 R_j，因此 R_{60}/R_{15} 的数值明显增大。当发现吸收比不合格时，应汇报有关上级，必要时通知检修人员采取烘燥措施。

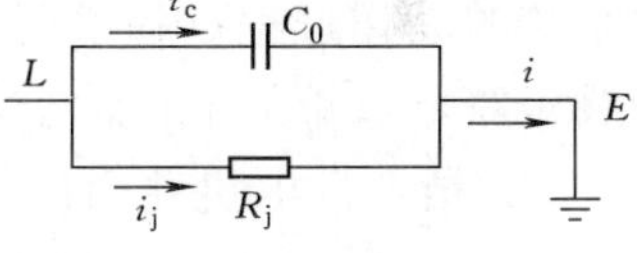

附图 3　绝缘电阻的等值电路

（5）测量定子绕组绝缘时，应将每相绕组两端短接，测量一相绕组绝缘时，另外两相绕组应接地，以防非被测绕组中的剩余电荷影响测量结果。为了排除内冷水水管绝缘对测量的影响，还应将内冷水水管接到屏蔽端子 G 上。

（6）测量读数后，应先断开测量线再停止摇动摇把，以防被测设备（分布电容）对兆欧表放电损坏表计。测量结束后应将被测设备对地放电。

复习思考题

1. 电气设备的四种状态是如何划分的？

2. 电气操作票制度在执行中有哪些具体要求？

3. 电气设备倒闸操作有哪几个环节？

4. 电气设备倒闸操作的基本原则和注意事项有哪些？

5. 变压器停、送电操作应遵循哪些原则？为何操作前要先合上中性点接地开关？

6. 在图 2.9 中，锅炉变检修转运行和运行转检修，断路器应按什么顺序操作？为什么？

7. 试述高备变检修转运行与 6kV 母线检修转运行的主要操作步序。

8. 6kV 母线由备用电源转为工作电源供电，切换应注意什么问题，切换前应作哪些检查？

9. 在图 2.9 中汽机变 A 检修转运行与汽机 PC1A 母线送电检修转运行的操作有何异同？

10. 发电机冷备用转热备用、热备用转运行，各有哪些主要操作项目？应注意哪些问题？

11. 在图 2.3 中，按发电机出口有断路器和发电机出口无断路器、用 3/2 接线的 500kV 边开关并网两种情况，与如图 5.4 所示的系统比较，发电机并列、解列操作有何异同？解列后厂用电系统的运行方式有何不同？

12. 结合图 6.3，试简述发变组一次系统与二次系统的关联。

13. 结合图 5.4、表 5.2、表 5.3 和图 6.3，试分析主变内部短路故障时电气一次、二次系统的动作过程，并说明在动作过程，有哪些保护压板在起作用？若是 6kV 工作 A 段母线短路，试重复上面的分析。

14. 结合发电机并列操作过程和非同期并列实例，简述你对防止发电机非同期并列的认识。

15. 从误拉、误合断路器及隔离开关实例中，你对防止误操作有哪些体会？

参 考 文 献

[1] 邱关源．电路［M］．北京：人民教育出版社，1978.

[2] 林虔．农村电工［M］．北京：水利电力出版社，1983.

[3] 张洪让．电工基础［M］．北京：人民教育出版社，1979.

[4] 秦曾煌．电工学［M］．北京：高等教育出版社，1981.

[5] 陆汝常．电机学［M］．武汉：武汉水利电力学院，1985.

[6] 叶水音．电机［M］．北京：中国电力出版社，2002.

[7] 涂光瑜．汽轮发电机及电气设备［M］．北京：中国电力出版社，1998.

[8] 岳保良．电气运行［M］．北京：中国水利水电出版社，1998.

[9] 杜宗轩，等．电气设备运行技术问答［M］．北京：中国电力出版社，2004.

[10] 耿旭民，等．电气运行与检修1000问［M］．北京：中国电力出版社，2004.

[11] 东北电力科学研究院．电气运行［M］．北京：中国电力出版社，2004.

[12] 望亭发电厂．电气［M］．北京：中国电力出版社，2002.

[13] 韩爱莲．电气设备运行［M］．北京：中国电力出版社，2004.

[14] 胡志光．火电厂电气设备运行［M］．北京：中国电力出版社，2001.

[15] 宗士杰．发电厂电气设备及运行［M］．北京：中国电力出版社，1997.

[16] 周俭．变电运行操作技能必读［M］．北京：中国电力出版社，2001.

[17] 姚春球．发电厂电气部分［M］．北京：中国电力出版社，2004.

[18] 钱振华．电气设备倒闸操作技术问答［M］．北京：中国电力出版社，2004.

[19] 王金山．电气设备及其运行安全与监察［M］．北京：中国水利水电出版社，1998.

[20] 李一新．电气试验基础［M］．北京：中国电力出版社，2001.

[21] 罗慰擎．电机及其运行与检修［M］．北京：中国水利水电出版社，1998.

[22] 胡志光．发电厂电气设备及运行［M］．北京：中国电力出版社，2008.

[23] 苟堂生、宋志明．变电二次系统实用技术［M］．北京：中国电力出版社，2010.

[24] 华电集团电气及热控技术研究中心编．电力主设备继电保护的理论实践及运行案例［M］．北京：中国水利水电出版社，2009.

[25] 李火元、彭晓洁．电力系统继电保护及自动装置［M］．北京：中国电力出版社，1999.